高等职业教育教材

化学反应过程与设备

李秀清　郑玉霞　主　编

崔文静　副主编

左常江　主　审

化学工业出版社

·北京·

内容简介

《化学反应过程与设备》立足化工行业技术升级对高素质技术技能型人才的迫切需求，以培养化工专业学生掌握反应器操作和控制能力为目标进行系统编写。通过对反应器操作岗位的工作任务进行分析，并广泛查阅新型反应器相关资料，教材内容被设计为五个理实一体、工学结合的项目，分别是:釜式反应器的设计与操作、管式反应器的设计与操作、固定床反应器的设计与操作、流化床反应器的设计与操作、鼓泡塔反应器的设计与操作。内容力求简洁、明确、实用、新颖。同时，为方便教学，本教材配套有动画、视频等多媒体教学资源，可通过扫描书中二维码观看。

本教材可供高职高专院校化工技术类、药品与医疗器械类、环境保护类等专业学生使用，以及供化工企业在职职工岗位培训使用。

图书在版编目（CIP）数据

化学反应过程与设备 / 李秀清，郑玉霞主编；崔文静副主编. -- 北京 : 化学工业出版社，2025. 5.
（高等职业教育教材）. -- ISBN 978-7-122-47775-0

Ⅰ. TQ052

中国国家版本馆 CIP 数据核字第 20257D05R2 号

责任编辑: 王海燕 窦 臻　　　　　　　文字编辑: 邢苗苗
责任校对: 宋 玮　　　　　　　　　　装帧设计: 王晓宇

出版发行: 化学工业出版社
　　　　（北京市东城区青年湖南街 13 号　邮政编码 100011）
印　　装: 北京云浩印刷有限责任公司
787mm×1092mm　1/16　印张 14½　字数 352 千字
2025 年 6 月北京第 1 版第 1 次印刷

购书咨询: 010-64518888　　　　售后服务: 010-64518899
网　　址: http://www.cip.com.cn
凡购买本书，如有缺损质量问题，本社销售中心负责调换。

定　价: 42.00 元　　　　　　　　版权所有　违者必究

化工生产的核心目标是通过一系列化学反应来合成或分解物质，以满足社会的需求和实现经济价值。而反应设备、加热及冷却设备、分离设备等则是实现这些反应过程的重要工具，理解和掌握反应过程与设备对于化工专业的学生来说是至关重要的。目前，化学反应过程采用的反应器种类繁多，常见的主要有搅拌釜式反应器、管式反应器、塔式反应器等。随着反应器技术不断突破，新型反应器不断涌现，这使得反应过程更加高效、环保和安全。

本教材按照化工行业高素质技术技能型人才培养的需要，以高职化工技术类专业教学标准为依据，以培养化工生产反应器操作和控制能力为目标，分析反应器操作岗位的工作任务，并查阅大量新型反应器相关资料，按照对反应器认知→设计→操作的学习规律，将教材内容设计为五个理实一体、工学结合的项目，分别为：釜式反应器的设计与操作、管式反应器的设计与操作、固定床反应器的设计与操作、流化床反应器的设计与操作、鼓泡塔反应器的设计与操作。为使教材内容活灵活现，教材插入了多个视频资料，主要包括微课、2D 动画、3D 动画资源，同时引入了大量新工艺、新设备，旨在启发学习者工艺及设备创新思维。

本教材由内蒙古化工职业学院李秀清、郑玉霞任主编，内蒙古化工职业学院崔文静任副主编，青岛职业技术学院左常江教授主审，内蒙古化工职业学院薛彩霞、王艳，大庆职业学院李金霜，内蒙古鑫环硅能科技有限公司徐飞参与编写。其中，项目一由郑玉霞编写，项目二由李金霜、李秀清编写，项目三由李秀清编写，项目四由薛彩霞、徐飞编写，项目五由崔文静、王艳编写。在教材编写过程中得到了内蒙古鑫环硅能科技有限公司徐飞工程师的指导，使教材内容更加贴近生产实际。同时也得到了北京东方仿真软件技术有限公司的帮助与支持，在此对他们的无私相助表示衷心感谢。

由于编者学术水平、实践经验有所欠缺，教材中的不妥之处在所难免，恳请广大读者批评指正。

编　者
2025 年 2 月

目录
CONTENTS

项目一　釜式反应器的设计与操作　/001

　　任务 1　认识釜式反应器　/002

　　　　一、釜式反应器应用场合及特点　/003

　　　　二、釜式反应器分类　/004

　　　　三、釜式反应器结构　/005

　　　　四、反应釜内常用换热介质　/020

　　　　【任务拓展】　/022

　　　　【任务检测】　/023

　　任务 2　设计釜式反应器　/025

　　　　一、反应器内流体流动特性分析　/025

　　　　二、均相反应动力学基础　/028

　　　　三、釜式反应器设计实例　/032

　　　　【任务拓展】　/038

　　　　【任务检测】　/039

　　任务 3　釜式反应器运行及事故处理　/041

　　　　一、釜式反应器仿真操作　/041

　　　　二、危险化工工艺——聚合工艺　/046

　　　　【任务拓展】　/049

　　　　【任务检测】　/050

项目二　管式反应器的设计与操作　/052

　　任务 1　认识管式反应器　/053

　　　　一、管式反应器应用场合　/054

　　　　二、管式反应器分类　/056

　　　　三、管式反应器结构　/059

【任务拓展】 /061

【任务检测】 /062

任务2 设计管式反应器 /063

一、管式反应器内流体流动特性分析 /064

二、管式反应器设计实例 /065

【任务拓展】 /068

【任务检测】 /069

任务3 管式反应器运行及事故处理 /070

一、管式反应器仿真操作 /071

二、危险化工工艺——裂解（裂化）工艺 /084

【任务检测】 /086

项目三 固定床反应器的设计与操作 /089

任务1 认识固定床反应器 /090

一、固定床反应器应用场合 /091

二、固定床反应器的特点 /091

三、固定床反应器分类及结构 /092

【任务拓展】 /102

【任务检测】 /102

任务2 设计固定床反应器 /104

一、认识固体催化剂 /106

二、气固相催化反应动力学基础 /115

三、固定床反应器内流体流动特性分析 /123

四、固定床反应器设计案例 /131

【任务拓展】 /134

【任务检测】 /135

任务3 固定床反应器运行及事故处理 /136

一、固定床反应器仿真操作 /137

二、危险化工工艺——氨合成工艺 /141

【任务检测】 /143

项目四　流化床反应器的设计与操作　/146

　　任务 1　认识流化床反应器　/147

　　　　一、流化床反应器应用场合　/148

　　　　二、流化床反应器的分类　/151

　　　　三、流化床反应器结构　/154

　　　　【任务拓展】　/157

　　　　【任务检测】　/158

　　任务 2　设计流化床反应器　/159

　　　　一、流化床反应器内流体流动特性分析　/160

　　　　二、流化床反应器设计实例　/167

　　　　【任务拓展】　/173

　　　　【任务检测】　/174

　　任务 3　流化床反应器运行及事故处理　/175

　　　　一、流化床反应器仿真操作　/176

　　　　二、危险化工工艺——电石生产工艺　/182

　　　　【任务检测】　/186

项目五　鼓泡塔反应器的设计与操作　/188

　　任务 1　认识鼓泡塔反应器　/190

　　　　一、鼓泡塔反应器应用场合　/191

　　　　二、鼓泡塔的基本结构及特点　/192

　　　　三、鼓泡塔反应器分类　/194

　　　　【任务拓展】　/195

　　　　【任务检测】　/195

　　任务 2　设计鼓泡塔反应器　/196

　　　　一、鼓泡塔反应器内流体流动特性分析　/197

　　　　二、鼓泡塔的传质　/200

　　　　三、鼓泡塔的传热　/201

　　　　四、气液相反应动力学基础　/201

　　　　五、鼓泡塔反应器设计实例　/207

【任务拓展】 /209

【任务检测】 /210

任务3 鼓泡塔反应器运行及事故处理 /212

一、鼓泡塔反应器仿真操作 /212

二、危险化工工艺——新型煤化工工艺 /217

【任务检测】 /219

参考文献 /220

配套二维码资源目录

序号	资源名称	页码
1	釜式反应器的分类	003
2	釜式反应器的结构	005
3	轴向流动画	010
4	径向流动画	010
5	切线流动画	010
6	涡轮式搅拌器	012
7	推进式搅拌器	012
8	填料密封	016
9	机械密封	016
10	夹套式换热器	017
11	水平式蛇管换热器	019
12	理想置换流动模型	026
13	理想混合流动模型	026
14	反应器的滞留区	027
15	反应器的沟流	027
16	反应器的循环流	027
17	反应物浓度与活化分子关系	028
18	压力大小与活化分子关系	029
19	间歇操作釜式反应器仿真——冷态开车	043
20	间歇操作釜式反应器仿真——正常停车	045
21	间歇操作釜式反应器仿真——事故处理	045
22	裂解炉工段仿真软件操作演示	080
23	裂解炉锅炉给水中断事故应急预案操作演示	082
24	固定床反应器的分类及应用场合	091
25	固定床反应器的优点	092
26	固定床反应器的缺点	092

序号	资源名称	页码
27	以水为载热体的列管式固定床反应器	096
28	以熔盐为载热体的固定床反应装置	097
29	双套管并流式固定床反应器	100
30	三套管并流式固定床反应器	101
31	催化剂的定义与特性	106
32	固体催化剂组成	108
33	催化剂失活	113
34	气固相催化反应宏观步骤	115
35	固定床反应器仿真操作——冷态开车	139
36	固定床反应器仿真操作——正常停车	140
37	固定床反应器仿真操作——事故处理	141
38	流化床反应器基本结构	154
39	不同流速时床层的变化	160
40	固体流态化	160
41	聚式流化床	162
42	散式流化床	162
43	气泡及其周围气体颗粒运动情况	164
44	大气泡和腾涌现象	165
45	流化床反应器仿真操作——冷态开车	179
46	流化床反应器仿真操作——正常停车	180
47	流化床反应器仿真操作——事故处理	181
48	气液相反应器分类及应用场合	191
49	乙醛氧化工段流程总图	214
50	鼓泡塔反应器及异常处理	216

项目一

釜式反应器的设计与操作

学习目标

知识目标

（1）了解釜式反应器的主要应用场合；

（2）掌握釜式反应器的分类和结构；

（3）掌握化学反应速率的特征及影响因素；

（4）理解均相反应动力学基础；

（5）掌握理想流动模型的特点；

（6）理解两种釜式反应器内的流体流动；

（7）理解釜式反应器经验设计计算方法及过程；

（8）理解釜式反应器运行中工艺参数控制的意义及方法；

（9）了解现代化学工业中釜式反应器相关的新设备、新工艺、新技术。

技能目标

（1）能够根据生产要求合理选择釜式反应器类型；

（2）能够初步进行物料衡算、热量衡算，并能够核定装置的物料平衡、产品收率；

（3）能够独立完成间歇釜工艺仿真操作，熟悉工艺条件控制要求及方法；

（4）能够依据参数波动情况准确判断事故状况，并能解决事故；

（5）能够正确维护和保养釜式反应器；

（6）能够熟练记录工艺参数，填写交接班记录表。

素质目标

（1）严格按照安全操作规程操作，养成良好的作业习惯，树立牢固的安全意识；

（2）学习新工艺、新技术、新设备，树立行业荣誉感，形成与行业相适应的职业理想；

（3）树立互助互利的团队合作意识；

（4）学习班组交接模式，提高语言、文字表达能力。

内容导学

```
                                                ┌─ 釜式反应器应用场合
                              ┌─ 釜式反应器      ┤
                              │   应用场合及特点  └─ 釜式反应器的特点
                              │
                              │                 ┌─ 按操作方式
                              │   釜式反应器分类  ┤─ 按材质
                              │                 └─ 按操作压力
                              │
                  认识釜式反应器 ┤                 ┌─ 壳体结构
                              │                 │─ 搅拌装置
                              │   釜式反应器结构  ┤─ 密封装置
                              │                 └─ 换热装置
                              │
                              │                 ┌─ 高温热源
                              └─ 反应釜内常用换热介质 ┤
                                                └─ 低温冷源

                                                          ┌─ 理想置换流动模型
                              ┌─ 釜式反应器内    ┌─ 理想流动模型 ┤
                              │   流体流动特性分析 ┤              └─ 理想混合流动模型
                              │                 └─ 釜式反应器内流体流动
釜式反应器的设计与操作 ─┤  设计釜式反应器 ┤
                              │                 ┌─ 均相单一反应动力学基础
                              │   均相反应动力学基础 ┤
                              │                 └─ 均相复杂反应动力学基础
                              │
                              └─ 釜式反应器设计实例

                                                          ┌─ 工艺原理
                              ┌─ 釜式反应器仿真操作 ┌─ 工艺简介 ┤─ 工艺流程
                              │                 │          └─ 主要设备
                              │                 │
                              │                 │          ┌─ 冷态开车
              釜式反应器运行及事故处理 ┤                 └─ 仿真操作 ┤─ 正常停车
                              │                            └─ 事故分析及处理
                              │
                              └─ 危险化工工艺──聚合工艺 ┌─ 工艺危险性分析
                                                    └─ 工艺安全技术分析
```

⬛ 任务1

认识釜式反应器

✎ **任务描述**

依据生产实例、3D 动画等教学资源，认识釜式反应器的分类、结构及使用场合，能够在均相反应器选型时做出合理的分析及判断。

任务驱动

1. 化学工业中常用的均相反应器有釜式反应器和管式反应器。釜式反应器除应用于均相液相反应过程外，还有哪些应用？
2. 现阶段化学工业中所采用的釜式反应器在结构上有哪些改进？

任务内容

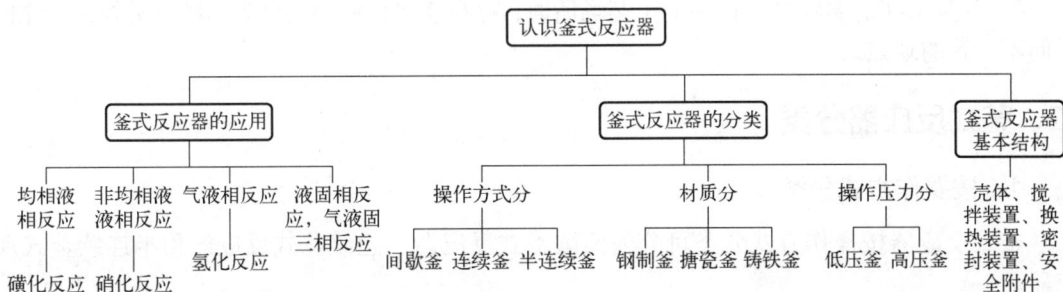

化工生产过程是对原料进行物理和化学加工，以获得化工产品的过程。化学工业产品种类繁多，但不论是何种产品，它的生产工艺过程都可以概括为以下三个部分：原料的预处理、化学反应过程以及反应产物的分离与提纯过程。其中原料的预处理和反应产物的分离与提纯过程主要是物理过程，而化学反应过程是整个化工产品生产的核心。反应过程伴有传热、传质和物料的流动，物理与化学过程相互渗透影响，使反应过程复杂化。其他过程则根据反应过程的需要而设置。反应器是实现化学反应过程的设备，是化工生产装置的重要设备之一，其设计制造是否合理、运行是否可靠、操作是否规范等直接影响化工生产过程，最终影响化工产品的质量和生产的经济性。化工生产中最为常见的反应器是均相反应器，主要有釜式反应器和管式反应器。

一、釜式反应器应用场合及特点

1. 釜式反应器应用场合

釜式反应器是化学工业中广泛采用的反应器之一，可用来进行液液均相反应，也可用于非均相反应，如非均相液相、液固相、气液相、气液固相等，普遍应用于石油化工、橡胶、农药、染料等工业，用来完成磺化、硝化、氢化、烃化、聚合、缩合等工艺过程。还有各种辅助过程，例如：溶解、稀释、中和、酸化、混合等。聚合反应过程约 90%采用搅拌釜式反应器，如聚氯乙烯生产采用聚合釜式反应器，又如涤纶树脂的生产也使用釜式反应器。一些发酵反应和聚合反应，实现连续生产尚有困难，至今还采用间歇釜式反应器。在精细化工的生产中，几乎所有的单元操作都可以在釜式反应器中进行。

釜式反应器的分类

2. 釜式反应器的特点

釜式反应器的特点主要表现在以下几个方面：

① 釜式反应器结构简单，加工方便，操作时温度、浓度容易控制，传质效率高，温度分布均匀，产品质量均一。

② 操作条件的可控范围较广，操作灵活性大，便于更换品种，适用范围广泛，能适应多样化的生产。

③ 在化工生产中，既可适用于间歇操作过程，又可用于连续操作过程，可单釜操作，也可多釜串联使用。

④ 通常在操作条件比较缓和的情况下，如常压、温度较低且低于物料沸点时，釜式反应器的应用最为普遍。

⑤ 若应用在需要较高转化率的工艺场所时，存在换热面积小、反应温度不易控制、停留时间不一致的缺点。

二、釜式反应器分类

1. 按操作方式分类

釜式反应器按操作方式分类可分为间歇釜式反应器、连续釜式反应器和半连续釜式反应器。

（1）间歇釜式反应器（亦称间歇釜）　间歇釜式反应器是将原料按一定配比一次加入，待反应达到一定要求后，一次卸出物料。间歇釜式反应器的优点是设备简单，操作灵活，同一设备可用于生产多种产品，易于适应不同操作条件和多种产品品种，尤其适合于医药、染料等工业部门小批量、多品种、反应时间较长的产品生产。另外，间歇釜中不存在物料的返混，对大多数反应有利。间歇釜的缺点是需有装料、卸料、清洗等辅助工序的操作，产品质量也不易稳定。

（2）连续釜式反应器（亦称连续釜）　连续釜式反应器是连续加入原料，连续排出反应产物。当操作达到定态时，反应器内任何位置上物料的组成、温度等状态参数不随时间而变化。在搅拌剧烈、液体黏度较低或平均停留时间较长的场合，釜内物料流型可视作全混流，反应釜相应地称作全混釜。连续釜可避免间歇釜的缺点，其优点是产品质量稳定，易于操作控制。大规模生产应尽可能采用连续釜式反应器。

搅拌作用会造成釜内流体的返混，这对大多数反应皆为不利因素，可通过反应器的合理选型和结构设计加以抑制。在要求转化率高或有连串副反应的场合，可采用多釜串联反应器，以减小返混的不利影响，并可分釜控制反应条件。连续搅拌釜式反应器（CSTR）是石油化工中常用的反应器之一，它广泛用于聚合、磺化、硝化及生化反应等连续过程。

（3）半连续釜式反应器　半连续釜式反应器也称为半间歇釜式反应器，介于上述两者之间，通常是将一种反应物一次加入，然后另一种反应物连续加入。反应达到一定要求后，停止操作并卸出物料。半连续釜式反应器特别适用于要求一种反应物的浓度高而另一种反应物的浓度低的化学反应过程，以及需通过调节加料速度来控制反应温度的反应过程。

2. 按材质分类

釜式反应器按材质可分为钢制反应器、铸铁反应器和搪玻璃反应器。

（1）钢制反应器　钢制反应器特点是：制造工艺简单，造价费用低，设备维护检修方便，使用范围广泛，在化工生产中普遍使用。最常见的钢制反应器的材料为Q235A，其不耐酸性介质的腐蚀，而不锈钢材制的反应釜可以耐一般酸性物质。

（2）铸铁反应器　铸铁是含碳大于2.1%的铁碳合金，铸铁是经过二次加工的产品，所以比生铁耐磨，具有良好的化学稳定性，而且价低。所以铸铁反应器在氯化、磺化、硝化等重要的化学反应中使用较多。例如氯苯液相混酸硝化的反应釜，由于硝化废酸中含有71%以上的硫酸，操作温度又在333K，因此釜体釜盖常采用HT-21-40铸铁材料制造。

（3）搪玻璃反应器　搪玻璃反应器俗称搪瓷锅或搪瓷釜，是在碳钢釜的内表面涂上二氧化硅玻璃釉，经过1173K左右的高温焙烧，形成玻璃搪层。其可以耐大多数无机酸、有机酸等介质的腐蚀，尤其在盐酸、硝酸、王水等介质中具有良好的耐腐蚀性能，但搪玻璃反应器不适用于高温碱、氢氟酸、浓度大于30%的高温磷酸、含有氟离子的物料介质等。

我国标准的搪玻璃反应器有K型和F型两种。K型釜盖与釜体分开，可以装配尺寸大的锚式、框式和桨式搅拌器，容积有50～10000L的不同规格，使用范围广。F型盖体不分，盖上有人孔，配装有较小尺寸的锚式或桨式搅拌器，适用于黏度低易混合的液液相及气液相反应体系。F型的密封面比K型的小得多，对于真空和加压下操作更为适合。

使用搪玻璃反应器时，应严防金属等硬物掉进釜内，以免碰伤搪瓷表面；避免冷罐加热料。夹套升温、升压应缓慢进行，一般先通入0.1MPa水蒸气，保持15min后再缓慢提压升温，升压速度以0.1MPa/10min为宜。无论加热还是冷却都应在允许的温度范围内进行，严防骤冷骤热。通常使用温度在273～453K。使用中严防夹套内进入酸液。停止使用后必须清除罐内、夹套内积水，避免冬天气温低结冰胀裂搪瓷表面。

3. 按操作压力分类

釜式反应器按操作压力可分为低压釜和高压釜。

低压釜是最常见的搅拌釜式反应器。在搅拌轴与壳体之间采用动密封结构，在低压（1.6MPa以下）条件下能够防止物料泄漏。

高压釜常采用磁力搅拌，其特点是以静密封代替填料密封或机械密封，从而实现反应釜在全密封状态下工作，保证一定压力。因此高压釜适用于各种极毒、易燃易爆以及渗透力极强的反应过程，是石油化工、有机合成、食品、药品制备等领域的理想反应设备。

三、釜式反应器结构

釜式反应器也叫槽式、锅式反应器或反应釜，是低高径比的圆筒形反应器，其高与直径之比一般在1～3之间。反应器内常设有搅拌（机械搅拌、气流搅拌等）装置。高径比比较大时，可用多层搅拌桨叶。在反应过程中物料需加热冷却时，可在反应器壁处设置夹套，或在反应器内设置换热面，也可通过外循环进行换热。

釜式反应器的
结构

图 1-1 是一种典型的釜式反应器，由钢板卷焊制成圆筒体，再焊接上由钢板压制的标准釜底，并配上釜盖、夹套、搅拌器等部件。由图可见其结构主要由以下几部分组成：壳体结构、搅拌装置、密封装置和换热装置。

1. 釜式反应器壳体

釜式反应器的壳体包括筒体、底、盖（或称封头）、手孔或人孔、视镜及各种工艺接管口等。

（1）筒体 釜式反应器的筒体皆制成圆筒形。筒体是将钢板卷成圆筒形，沿着直线进行 V 形加强焊而制成的。筒体的高度，除了应符合生产过程的要求外，通常尽可能使筒体的高度接近筒体的直径，或尽可能按钢板的规格考虑。相当一部分反应釜筒体的高度与直径之比为 2：1。

（2）釜底和釜盖 底和盖可以有各种不同的式样，釜底和釜盖常用的形状有平面形、碟形、椭圆形和球形，釜底也有锥形，见图 1-2 和图 1-3。

釜底和釜盖式样的选择是根据设备的操作条件来决定的。在一般的釜式反应器中最常用的是折边椭圆形及折边球形的底和盖。它们适

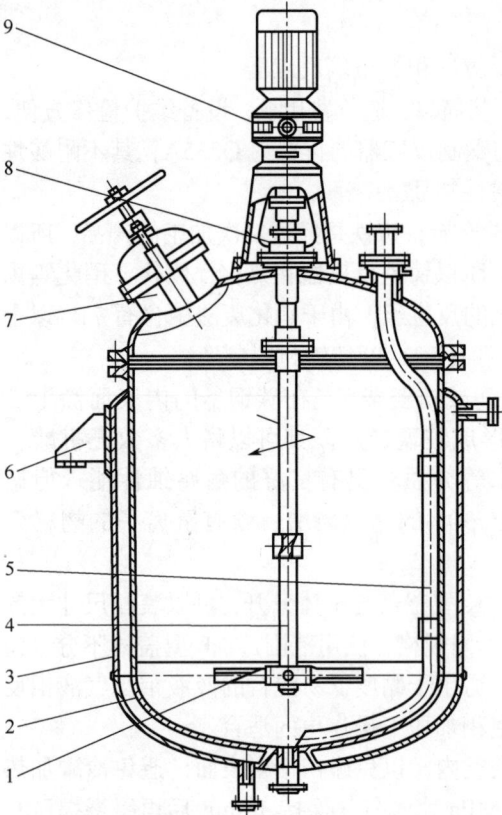

图 1-1 搅拌釜式反应器基本结构

1—搅拌器；2—釜体；3—夹套；4—搅拌轴；5—压料管；
6—支座；7—人孔；8—轴封；9—传动装置

用于操作压力大于 0.7atm（1atm=101.325kPa）的设备，是用钢板由冲压或人工锻打而制成的。用作釜底时与同样直径的筒体焊接在一起即可。而用作顶盖时，则将它们与法兰焊在一起。从应力分布情况来看，椭圆形的釜底应力分布较为均匀，而折边球形的釜底在转折处有应力集中现象，因此在选型和设计时一般都推荐椭圆形釜底。

| 平底封头 | 收口封头 | 不锈钢锥体封头 | 上下翻边锥体封头 |

| 带边帽子封头 | 半球形封头 | 无折边锥体封头 | 小口翻边锥体封头 |

图 1-2 釜式反应器的釜底形状

筒体的上端和顶盖上焊以成对的法兰，法兰之间安放填料，然后借螺钉将其拧紧，以保证反应设备的密闭。如图 1-4 为常见法兰焊接方式。法兰可由钢板切成（适用于筒体直径不大的情况），或由扁钢或角钢圈制，或用钢铸制，或者锻制。关于法兰的直径、厚度、螺钉的规格、数量等均在国家标准中有具体规定。

平焊法兰　　　　　　　　　　　　　　对焊法兰

图 1-3　反应釜釜盖　　　　　　　图 1-4　反应釜的法兰焊接方式

（3）人孔（或手孔）　在大多数反应釜的盖上都有人孔（或手孔），人孔（或手孔）被用来加入固态物料和清理检修反应釜内部。人孔的直径为 400mm（圆形的）或 300mm×400mm（椭圆形的），大部分人孔是圆形的，如图 1-5 所示。人孔（或手孔）设计时应根据设备的公称压力、工作温度以及所用材料等按标准直接选用。

（4）连管、加料管、压料管和釜底放料口

① 连管。绝大多数反应釜都要和各种管道相连接，而这些管道通常是与安装在反应釜盖上的连管相连接，如图 1-6 所示。连管的短管部分通常焊接在釜盖上，布置在釜盖上的几个连管通常应具有相同的直径。一般来说连管的截面积以在 15～30min 内将釜内全部液体取尽为原则。大致尺寸如下：

反应釜的容积/L	连管的直径/mm
3000 以下	50～60
3000～6000	75
6000～10000	100

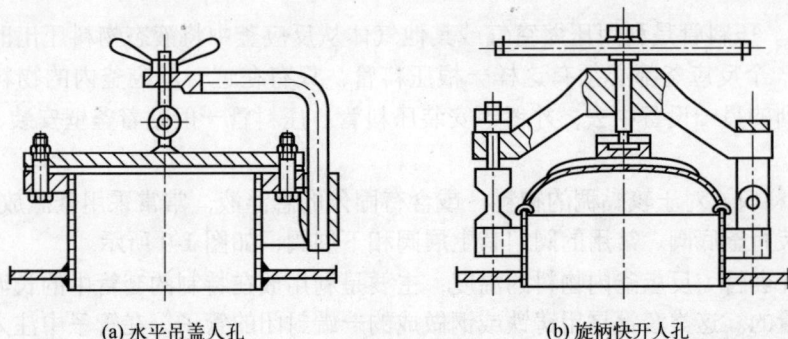

(a) 水平吊盖人孔　　　　　　　　(b) 旋柄快开人孔

图 1-5

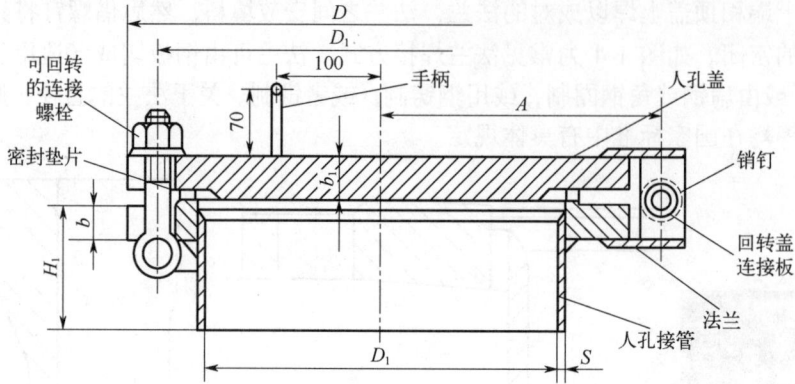

(c) 罐壁人孔

图 1-5　反应釜人孔

② 加料管。当向反应釜内加料时，原则上不允许用连管直接加料，因为这样会使液体洒在釜盖的内表面上，并流入设备的法兰之间的垫料圈中，引起腐蚀和渗漏。因此在连管内多另装加料管。加料管是一根短管插在加料用的连管内，借法兰和螺钉与连管连接，加料管的下端应截成与水平呈 45°角，为的是使液体在加料时不致四面溅开，也不致落在釜壁上，结构如图 1-7 所示。在计算加料管直径时，通常以每小时所加物料的体积和液体在管内的流速（液体在管内的流速一般在 0.75～1m/s 的限度之内）来确定。

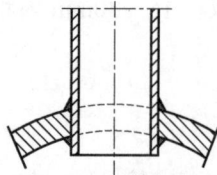

图 1-6　反应釜的连管

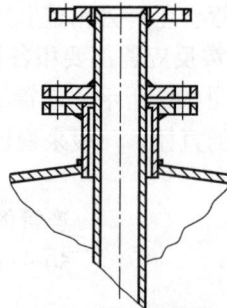

图 1-7　反应釜加料管

③ 压料管。压料管是利用压缩空气或其他气体从反应釜中将液态物料压出时所用的管子。并不是每一个反应釜都必须有这样一根压料管，只有在这一反应釜内的物料要输送到位置更高或并列的另一设备中去，才考虑安装压料管。压料管一般贴着釜壁安装，如图 1-8 所示。

④ 釜底放料口。对于较黏稠的物料，或含有固体的悬浮液，常常采用釜底放料的办法。釜底放料口安装有釜底阀。常用的阀门有上展阀和下展阀，如图 1-9 所示。

（5）温度计套管　反应釜内物料的温度，主要是利用放在特制的套管中的长温度计或热电偶来进行计量的。这类套管是用铸铁或钢做成的一端封闭的管子，在管子中注入一些机油或其他高沸点的液体，以建立较好的传热条件，然后插入温度计或热电偶。再通过连管插到反应釜中去，并用螺钉使套管与连管固定，如图 1-10 所示。

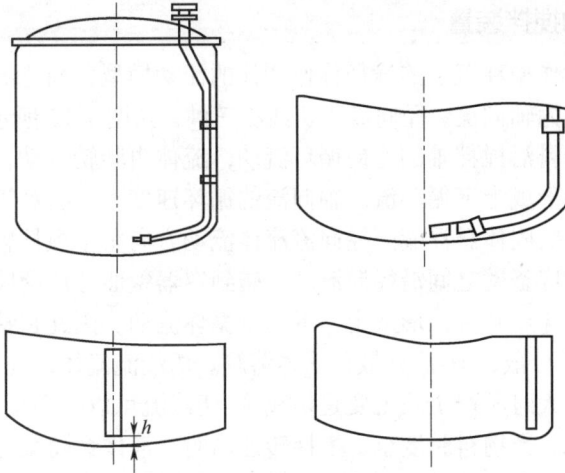

图 1-8　反应釜压料管

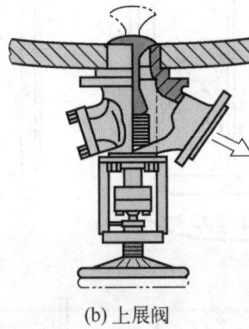

(a) 下展阀　　(b) 上展阀

图 1-9　反应釜出料阀

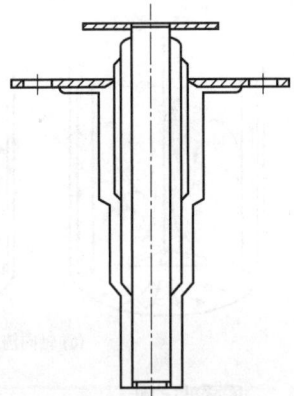

图 1-10　温度计套管

（6）反应釜支座　支座是焊在夹套上起支撑作用的金属构件，如图 1-11 所示。反应釜支座有两种：悬吊式支座和支承式支座。悬吊式支座可以将反应釜固定在操作平台上，而支承式支座则是安放在地面上。

(a) 支承式支座　(b) 腿式支座　(c) 支撑环　(d) 耳式支座

图 1-11　反应釜支座

2. 釜式反应器的搅拌装置

液体在设备范围内作循环流动的途径称作液体的流动模型，简称流型。搅拌釜式反应器内流体的流型可以归纳为轴向流、径向流和切线流三种，如图 1-12 所示。轴向流流体流动方向平行于搅拌轴，即物料沿搅拌轴的方向循环流动，流体由叶轮推动，使流体向下流动，遇到容器底面再向上翻，形成上下循环流。轴向流的循环速度大，有利于宏观混合，适合均相液体混合、沉降速度低的固体悬浮液。径向流流体流动方向垂于搅拌轴即物料沿着反应釜的半径方向在搅拌器和反应釜壁之间沿径向流动，碰到容器壁面分成两股流体分别向上、向下流动，再回到叶端，不穿过叶片，形成上、下两个循环流动。因此它特别适合需要高剪切作用的搅拌过程，如气-液分散、液-液分散和固体溶解。切线流流体绕搅拌轴作圆周旋转运动。平桨式搅拌器在转速不大时所产生的主要是切线流。切线流可以提高反应釜内壁的对流传热，但对传质过程是不利的。当物料黏度小、搅拌转速高时，液体会随桨叶旋转，在离心力作用下涌向内壁面并上升，中心部分液面下降，形成漩涡，这种现象称为"打漩"。如图 1-13 所示。打漩时几乎不产生轴向混合作用，应防止打漩。

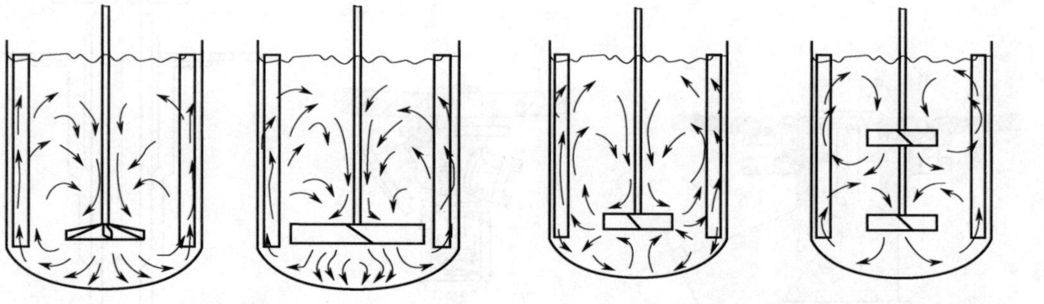

(a) 轴向流　　　　　　　　　　　　　　　　　(b) 径向流

轴向流动画　　　　　　　　　　　　　　　　　径向流动画

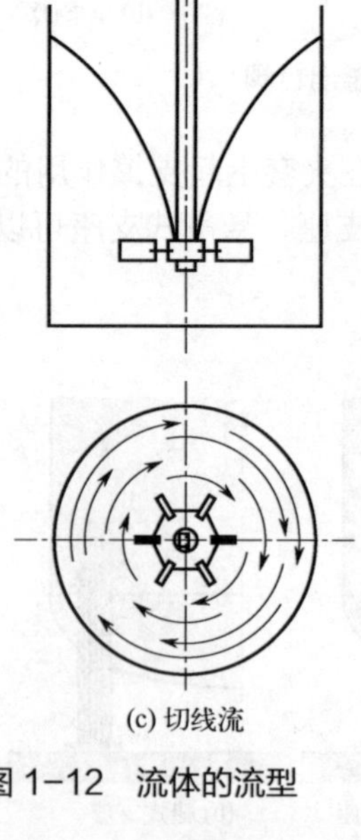

(c) 切线流

切线流动画

图 1-12　流体的流型

这三种流型不是孤立的，常常同时存在两种或三种。流型取决于搅拌器的形式、搅拌容器和内构件几何特征，以及流体性质、搅拌器转速等因素。搅拌器的改进和新型搅拌器的开发往往从改善流型着手。搅拌器应该具备产生强大的液体循环流量和强烈的剪切作用两方面的性能。轴向流与径向流对混合起主要作用，而切线流应加以抑制，一般可采用挡板可削弱切线流，同时增强轴向流和径向流。挡板还可以消除打漩和提高混合效果。一般在容器内壁面均匀安装 4 块挡板，如图 1-14 所示。宽度为容器直径的 1/12～1/10。反应釜中的传热蛇管可部分或全部代替挡板，装有垂直换热管时一般可不再安装挡板。

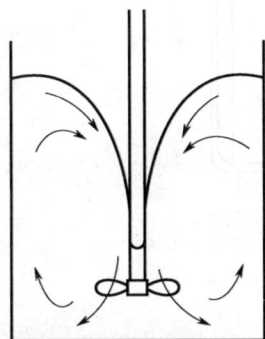

图 1-13　打漩现象　　　　　　　　　　　　图 1-14　挡板

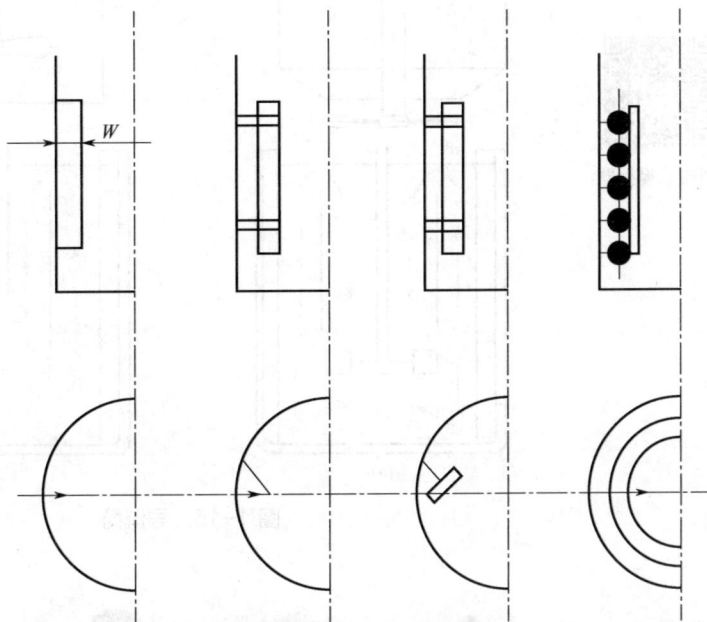

为增强搅拌效果也可以安装导流筒，它是上下开口圆筒，安装于反应釜内，在搅拌混合中起导流作用。涡轮式或桨式搅拌器导流筒置于桨叶的上方，如图 1-15（a），推进式搅拌器导流筒套则在桨叶外面，或如图 1-15（b），略高于桨叶。

（1）搅拌器的形式及结构　化学工艺的许多过程都是在带搅拌装置的釜式反应器中实现的。搅拌的目的是：

① 使互溶的两种或两种以上液体混合均匀。

② 形成乳浊液或悬浮液。

③ 促进化学反应和加速物理变化过程，如促进溶解、吸收、吸附、萃取、传热等过程。也能刮除沉积在器壁上的附着物，提高传热效率。

不同的生产过程对搅拌程度有不同的要求。在有些生产过程中，例如，炼油厂大型油罐内原油的搅拌，只要求罐内原油宏观上混匀，这样的搅拌任务比较容易达到；在另外一些过程中，如两液体的快速反应，不但要求混合物宏观上混匀，而且希望在小尺度上也获得快速均匀的混合，从而对搅拌提出了更高的要求。针对不同的搅拌目的，选择恰当的搅拌器构型和操作条件，才能获得最佳的搅拌效果。

常用的搅拌器有桨式、框式、锚式、涡轮式和螺带式等，如图 1-16 所示。搅拌装置的形式和构造主要取决于物料的聚集状态、黏度、密度以及处理物料的多少等等。

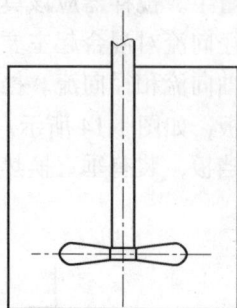

(a)   (b)

图 1-15 导流筒

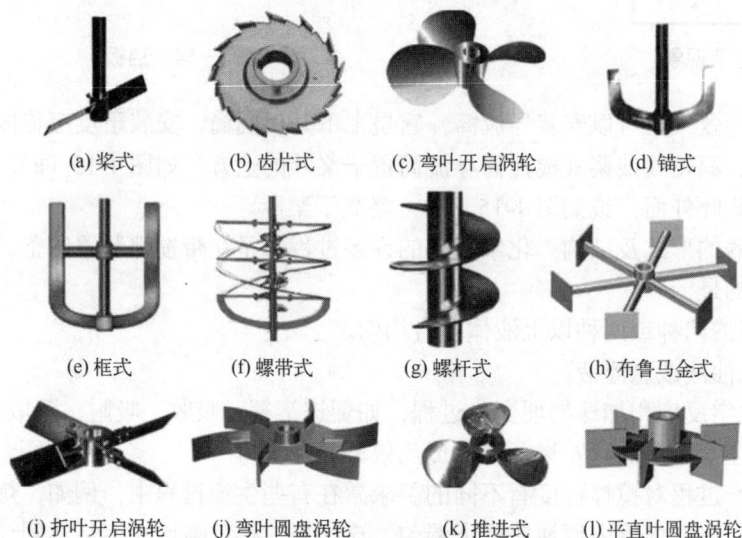

(a) 桨式   (b) 齿片式   (c) 弯叶开启涡轮   (d) 锚式

(e) 框式   (f) 螺带式   (g) 螺杆式   (h) 布鲁马金式

(i) 折叶开启涡轮   (j) 弯叶圆盘涡轮   (k) 推进式   (l) 平直叶圆盘涡轮

图 1-16 反应釜搅拌器

① 桨式搅拌器。见图 1-17，桨式搅拌器可以用钢制，也可以用木板或高分子材料制成。适用于不需要剧烈混合的场合，例如用于物料的缓慢溶解、将物料保持在悬浮状态等。桨叶的形式可以是平直叶或折叶，桨叶的总长度为反应釜直径的 1/3～2/3，转速为 12～80r/min，在反应釜中视情况可以安装好几层桨叶，各层桨叶可以平行安装，也可以错开 90°角安装。

最下一层桨叶与釜底的距离为反应釜直径的 1/10～1/6，各层桨叶的最大间距约为釜直径的 2/3。

(a) 多层桨式搅拌器　　　　　　　　　　(b) 单层桨式搅拌器

图 1-17　桨式搅拌器

② 框式搅拌器。见图 1-18，用扁钢、木材或高分子材料制成，框式搅拌器可以看作是桨式搅拌器的变形，二者的区别在于框式搅拌器可使物料作上下混合，例如用于糊状物的稀释、浆状物的混合和使传热加强，以及在生产过程中有沉淀析出于反应釜壁和反应釜底的场合。对于直径在 600～1500mm（容积为 250～1800L）的设备而言，框边与釜壁的距离为 25～30mm，转速为 12～60r/min。

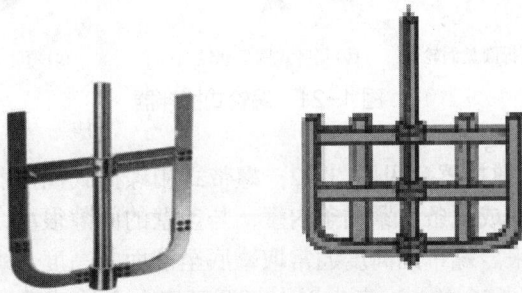

图 1-18　框式搅拌器

③ 锚式搅拌器。见图 1-19，可看成是一种特殊的框式搅拌器，一般由不锈钢、高分子材料、无缝钢管外面涂以搪玻璃等材料制成。其作用情况大体上与框式搅拌器相同，尤其适用于搅拌黏稠而且有腐蚀性的物料。为了刮除黏着在釜壁上的物料，锚式搅拌器的宽度可以做成几乎与反应釜的直径相等。但在一般情况下锚式搅拌器的宽度与框式搅拌器相同，在特殊情况下，锚式搅拌器与反应釜壁的距离可缩小到 5mm 左右。

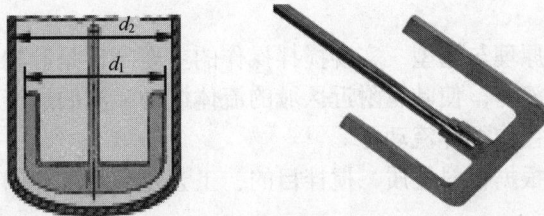

图 1-19　锚式搅拌器

④ 推进式搅拌器。见图 1-20，一般用不锈钢制成，它可以搅拌黏度在 6000cP 以上的液体，可以使易分层的液体形成乳浊液，或保持物料处于悬浮状态。推进式搅拌器可由两个叶片组成，也可以由三个叶片组成，其叶轮直径一般为反应釜直径的 1/4～1/3，转速为 160～1000r/min。搅拌器与反应釜底的距离约为搅拌器直径的 1/2。

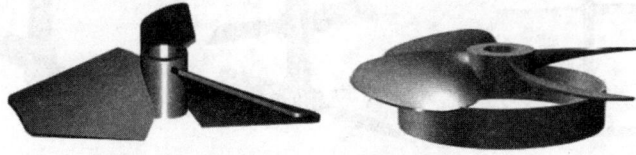

图 1-20　推进式搅拌器

⑤ 涡轮式搅拌器。见图 1-21，这类搅拌器对于将几种密度不同的黏稠液体混合成乳浊液是最有效的，它由拧紧在轴上的涡轮组成。涡轮旋转时被混合液体从中心被吸入，在离心力的作用下向四面喷散。涡轮的直径一般是反应釜直径的 1/4～1/3，转速为 200～1000r/min。

(a) 弯叶可拆圆盘涡轮　　(b) 箭叶式圆盘涡轮　　(c) 弯叶开启涡轮

图 1-21　涡轮式搅拌器

⑥ 螺带式和螺杆式搅拌器。见图 1-22，螺带式和螺杆式搅拌器常用扁钢按螺旋形绕制而成，其直径较大，常做成几条，紧贴釜内壁，与釜壁的间隙很小，所以搅拌时能不断地将粘于釜壁的沉积物刮下来。螺带的高度通常取罐底至液面的高度。螺带式和螺杆式搅拌器的转速都较低，通常不超过 50r/min，产生以上下循环流为主的流动，主要用于高黏度液体的搅拌。

（2）搅拌器的传动装置　将动力由电动机传给搅拌轴的整个机构称为搅拌器的传动装置，如图 1-23 所示。由电动机通过齿轮或蜗杆传动装置来带动搅拌器的轴，这样的传动装置称为个别传动装置。它的优点是：①紧凑，容易照看，安全；②传动效率高；③功率系数大；④操作方便。

个别传动装置的两种形式：①齿轮减速器。用于搅拌器转速较高的场合，100～400r/min。②涡轮减速器。应用于需要低速搅拌的场合，20～120r/min。对于转速小于 20r/min 的搅拌器，则往往采用多级减速器。

（3）搅拌器的工作原理与选型　实现搅拌操作的主要部件是叶轮，它的作用是通过自身的旋转将机械能传送给液体，使叶轮附近区域的流体湍动，同时所产生的高射流推动全部液体在反应釜内沿一定途径作循环流动。

搅拌器的选型主要根据物料性质、搅拌目的、工艺过程对搅拌的要求及各类搅拌器的性能特征来进行。

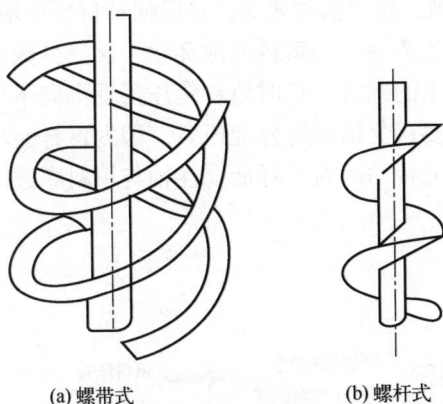

(a) 螺带式   (b) 螺杆式

图 1-22 螺带式和螺杆式搅拌器

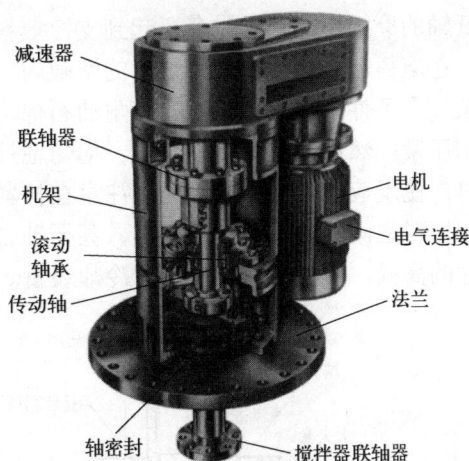

图 1-23 传动装置

① 对于低黏度均相液体混合，控制因素是宏观混合速率，亦即循环流量。各种搅拌器的循环流量从大到小顺序排列为：推进式、涡轮式、桨式。因此，应优先选择推进式搅拌器。如果不需要剧烈搅拌，可以采用桨式搅拌器。

② 对于非均相液液分散过程，控制因素为剪切作用，同时也要求有较大的循环流量。各种搅拌器的剪切作用按从大到小的顺序排列为：涡轮式、推进式、桨式。所以，应优先选择涡轮式搅拌器。

③ 对于液固相操作，当固液密度差小时，应优先选择推进式搅拌器。当固液密度差大，固体颗粒沉降速度大时，应选用开启式涡轮搅拌器。当固体颗粒对叶轮的腐蚀性较大时，应选用弯叶开启涡轮搅拌器。

④ 对于固体溶解操作，开启式涡轮搅拌器最适合，但对一些易溶的块状固体则常用桨式或框式等搅拌器。

⑤ 对于结晶过程，微粒结晶，应选择涡轮式搅拌器；粒度较大的结晶可选择桨式搅拌器。

⑥ 对于以传热为主的搅拌操作，可选用涡轮式搅拌器。对于高黏度流体，多选用锚式、螺带式以及具有刮壁作用的搅拌桨叶等大尺寸、低转速的搅拌器；对于低黏度流体（悬浮液或乳液），多选用透平式、桨式、推进式等小尺寸、高转速的搅拌器。

3. 釜式反应器的密封装置

在装有搅拌器的反应釜中，搅拌轴要从釜盖穿出，以便和传动装置相连，同时还要保证轴能够转动。因此，在釜盖上需开孔，但会导致设备内的物料蒸气或气体可能沿釜盖的轴孔逸出。这不但造成物料的损失，而且由于许多物料是易燃、易爆和有毒的，也容易发生危险。此外，在某些情况下釜内需要形成压力或真空，而轴孔的存在也会对加压和形成真空造成一定的困难。于是就产生了轴的转动和反应设备的密闭的矛盾。填料箱就是解决这个矛盾的一个部件。它既不影响轴的转动，而且也可以使设备保持很大程度的密闭。

（1）填料密封 一般反应釜上的填料箱，主要包括填料箱本体、填料压盖和底衬套，见图 1-24。填料箱本体一般用铸铁铸成，也可以用钢材焊制，用螺钉固定在反应釜盖上。在填料箱本体内的底部放入用耐磨铸铁或青铜制成的底衬套，轴被底衬套严密地包住而不触及填料箱的其他零件。底衬套具有使搅拌轴"定向"的作用，防止轴在转动时发生摇摆和振动，降低轴的磨损，此外底衬套还起到支撑填料的作用。

在填料箱本体与轴之间留出的空隙内，塞以填料，起到密封效果。采用何种材料作填料，需按操作条件来决定，常用的有耐油石棉、聚四氟乙烯等。将填料圈成环状，然后分数次填装和压紧。然后盖上填料箱压盖，均匀地拧紧压盖上的螺钉。这时填料箱压盖逐渐向下挤压填料，使反应釜达到密闭。但应注意在拧紧螺钉时要避免填料过分地压紧，因为这样会增大轴与填料之间的摩擦而引起过热，甚至轴会因此不能转动。为了降低搅拌轴与填料摩擦时所产生的高温，填料箱有时会带有冷却装置。

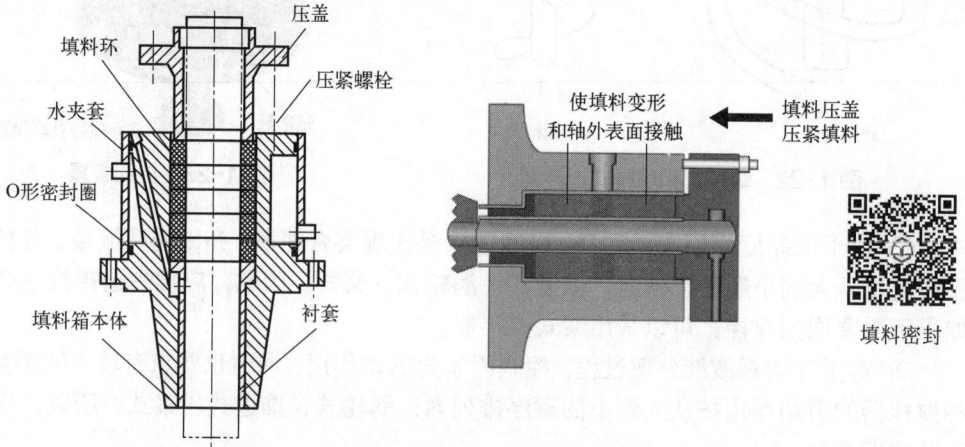

图 1-24 填料密封

（2）机械密封　机械密封的工作原理是弹簧力的作用使动环紧紧压在静环上，当轴旋转时，弹簧座、弹簧、弹簧压板、动环等零件随轴一起旋转，而静环则固定在座架上静止不动，动环与静环相接触的环形密封端面阻止了物料的泄漏。机械密封结构较复杂，如图 1-25 所示，但密封效果甚佳。机械密封多用于易燃、易爆、有毒的场所。

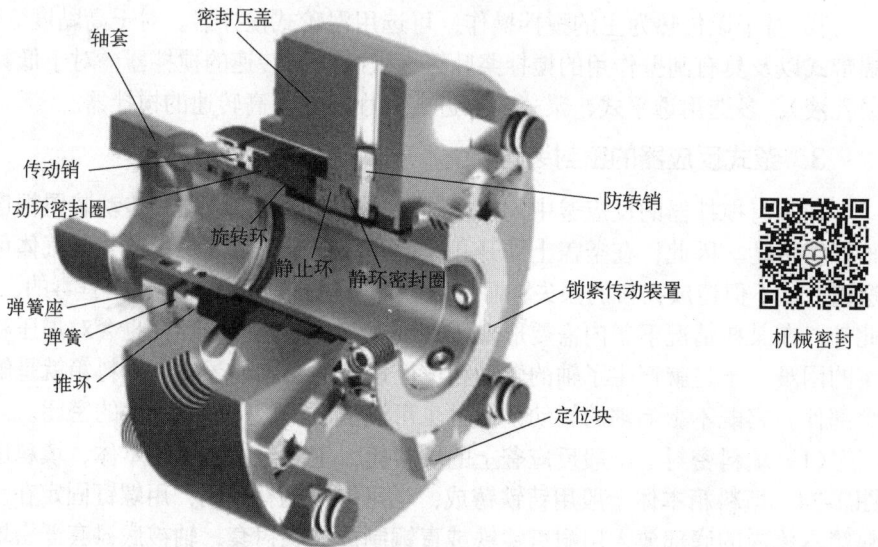

图 1-25 机械密封

4．釜式反应器的换热装置

绝大多数的化学反应在进行时都有吸热或放热现象，并且需要一定的反应温度，所以几乎所有的反应设备都装有换热装置。设备的加热或冷却方法首先取决于温度及传热速度的大小，同时也取决于所选定的传热剂的性质。

釜式反应器换热装置是用来加热或冷却反应物料，使之符合工艺要求的温度条件的设备。反应釜的常用换热装置主要有夹套式、蛇管式和插入式、列管式、外部循环式、回流冷凝式等。

（1）夹套式换热装置 传热夹套装在反应釜的外部，夹套与反应釜之间形成密封空间作为加热或冷却介质的通道。夹套通常用钢和铸铁制成，可焊接在器壁上或者用螺钉固定在反应釜的法兰上，其结构简单、操作方便，如图 1-26 所示。夹套与反应釜内壁的间距视反应釜直径的大小采用不同的数值，一般取 25～100mm。夹套的高度取决于传热面积，而传热面积由工艺要求确定。夹套高度一般应高于料液的高度，应比釜内液面高出 50～100mm，以保证传热。

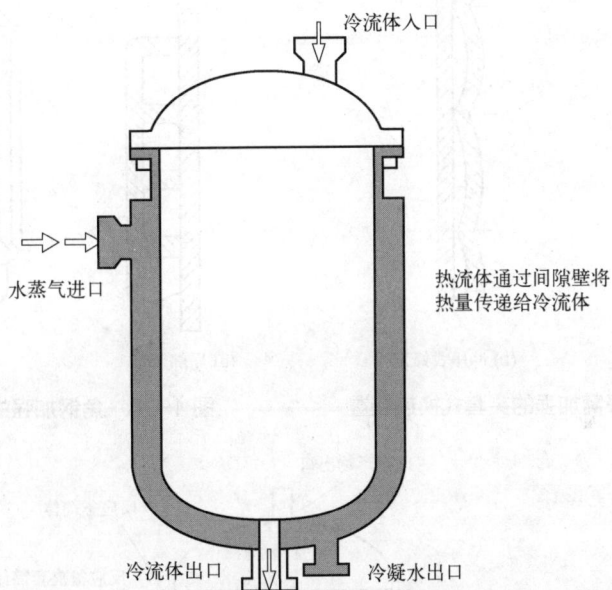

图 1-26 夹套式换热装置

当用蒸汽进行加热时，蒸汽由上部接管进入夹套，冷凝水则由下部接管排出。其蒸汽压力一般不超过 0.6MPa，当反应器的直径大或者加热蒸汽压力较高时，夹套必须采取补强措施。常用的补强装置有采用支撑短管补强的蜂窝夹套，如图 1-27 所示，该种补强装置可使夹套承受 1MPa 压力，如采用冲压式蜂窝夹套，则可承受更高的压力。

为了使夹套承受更高的压力，可将角钢焊在釜的外壁上增强夹套的耐压能力，见图 1-28，此结构可耐压 5～6MPa。

对于较大型的搅拌釜，为了提高传热效果，可在夹套空间内装设螺旋导流板，以缩小夹套中流体的流通面积，提高流速并避免短路。螺旋导流板一般焊在釜壁上，与夹套壁有小于 3mm 的间隙。如图 1-29 所示为一种带孔螺旋导流板蒸汽加热反应釜换热装置，使部分蒸汽从螺旋导流板上的小孔喷出至下一层流道，对下一层流道的液膜产生冲击作用，使下一层流道内的液膜从层流变为紊流，并减少层流液膜厚度甚至撕裂液膜，从而增大换热系数，提高蒸汽潜热的利用效率。根据经验，加设螺旋导流板后，夹套侧的膜传热系数一般可由 200W/$(m^2 \cdot K)$ 增大到 1500～2000W/$(m^2 \cdot K)$。

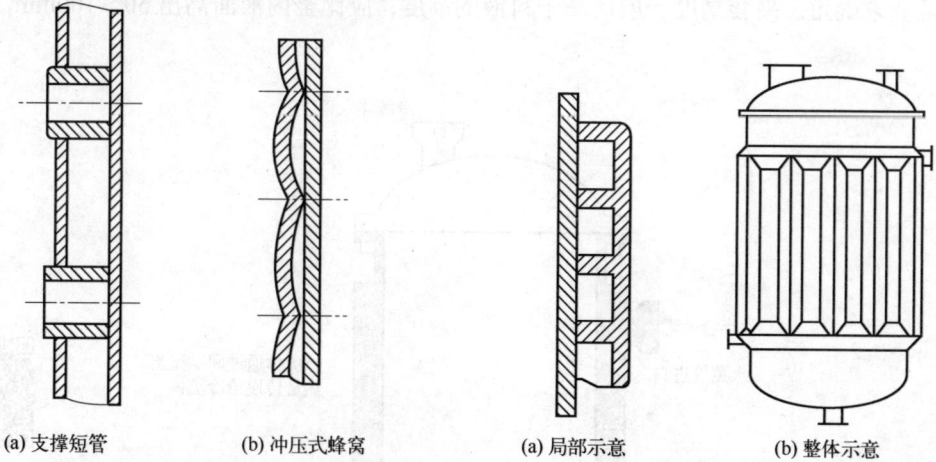

(a) 支撑短管　　　　　(b) 冲压式蜂窝

图 1-27　蜂窝加强的夹套式换热装置

(a) 局部示意　　　　(b) 整体示意

图 1-28　角钢加强的夹套式换热装置

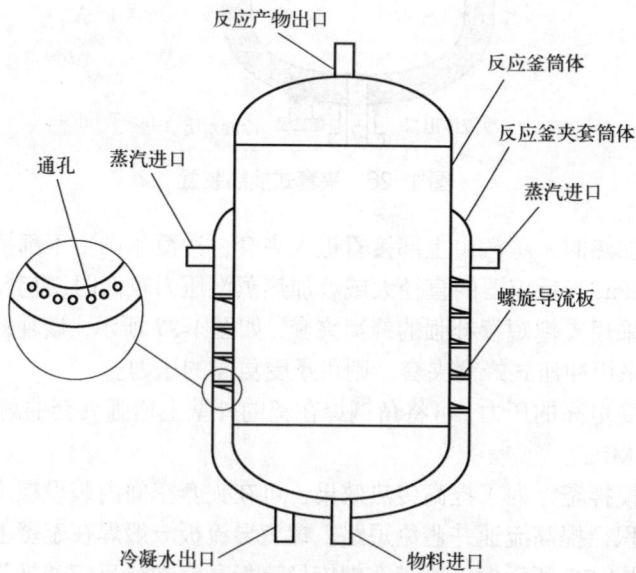

图 1-29　带孔螺旋导流板的夹套式换热装置

（2）蛇管式和插入式换热装置 当工艺需要的传热面积大，单靠夹套传热不能满足要求时，或者是反应器内壁衬有橡胶、瓷砖、搪玻璃等非金属材料时，可采用蛇管、插入套管等传热，见图 1-30、图 1-31。

水平式蛇管
换热器

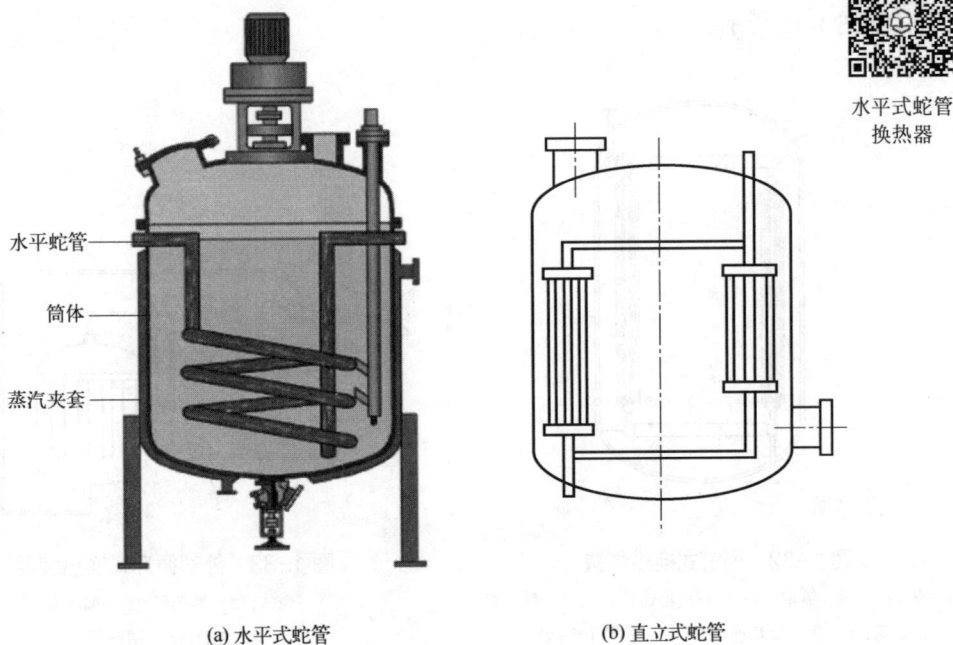

水平蛇管

筒体

蒸汽夹套

(a) 水平式蛇管

(b) 直立式蛇管

图 1-30 蛇管式换热装置

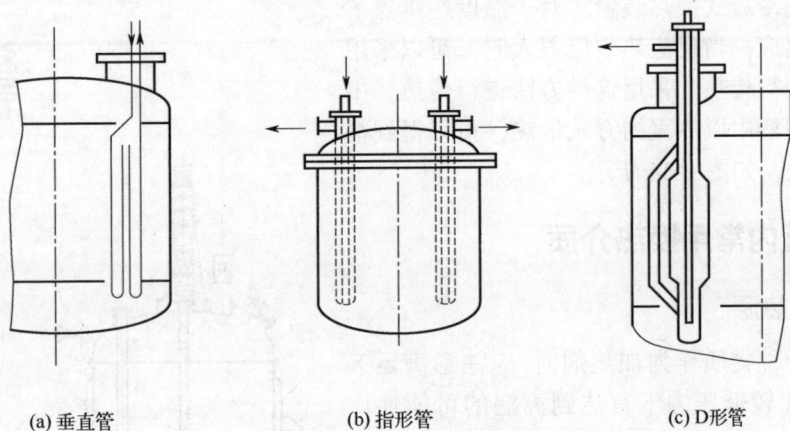

(a) 垂直管

(b) 指形管

(c) D形管

图 1-31 插入式换热装置

工业上常用的蛇管有两种：水平式蛇管和直立式蛇管。排列紧密的水平式蛇管能同时起到导流筒的作用，排列紧密的直立式蛇管可以同时起到挡板的作用，它们对于改善液体的流动状况和搅拌的效果起到积极的作用。

（3）列管式换热装置 对于大型搅拌反应釜需要高速传热时，可在釜内安装列管式换热器。例如在 30m³ 的反应釜内，安装多组列管式换热器，总传热面积可达 110m²，如图 1-32 所示。

（4）外部循环式换热装置　采用各种类型的换热器使反应物料在反应器外进行换热，即将反应釜内的物料移出反应器换热后再循环回反应器。当反应釜的夹套和蛇管传热面积仍不能满足工艺要求，或由于工艺的特殊要求无法在反应器内安装蛇管而夹套的传热面积又不能满足工艺要求时，可以通过泵将反应器内的料液抽出，经过外部换热器换热后再循环回反应器内，如图1-33所示。

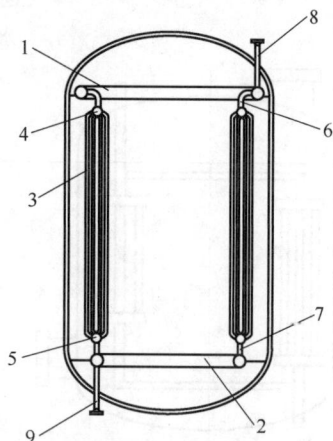

图 1-32　列管式换热装置

1—集箱；2—下集箱；3—列管式换热管；4，5—第一列
管集箱；6—第一集箱连接管；7—下集箱连接管；
8—换热介质出口；9—换热介质入口

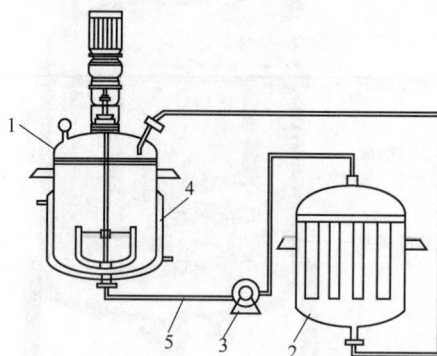

图 1-33　外部循环式换热装置

1—壳体；2—换热器；3—循环泵；
4—夹套；5—循环管

（5）回流冷凝式换热装置　对于温度在沸点下进行的放热反应，当反应热效应很大时，可以采用回流冷凝法进行传热。采用这种方法进行传热，由于蒸汽在冷凝器中以冷凝的方式散热，可以得到很高的给热系数，如图1-34所示。

四、反应釜内常用换热介质

1. 高温热源

在选择一种物质作为加热剂时，应注意满足下列要求：①在较低压力下有达到高温的可能性；②化学稳定性高；③没有腐蚀作用；④有高热导率；⑤蒸发潜热大；⑥熔点要低；⑦没有爆炸和燃烧的危险性；⑧没有毒性；⑨价格低廉、供应方便。

一种加热剂不可能同时满足上述要求，应根据实际使用情况，解决主要矛盾。

反应釜常用的加热剂有下列各种物质。

（1）饱和水蒸气　这是应用最广的一种加热剂，它的优点是：价格便宜；能灵活地调节温度；水蒸

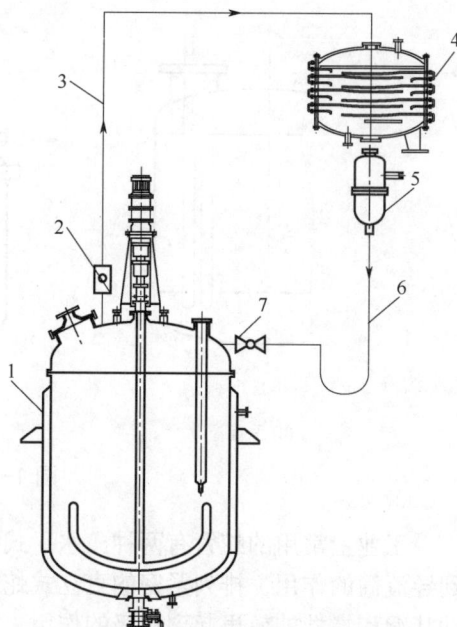

图 1-34　回流冷凝式换热装置

1—夹套；2，3，6—回流管；4—冷凝器；
5—回流槽；7—球阀

气冷凝的给热系数大，有利于传热；蒸发潜热大，热效率高。当所需温度低于 200℃时，使用水蒸气加热是非常合适的。

（2）高压饱和水蒸气　指蒸汽压力大于 600kPa（表压）的饱和水蒸气，主要来源于高压蒸汽锅炉、废热锅炉或热电站的蒸汽透平等。用高压蒸汽作为热源，需要用高压管道输送蒸汽，其建设投资费用大。

（3）高压汽水混合物　指在一定压力下，水与其蒸汽共存形成的两相混合体系，该体系可作为加热热源使用。当车间内有个别设备需高温加热时，设置一套专用的高压汽水混合物作为高温热源是比较可行的。这种加热装置如图 1-35 所示，由焊在设备外壁上的高压蛇管（或内部蛇管）、空气冷凝器、高压加热炉和安全阀等部分构成一个封闭的循环系统。管内充满 70%的水和 30%的蒸汽，形成汽水混合物。从加热炉到加热装置这一段管道内蒸汽比例高、水的比例低，而从冷凝器返回加热炉这一段管道内蒸汽比例低、水的比例高，于是形成一个自然循环系统。

这种高温加热装置可用于温度为 200~250℃的加热。

（4）有机载热体　某些有机物具有常压沸点高、熔点低、热稳定性好等特点，可作为高温热源，如联苯导生油、YD 导热油、SD 导热油等都是良好的高温载热体。联苯混合物（导生油）是一种目前应用较普遍的高温有机载热体。它是质量分数为 26.5%联苯、73.5%二苯醚的低共熔和低共沸混合物，熔点 12.3℃，沸点 258℃，它的突出特点是能在较低的压力下得到较高的加热温度。在同样温度下，它的饱和蒸气压力只有水蒸气压力的 1/60~1/30。

当温度在 250℃以下时，可采用液体联苯混合物加热。如图 1-36 所示的液体联苯混合物自然循环加热装置，加热设备与加热炉之间保持一定的高位差使液体有良好的自然循环。

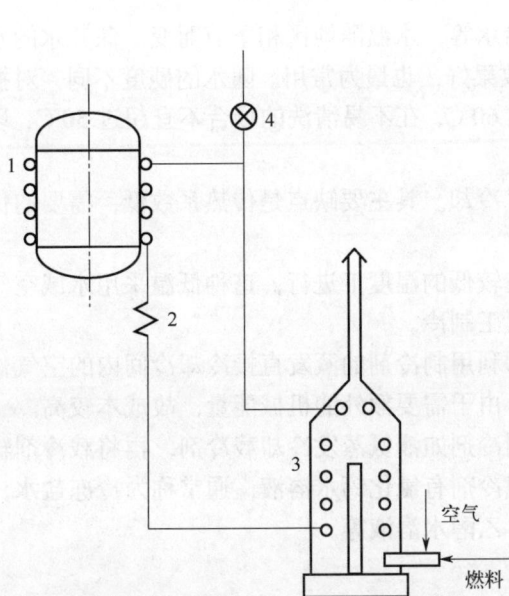

图 1-35　高压汽水混合物的加热装置

1—高压蛇管；2—空气冷凝器；
3—高压加热炉；4—安全阀

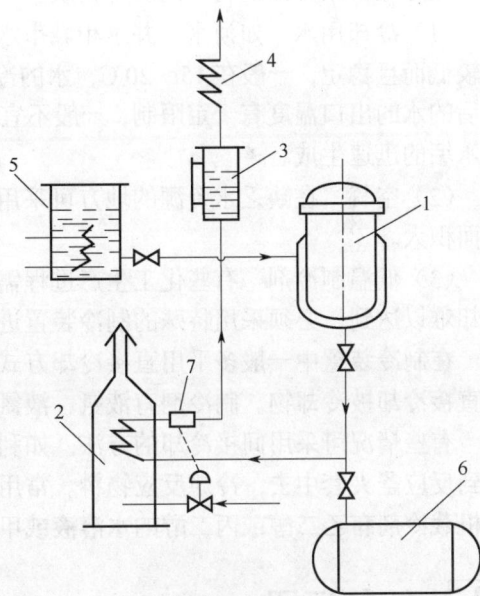

图 1-36　液体联苯混合物自然循环加热装置

1—被加热设备；2—加热炉；3—膨胀器；4—回流冷凝器；
5—熔化炉；6—事故槽；7—温度自控装置

当温度高于 250℃时，也可采用联苯混合物的蒸气加热。如图 1-37 所示为一种较为简易的联苯混合物蒸气加热装置，是将蒸气发生器直接附设在加热设备上面。用电热棒加热液体

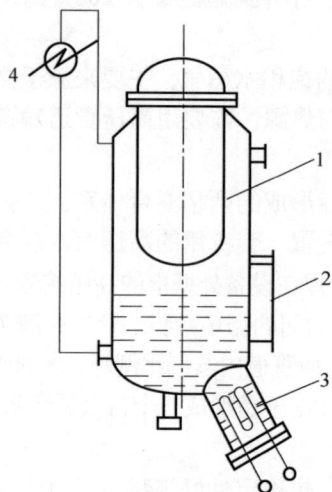

图 1-37　联苯混合物的蒸气加热装置

1—被加热设备；2—液面计；3—电加热棒；
4—回流冷凝器

联苯混合物，使其沸腾，产生蒸气。

（5）电加热　电加热是一种热效率高、操作简单、便于实现自控和遥控的高温加热方法。常用的电加热方法可分为以下三种类型。①电阻加热：电流通过电阻产生热量实现加热。②感应电流加热：利用交流电路引起的磁通量变化在被加热体中感应产生的涡流损耗而变成热能。③短路电流加热：将低电压如 36V 的交流电直接通到被加热的设备上，利用短路电流产生的热量进行高温加热。这种电加热法适用于加热细长的反应器。

（6）熔盐　反应温度在 300℃ 以上可用熔盐作载热体。将粉状混合盐加入熔融槽，槽内安装高压蒸汽加热管加热，直至熔盐黏度可用泵打循环呈流动状态使用。一般熔盐的组成为 KNO_3 53%、$NaNO_3$ 7%、$NaNO_2$ 40%（质量分数，熔点 142℃）。

（7）烟道气加热　煤气、天然气、石油加工废气或燃料油等燃烧时产生的高温烟道气可作为热源加热反应釜，温度可达 300℃ 以上。烟道气加热效率低、给热系数小、温度不易控制。

2. 低温冷源

反应釜常用冷却剂有下列各种物质。

（1）冷却用水　如河水、井水和城市水厂给水等，水温随地区和季节而变。深井水的水温较低而且稳定，一般在 15～20℃，水的冷却效果好，也最为常用。随水的硬度不同，对换热后的水的出口温度有一定限制，一般不宜超过 60℃，在不易清洗的场合不宜超过 50℃，以免水垢的迅速生成。

（2）空气　在缺乏水资源的地方可采用空气冷却。其主要缺点是传热系数低，需要的传热面积大。

（3）低温制冷剂　有些化工生产过程需要在较低的温度下进行，这种低温采用水或空气冷却难以达到，必须采用特殊的制冷装置进行人工制冷。

在制冷装置中一般多采用直接冷却方式，即利用制冷剂的蒸发直接冷却冷间内的空气，或直接冷却被冷却物。制冷剂有液氨、液氮等。由于需要额外的机械能量，故成本较高。

有些情况可采用间接冷却的方法，如利用制冷剂如液氨蒸发冷却载冷剂，再将载冷剂输送到反应釜夹套中去，冷却反应物料。常用的载冷剂有氯化钙水溶液，通常称为冷冻盐水；有机载冷剂有乙二醇或丙二醇的水溶液或甲醇、乙醇水溶液等。

🔑 任务拓展

》 新工艺

发明专利：一种利用串联动态釜式反应器制备硫代二丙酸的方法

专利摘要：工艺流程如图 1-38 所示。本方法主要包括五个步骤：①配制硫化钠水溶液和氢氧化钠水溶液。②将配制好的硫化钠水溶液与丙烯酸按照进料摩尔比1∶2.03，通过泵常温进料进入第一个动态釜式反应器的反应区，氢氧化钠水溶液作为另一相物料通过泵常温输送进入第一个动态釜式反应器调节 pH 值；而硫酸溶液则通过泵常温输送进入第二个动态釜式反应器，并控制两相物料的进料速度，与第一个动态釜式反应器的物料进料摩尔比为1∶1。③换热：反应过程中利用温度控制器进行控温，使第一步反应温度保持在 70~80℃。④两相物料进行混合后，反应液的停留时间为 60~600s，反应在常压下进行混合。⑤反应停留到一定时间后，将物料排出第一个动态釜式反应器，进入第二个动态釜式反应器，进一步进行酸化反应后得到硫代二丙酸料液。

专利创新： 本发明的制备方法能够有效解决传统工艺中存在的丙烯酸聚合物含量高、原料转化率低、收率低、有安全风险等问题，现有技术中一般利用间歇反应釜进行硫代二丙酸的制备，本发明提供了一种利用串联动态釜式反应器制备硫代二丙酸的方法，以减少丙烯酸用量，节能降耗，减少聚丙烯酸含量，提高产品收率和品质。

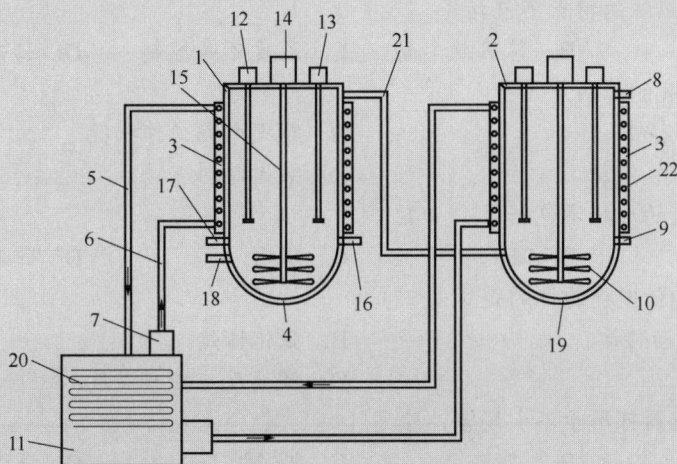

图 1-38 串联动态釜式反应器制备硫代二丙酸

1—第一动态反应器；2—第二动态反应器；3—盘管；4—第一反应区；5，8—出料管；6，9，进料管；
7—泵；10—桨叶；11—换热箱；12—温度传感器；13—pH 传感器；14—电动机；15—搅拌轴；
16~18—物料进入管；19—第二反应区；20—换热器；21—输送管；22—螺旋管

? 任务检测

一、选择题

1. 工业生产中常用的热源与冷源是（　　）。

A. 蒸汽与冷却水　　　　　　　　　B. 蒸汽与冷冻盐水

C. 电加热与冷却水　　　　　　　　D. 导热油与冷冻盐水

2. 化工生产过程按其操作方法可分为间歇、连续、半间歇操作。其中属于稳定操作的是（　　）。

A. 间歇操作　　　　　　　　　　　B. 连续操作

C. 半间歇操作　　　　　　　　　　D. 所有选项均不正确

3. 化工生产上，用于均相反应过程的化学反应器主要有（　　）。

A. 釜式　　　　　　B. 鼓泡塔式　　　　C. 固定床　　　　D. 流化床

4. 化学反应器的分类方法很多，按（　　）的不同可分为管式、釜式、塔式、固定床、流化床等。

A. 聚集状态　　　　B. 换热条件　　　　C. 结构　　　　　D. 操作方式

5. 下列各项不属于釜式反应器特点的是（　　）。

A. 物料混合均匀　　　　　　　　　B. 传质、传热效率高

C. 返混程度小　　　　　　　　　　D. 适用于小批量生产

6. 反应温度在300℃以上一般用（　　）作载热体较好。

A. 高压饱和水蒸气　　　　　　　　B. 熔盐

C. 有机载热体　　　　　　　　　　D. 高压汽水混合物

7. 低温下常用的载热介质是（　　）。

A. 加压水　　　　　　B. 导生液　　　　　C. 熔盐　　　　　D. 烟道气

8. 烟道气加热法的特点不包括（　　）。

A. 高温加热　　　B. 传热效率高　　　C. 温度不易控制　　D. 传热系数小

9. 手孔和人孔的作用是（　　）。

A. 检查内部零件　　　　　　　　　B. 窥视内部工作状况

C. 泄压　　　　　　　　　　　　　D. 装卸物料

10. 反应釜盖的形状不包括（　　）。

A. 平面形　　　B. 球形　　　　　C. 碟形　　　　　D. 锥形

11. 反应釜加强搅拌的目的是（　　）。

A. 强化传热与传质　　　　　　　　B. 强化传热

C. 强化传质　　　　　　　　　　　D. 提高反应物料温度

12. 釜式反应器可用于不少场合，除了（　　）。

A. 气-液　　　B. 液-液　　　　C. 液-固　　　　D. 气-固

13. 反应釜中如进行易黏壁物料的反应，宜选用（　　）搅拌器。

A. 桨式　　　　B. 锚式　　　　C. 涡轮式　　　　D. 螺轴式

14. 小批量、多品种的精细化学品的生产适用于（　　）过程。

A. 连续操作　　　B. 间歇操作　　　C. 半连续操作　　　D. 半间歇操作

15. 化工生产过程的核心是（　　）。

A. 混合　　　　B. 分离　　　　C. 化学反应　　　　D. 粉碎

二、简答题

1. 釜式反应器的基本结构及其作用是什么？

2. 搅拌器的作用是什么？有哪些类型？

3. 釜式反应器常用的换热装置有哪些？

4. 反应釜常用的高温热源有哪些？低温冷源有哪些？分别适用于哪些场合？

5. 简述釜式反应器的特点。

任务 2

设计釜式反应器

任务描述

依据理想釜式反应器设计实例，理解釜式反应器设计原理和内容，能够完成釜式反应器的分析设计。

任务驱动

1. 反应器几何尺寸、操作条件、搅拌等复杂性使得反应器内流体的流动十分复杂，那么流体有怎样的流动状况？
2. 采用数学模型法初步设计釜式反应器。

任务内容

```
                        设计釜式反应器
          ┌──────────────────┼────────────────────────┐
   反应器内流体流动分析      均相反应动力学基础      釜式反应器设计——数学模型
          │                     │                         │
      理想流动模型          单一反应动力学              物料衡算 ──┐
                                                              ├── 恒温条件下，联列两方程求解
      理想混合流动模型      ±r=k_c c_A^{a_1} c_B^{a_2}    动力学方程
                                                              ├── 非恒温条件下，联列三个方程
      理想置换流动模型                                   热量衡算 ──┘

  偏离原因分析：死角、死区；
  沟流与短路；循环流；流速
  分布不均；扩散

      实际流动状态          复杂反应动力学

                        复杂反应体系内各反应速率的综合
```

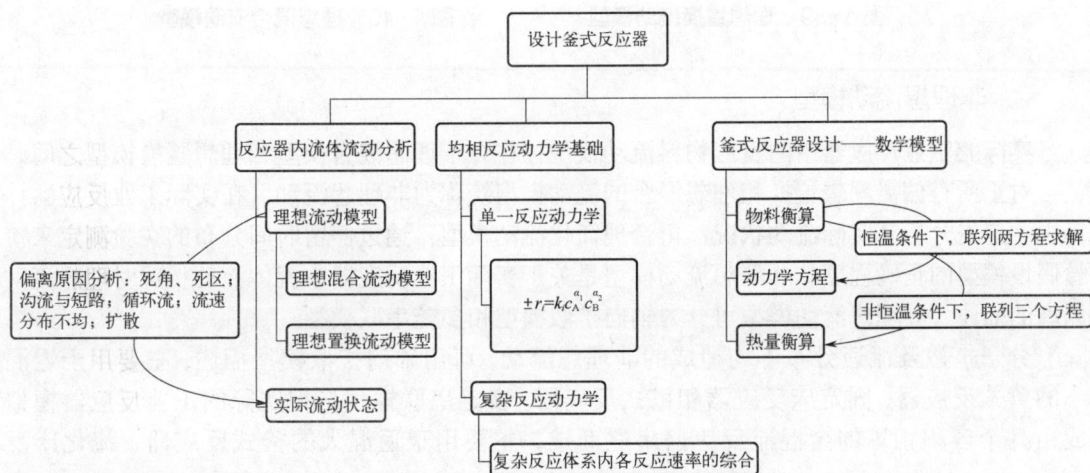

一、反应器内流体流动特性分析

一般将流动模型分为两大类型，即理想流动模型和非理想流动模型。

1. 理想流动模型

为简化反应器工艺设计，根据反应器内流体的流动状况，可以建立两个理想流动模型：理想置换流动模型、理想混合流动模型。

（1）理想置换流动模型　理想置换流动模型也称作平推流模型或活塞流模型。如图 1-39 所示，与流动方向相垂直的同一截面上各点流速、流向完全相同，即物料是齐头并肩向前运动的，是返混（专指不同时刻进入反应器的物料之间的混合，是逆向的混合，或者说是不同年龄质点之间的混合。返混是连续化后才出现的一种混合现象）为 0 的理想流动模型。其特点是在定态情况下，沿物料流动方向，物料的浓度、温度、压力、流速等参数会发生变化，而垂直于流体流动方向任一截面上物料的所有参数都相同。所有物料粒子的停留时间相同，浓度等参数只随管的位置发生变化，与时间无关。一般长径比较大和流速较高的连续操作管式反应器中的流体流动可视为理想置换流动。

（2）理想混合流动模型　理想混合流动模型也称为全混流模型，如图 1-40 所示。反应物料以稳定的流量进入反应器，刚进入反应器的新鲜物料与存留在其中的物料瞬间达到完全混合，是返混为无穷大的理想流动模型。其特点是所有空间位置物料的各种参数，即物料的浓度、温度、流速等参数完全均匀一致，而且出口处物料性质与反应器内完全相同。一般搅拌十分强烈的连续操作搅拌釜式反应器中的流体流动可视为理想混合流动。

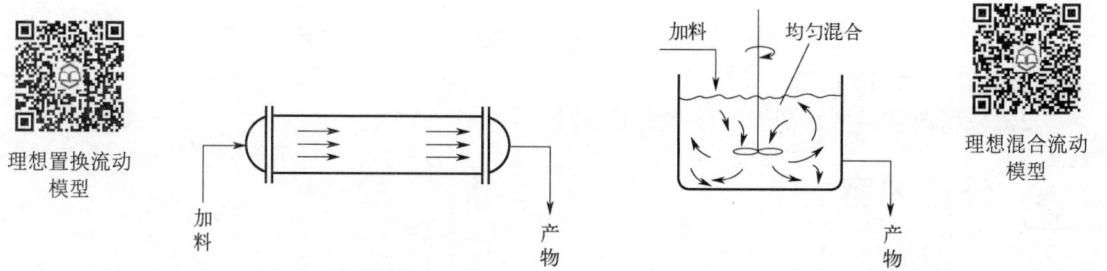

理想置换流动模型

加料　　　　　　　　　　产物

图 1-39　理想置换流动模型

加料　　均匀混合

理想混合流动模型

产物

图 1-40　理想混合流动模型

2. 非理想流动模型

实际的工业反应器中的反应物料流动模型往往介于理想混合模型和理想置换模型之间。

对于所有偏离理想置换和理想混合的流动模型统称为非理想流动。在实际工业反应器计算中，应先分析其实际流动状况，再合理简化流动模型，通过停留时间分布的实验测定来检验假设模型的正确程度。非理想流动模型是关于实际工业反应器中流体流动状况对理想流动偏离的描述。非理想流动模型可分为轴向扩散模型和多釜串联模型。

分子扩散及流速分布不均造成的非理想流动，可用轴向扩散模型描述，主要用于返混小的管式反应器、固定床反应器和塔式反应器。多釜串联模型是把实际的工业反应器模拟成由几个容积相等的全混流反应器串联而成，主要用于返混大的釜式反应器、流化床反应器。

3. 反应器内流体流动

反应器内流体的流动特征主要指反应器内流体的流动状态、混合状态等，它们随反应器的几何结构（包括内部构件）和几何尺寸不同而发生改变。流体流动特征影响反应速率和反应选择性，直接影响反应结果。所以，研究反应器中的流体流动模型是反应器选型、计算和优化的基础。

（1）返混及其对反应的影响　间歇反应器中不存在返混，理想置换反应器不存在返混，理想混合反应器返混达到极限状态，非理想流动反应器存在不同程度的返混。

返混带来的最大影响是反应器进口处反应物高浓度区的消失或减小。返混改变了反应器内的浓度分布，使反应器内反应物的浓度下降，反应产物的浓度上升。一般是会降低反应速率并影响复杂反应体系的选择性。返混是连续反应器中的一个重要工程因素，任何过程在连续化时，应当考虑返混可能造成的危害，应尽量避免选用可能造成返混的反应器，否则不但不能强化生产，反而有可能导致生产能力的下降或反应选择性的降低。

在工程放大后的反应器中流动状况的改变，导致了返混程度的变化，给反应器的放大计算带来很大的困难。因此，在分析各种类型反应器的特征及反应器选型时都必须把反应器的返混状况作为一项重要特征加以考虑。

降低返混程度的主要措施是分割，通常有横向和纵向两种，其中重要的是横向分割。

① 连续操作的搅拌釜式反应器。为减少返混，工业上常采用多釜串联的操作。当串联釜数足够多时，连续多釜串联的操作性能就很接近理想置换反应器的性能。

② 流化床反应器。其由于气泡运动造成气相和固相都存在严重的返混。为了限制返混，对高径比较小的流化床反应器，常在其内部装置横向挡板以减少返混；而对高径比较大的流化床反应器，则可设置垂直管作为内部构件。

③ 气液鼓泡反应器。其由于气泡搅动所造成的液体反向流动，形成很大的液相循环流量。因此，反应器内的液相流动十分接近于理想混合。为了限制鼓泡反应器中液相的返混程度，工业上常采取以下措施：a.放置填料；b.设置多孔多层横向挡板，把床层分成若干级；c.设置垂直管。

（2）实际反应器中流动状况偏离理想流动状况的原因

① 滞留区的存在。滞留区指反应器内流体流动极慢以至于几乎不流动的区域，也称死角、死区。滞留区主要产生于设备的死角中，如设备两端以及设备设有障碍物时，容易产生死角。滞留区的存在，使得部分流体粒子停留时间长。通过合理的设计可减少滞留区的存在。

反应器的滞留区

② 存在沟流与短路。在固定床反应器、填料塔反应器中，由于催化剂颗粒或填料填装不均匀，造成个别低阻力的通道，使得部分流体快速从此通道流过从而形成沟流。而短路则是在设备不良时产生的现象，流体在设备内停留时间极短，例如当设备的进出口离得太近时就会出现短路。

反应器的沟流

③ 循环流。在实际的釜式反应器、鼓泡塔和流化床中都会存在流体的循环流动。

④ 流体流速分布不均匀。流体在反应器内的径向流速分布不均匀，造成流体在反应器内停留时间不同。流体流速较小时，形成滞流；流体流速较大时，形成湍流。

反应器的循环流

⑤ 扩散。分子扩散的存在造成了流体粒子之间的混合，使停留时间分布偏离理想流动状态。

上述是造成非理想流动的几种常见原因，对于一个流动系统来说上述原因可能全部存在，也可能存在其中的几种，甚至有其他的原因。

二、均相反应动力学基础

生产过程与化学反应器紧密相关，化学反应器中进行的过程不仅有化学反应过程，同时还伴有许多物理过程。这些物理过程与化学反应过程相互影响、相互渗透，在反应器中化学反应过程与质量、热量和动量传递同时进行，必然影响反应过程的特性和化学反应结果。因此，研究宏观反应动力学与化学反应器的选择、设计及操作密切相关。

均相反应是指在均匀的液相或气相中进行的反应，即反应物之间不存在相界面，反应系统中只有一种相态。譬如，两种气体之间的反应就属于均相反应，两种完全互溶的液体之间的反应，也属于均相反应。均相反应有很广泛的应用范围，如烃类的热裂解为典型的均相气相反应，而酸碱中和、酯化、皂化等则为典型的均相液相反应。均相反应的特点是反应过程不存在相界面，过程总速率由化学反应本身决定。

均相反应动力学研究各种外界因素对反应速率和反应产物分布的影响以及它们之间的定量关系。这种数学关系称为速率方程，或本征（经典、固有、微观）动力学方程。

（1）均相反应速率　化学反应速率是指单位时间、单位体积的物料数量的变化量。物料指反应物或产物。因此，均相反应速率[$kmol/(m^3 \cdot h)$或$mol/(L \cdot s)$]定义式为：

$$\pm r_i = \pm \frac{1}{V}\frac{dn_i}{d\tau} \tag{1-1}$$

式（1-1）对反应物，取"−"，而对产物则取"+"。对于化学反应速率值得注意的是反应速率恒为正值。

对于多组分单一反应体系，各组分的反应速率受化学计量关系约束，且存在一定比例关系。对于$aA + bB \longrightarrow cR + dS$反应，根据化学计量关系可知，各组分的变化量符合下列关系：

$$\frac{-r_A}{a} = \frac{-r_B}{b} = \frac{r_R}{c} = \frac{r_S}{d} \tag{1-2}$$

式中，$(-r_A)$、$(-r_B)$为组分A、B的消耗速率；r_R、r_S为组分R、S的生成速率。

说明无论按哪一个反应组分计算的反应速率，其与相应的化学计量系数之比恒为定值。

（2）化学反应速率的影响因素　影响化学反应速率的因素包括内因与外因。内因为主要因素，即反应物本身的性质。外因包括反应物浓度、反应温度、反应压力、催化剂、光、反应物颗粒大小和反应物状态等。

① 反应物浓度的影响。实验证明（如图1-41），在其他条件不变时，增大反应物浓度，就增加了单位体积的活化分子数目，从而增大了有效碰撞的概率，增大了化学反应速率。

反应物浓度与活化
分子关系

② 反应温度的影响。在其他条件一定时，温度升高，反应物分子的能量增加，活性增强，活化分子数增加，使有效碰撞次数增多，因而反应速率增大。

③ 反应压力的影响。对于气体参与的反应，当其他条件一定时，一定量气体的体积与其所受的压力成反比。所以，增大压力就是增加单位体积反应物的量，即增大反应物的浓度，因而可以增大化学反应速率。相反，减小压力就是降低单位体积反应物的量，即减小反应物的浓度，因而化学反应速率减小，如图1-42所示。

如果参加反应的物质是固体、液体，由于改变压强对它们体积的改变影响很小，因而对它们浓度改变的影响也很小，可以认为改变压强对它们的反应速率无影响。

○ 活化分子　● 普通分子

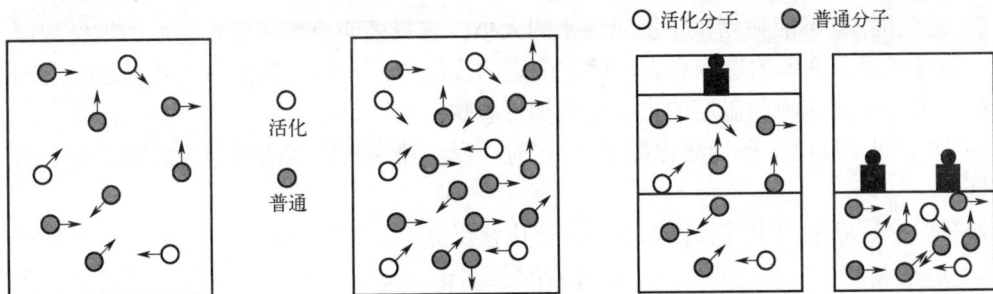

图 1-41　反应物浓度与活化分子关系

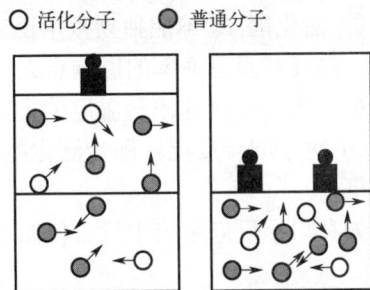

图 1-42　压力大小与活化分子关系

④ 催化剂的影响。使用正催化剂能够降低反应所需的活化能，快速促进反应物分子活化，单位体积内活化分子数增多，反应速率加快。据统计，约有85%的化学反应需要使用催化剂，有很多反应还必须使用性能优良的催化剂才能进行。

压力大小与活化
分子关系

化工生产中，为加快化学反应速率，优先考虑的措施是选用适宜的催化剂。催化剂只能改变化学反应速率，不改变化学反应平衡。

负催化剂能减缓化学反应速率，如橡胶中加入的防老化剂就属于负催化剂，可以阻止橡胶老化。

⑤ 其他因素。增大固体的表面积，可以增大反应速率；光照一般也可以增大某些反应的速率。此外，超声波、电磁波、溶剂等对反应速率也有不同程度的影响。

（3）均相反应动力学方程　定量描述化学反应速率与影响因素之间的关系式称为化学反应动力学方程。常温下，均相反应动力学方程一般式为：

$$r_i = k_c f(c_i) \tag{1-3}$$

式中，k_c 为反应速率常数，有时也用 k 表示；$f(c_i)$ 为浓度函数，它是反应的推动力因素。其满足幂函数型关系式，即：$f(c_i) = c_A^{\alpha_1} c_B^{\alpha_2} \cdots$（其中，$c_A$、$c_B \cdots$ 为反应体系内参与反应的反应物浓度，α_1、$\alpha_2 \cdots$ 为反应级数）。

反应速率常数 k 就是当反应物浓度为 1 时的反应速率，又称反应的比速率。k 值大小直接决定了反应速率的高低和反应进行的难易程度。不同的反应有不同的反应速率常数，对于同一个反应，反应速率常数随温度、溶剂、催化剂的变化而变化。它是反应本质和温度的函数，是反应的能量因素，其大小决定了反应进行的难易程度。在一般情况下，反应速率常数 k 与热力学温度 T 之间的关系可以用 Arrhenius 经验方程表示，即：

$$k = A_0 \exp\left(-\frac{E_a}{RT}\right) \tag{1-4}$$

式中，A_0 为指前因子，其单位与反应速率常数相同；E_a 为化学反应的活化能，J/mol；R 为气体常数，$R=8.314$J/(mol·K)。

其中 E_a 是为使反应物分子"激发"所需给予的能量。活化能的大小是表征化学反应进行难易程度的标志。活化能高，反应难以进行；活化能低，则容易进行。但是活化能 E_a 不是决定反应难易程度的唯一因素，它与指前因子 A_0 共同决定反应的难易程度。应当注意：

① 活化能 E_a 不同于反应的热效应，它不表示反应过程中吸收或放出的热量，而只表示使反应分子达到活化态所需的能量，故与反应热效应并无直接的关系。

② 活化能 E_a 不能独立预示反应速率的大小，它只表明反应速率对温度的敏感程度。E_a 愈大，温度对反应速率的影响愈大。除了个别的反应外，一般反应速率均随温度的上升而加快。E_a 愈大，反应速率随温度的上升而增加得愈快。

③ 对于同一反应，即当活化能 E_a 一定时，反应速率对温度的敏感程度随着温度的升高而降低。

如在均相反应系统中只进行如下不可逆化学反应：

$$aA + bB \longrightarrow cR + dS$$

其动力学方程一般都可表示成：$\qquad\qquad \pm r_i = k_i c_A^{\alpha_1} c_B^{\alpha_2}$ $\qquad\qquad$ (1-5)

式中，α_1、α_2 是反应级数，即是指动力学方程式中浓度项的指数。它是由实验确定的常数。可以是分数，也可以是负数。反应级数不同于反应的分子数，前者是在动力学意义上讲的，后者是在计量化学意义上讲的。对于基元反应，反应级数即等于化学反应式的计量系数值，而对于非基元反应，应通过实验来确定。反应级数高低并不单独决定反应速率的快慢，反应级数只反映反应速率对浓度的敏感程度。反应级数愈高，浓度对反应速率的影响愈大。

1. 均相单一反应动力学基础

单一反应是指只用一个化学反应式和一个动力学方程式便能代表的反应。单一反应又可分为基元反应（反应物分子在碰撞中直接转化为产物分子）和非基元反应（反应物分子需经过若干步骤才能转化为产物分子）。对于基元反应，若参加反应的分子数是一个，则称为单分子反应；若是两个分子接触碰撞发生反应的，则称为双分子反应。

而复杂反应则是指体系中有几个反应同时进行，因此要用几个动力学方程才能加以描述。常见的复杂反应有连串反应、平行反应、可逆反应、平行-连串反应等。

如果在系统中仅发生一个不可逆化学反应：

$$aA + bB \longrightarrow cR + dS$$

则称该反应为单一反应过程，此时动力学方程以式 (1-5) 表示。

恒温、恒容、不可逆反应的反应物残余浓度和转化率计算式见表 1-1。

表 1-1　恒温、恒容、不可逆反应动力学方程及积分结果

化学反应	反应速率方程	残余浓度式	转化率式
A→P （零级）	$(-r_A) = -\dfrac{dc_A}{d\tau} = k$	$k\tau = c_{A0} - c_A$	$k\tau = c_{A0} x_A$
A→P （一级）	$(-r_A) = -\dfrac{dc_A}{d\tau} = kc_A$	$k\tau = \ln \dfrac{c_{A0}}{c_A}$	$k\tau = \ln \dfrac{1}{1-x_A}$
2A→P A+B→P $(c_{A0} = c_{B0})$ （二级）	$(-r_A) = -\dfrac{dc_A}{d\tau} = kc_A^2$	$k\tau = \dfrac{1}{c_A} - \dfrac{1}{c_{A0}}$	$k\tau = \dfrac{1}{c_{A0}} \times \dfrac{x_A}{1-x_A}$
A+B→P $(c_{A0} \neq c_{B0})$	$(-r_A) = -\dfrac{dc_A}{d\tau} = kc_A c_B$	$k\tau = \dfrac{1}{c_{B0} - c_{A0}} \ln \dfrac{c_B c_{A0}}{c_A c_{B0}}$	$k\tau = \dfrac{1}{c_{B0} - c_{A0}} \ln \dfrac{1-x_B}{1-x_A}$
A→P （n 级）	$(-r_A) = -\dfrac{dc_A}{d\tau} = kc_A^n$	$k\tau = \dfrac{1}{n-1}(c_A^{1-n} - c_{A0}^{1-n})$	$k\tau = \dfrac{1}{c_{A0}^{n-1}} \dfrac{1}{n-1}[(1-x_A)^{1-n} - 1]$

通过以上常见整数级数动力学方程的积分结果可以得到一些定性结论，它有助于考察反

应的基本特征。

① 由速率方程积分表达式可知，当反应初始条件和反应结果不变时，反应速率常数 k 以任何倍数增加，将导致反应时间以同样倍数下降。

② 一级反应所需时间仅与转化率有关，而与初始浓度无关。

③ 二级反应达到一定转化率所需反应时间与初始浓度有关，初始浓度提高，达到同样转化率所需反应时间减小。

④ 对于 n 级反应，当 $n>1$ 时，达到同样转化率，初始浓度提高，反应时间减少；当 $n<1$ 时，达到同样转化率，初始浓度提高，反应时间增加。即 $n \geq 1$ 的反应，转化率达到 100% 时，所需要的反应时间为无限长。表明反应级数 $n \geq 1$ 的反应大部分时间是用于反应的末期。

2. 均相复杂反应动力学基础

复杂反应由若干单一反应组成，对各个单一反应来说，可以建立动力学方程。若考察某一组分的反应速率或生成速率时，则必须将各个反应速率综合起来。

复杂反应通常可分为如下几种类型。

（1）可逆反应　在反应物发生化学反应生成产物的同时，产物之间也发生化学反应转化成反应物。如：

$$A+B \Longleftrightarrow R+S$$

该反应也可以写成：

$$A+B \longrightarrow R+S$$

$$R+S \longrightarrow A+B$$

（2）平行反应　在系统中反应物除发生化学反应生成一种产物外，该反应物还能进行另一个化学反应生成另一种产物。如：

$$A \xrightarrow{k_1} R \text{（主产物）}$$

$$A \xrightarrow{k_2} S \text{（副产物）}$$

（3）连串反应　反应物发生化学反应生成产物的同时，该产物又能进一步反应而生成另一种产物。如：

$$A+B \longrightarrow P \longrightarrow S$$

（4）复合复杂反应　在反应体系中，同时存在可逆反应、平行反应和连串反应，该系统进行的反应称为复合复杂反应。如：

$$A+B \Longleftrightarrow C+D$$

$$A+C \Longleftrightarrow R+S$$

$$R \longrightarrow E$$

在复杂反应系统中，某一组分对化学反应的贡献通常用该组分的生成速率来表示。某组分可能同时参与若干个单一反应时，该组分的生成速率应该是它在各个单一反应中的生成速率之和。

【例题 1-1】在系统中同时进行以下基元反应：

$$A + 2B \rightleftharpoons C + D$$
$$2A + C \rightleftharpoons 2R + S$$
$$R \longrightarrow 2E$$

试写出各组分的生成速率。

解：（1）分解。

将复合复杂反应分解为 5 个简单反应，如下：

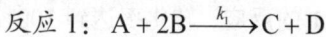

反应 1： $A + 2B \xrightarrow{k_1} C + D$

反应 2： $C + D \xrightarrow{k_2} A + 2B$

反应 3： $2A + C \xrightarrow{k_3} 2R + S$

反应 4： $2R + S \xrightarrow{k_4} 2A + C$

反应 5： $R \xrightarrow{k_5} 2E$

（2）写出各反应动力学方程。

反应 1： $r_1 = (-r_{A1}) = \dfrac{(-r_{B1})}{2} = r_{C1} = r_{D1} = k_1 c_A c_B^2$

反应 2： $r_2 = (-r_{C2}) = (-r_{D2}) = r_{A2} = \dfrac{r_{B2}}{2} = k_2 c_C c_D$

反应 3： $r_3 = \dfrac{(-r_{A3})}{2} = (-r_{C3}) = \dfrac{r_{R3}}{2} = r_{S3} = k_3 c_A^2 c_C$

反应 4： $r_4 = \dfrac{(-r_{R4})}{2} = (-r_{S4}) = \dfrac{r_{A4}}{2} = r_{C4} = k_4 c_R^2 c_S$

反应 5： $r_5 = (-r_{R5}) = \dfrac{r_{E5}}{2} = k_5 c_R$

（3）写出各组分生成速率。

$$r_A = r_{A2} + r_{A4} - (-r_{A1}) - (-r_{A3}) = k_2 c_C c_D + 2k_4 c_R^2 c_S - k_1 c_A c_B^2 - 2k_3 c_A^2 c_C$$

$$r_B = r_{B2} - (-r_{B1}) = 2k_2 c_C c_D - 2k_1 c_A c_B^2$$

$$r_C = r_{C1} + r_{C4} - (-r_{C2}) - (-r_{C3}) = k_1 c_A c_B^2 + k_4 c_R^2 c_S - k_2 c_C c_D - k_3 c_A^2 c_C$$

$$r_D = r_{D1} - (-r_{D2}) = k_1 c_A c_B^2 - k_2 c_C c_D$$

$$r_R = r_{R3} - (-r_{R4}) - (-r_{R5}) = 2k_3 c_A^2 c_C - 2k_4 c_R^2 c_S - k_5 c_R$$

$$r_S = r_{S3} - (-r_{S4}) = k_3 c_A^2 c_C - k_4 c_R^2 c_S$$

$$r_E = r_{E5} = 2k_5 c_R$$

在化工生产中，为达到反应速率快、选择性高、能耗低的目的就需要根据动力学方程，结合反应器特性合理地选择反应器类型和确定适宜的操作条件。

三、釜式反应器设计实例

1. 反应器计算的基本内容和基本方程

（1）反应器计算的基本内容　反应器计算主要包括以下三项内容：

① 选择合适的反应器类型：根据反应系统动力学特性，结合反应器的流动特征和传递性

质，选择合适的反应器。

② 确定最佳的操作条件。

③ 计算所需的反应器体积，确定尺寸。

（2）反应器计算的基本方程　反应器计算的基本方程包括：描述浓度变化的物料衡算式；描述温度变化的热量衡算式；描述压力变化的动量衡算式；描述反应速率变化的动力学方程式。

① 物料衡算式。以质量守恒定律为计算依据，给出了反应物浓度或转化率随反应器位置或反应时间变化的函数关系。

衡算对象是任一反应组分或产物。衡算范围选择：若反应器内物料的参数是均一的，则可取整个反应器建立衡算式；若反应器内参数是变化的，则可取微元时间微元体积建立衡算式。

$$\begin{bmatrix} 微元时间内 \\ 进入微元体积 \\ 的反应物量 \end{bmatrix} = \begin{bmatrix} 微元时间内 \\ 离开微元体积 \\ 的反应物量 \end{bmatrix} + \begin{bmatrix} 微元时间微元 \\ 体积内转化掉的 \\ 反应物量 \end{bmatrix} + \begin{bmatrix} 微元时间微元 \\ 体积内反应物 \\ 的累积量 \end{bmatrix} \qquad (1\text{-}6)$$

② 热量衡算式。以能量守恒与转换定律为依据，给出了温度随反应器位置或反应时间变化的函数关系。

$$\begin{bmatrix} 微元时间内进入 \\ 微元体积的物料 \\ 所带进的热量 \end{bmatrix} = \begin{bmatrix} 微元时间内 \\ 离开微元体积 \\ 的物料所带走 \\ 的热量 \end{bmatrix} - \begin{bmatrix} 微元时间微元 \\ 体积内由于 \\ 反应产生的热量 \end{bmatrix} + $$
$$\begin{bmatrix} 微元时间内 \\ 微元体积传递至 \\ 环境或载热体的热量 \end{bmatrix} + \begin{bmatrix} 微元时间 \\ 微元体积 \\ 内累积的热量 \end{bmatrix} \qquad (1\text{-}7)$$

③ 动量衡算式。以动量守恒与转化定律为依据，计算反应器的压力变化。

④ 动力学方程式。对于均相反应，采用本征动力学方程；对于非均相反应，应该采用包括相际传递过程在内的宏观动力学方程。

2. 理想间歇操作釜式反应器的体积计算

理想间歇操作由于剧烈搅拌，反应器内物料浓度达到分子尺度上的均匀，且反应器内浓度处处相等，因而排除了物质传递对反应的影响；操作过程中具有足够强的传热条件，温度始终相等，无须考虑器内的热量传递问题；物料同时加入并同时停止反应，所有物料具有相同的反应时间。

（1）已知条件

① 每小时处理物料体积 V_0，m^3/h

$$V_0 = F_{A0} / c_{A0}$$

式中，F_{A0} 为单位时间内进入反应器的物料 A 的量；c_{A0} 为反应器入口处物料 A 的浓度。

② 操作周期 t。操作周期 t 又称工时定额，是指生产每批物料的全部操作时间。因为间歇操作反应器是分批操作，其操作时间由两部分构成：一是反应时间，用 τ 表示；二是辅助时间，即装料、卸料、检查及清洗设备等所需要的时间，用 τ' 表示。其中 $t = \tau + \tau'$。

③ 设备装料系数 φ。设备中物料的体积占比，即反应器有效体积 V_R 与设备实际体积 V 之比称为设备装料系数，用符号 φ 表示，一般在 0.4～0.9 之间。

（2）计算过程

① 已知每小时处理物料体积 V_0 与设备装料系数 φ，根据已有的设备容积 V，求算所需设备个数 n。

按设计任务每天需要操作的总次数为：

$$\alpha = \frac{24V_0}{V_R} = \frac{24V_0}{V\varphi}$$

每台设备每天能操作的批数为：

$$\beta = \frac{24}{t} = \frac{24}{\tau + \tau'}$$

则需用设备个数为：

$$n' = \frac{\alpha}{\beta} = \frac{V_0(\tau + \tau')}{\varphi V} \tag{1-8}$$

n' 通常不是整数，需要圆整成整数 n。这样反应釜的生产能力比计算要求提高了，其提高程度称为生产能力的后备系数，用符号 δ 表示，δ 一般在 1.1～1.15 较为合适。

$$\delta = \frac{n}{n'}$$

式中，n' 为反应釜计算台数；n 为圆整后的反应釜台数。

反应器有效体积按下式计算：

$$V_R = V\varphi = V_0(\tau + \tau')$$

② 已知每小时处理物料体积 V_0 与操作周期 $\tau + \tau'$，则需要设备的总容积为：

$$nV = \frac{V_R}{\varphi} = \frac{V_0(\tau + \tau')}{\varphi} \tag{1-9}$$

求得所需总容积后，根据系列设备标准选用说明，决定单个反应设备的容积 V 和设备台数 n。

（3）确定反应器的结构尺寸　反应器的实际体积包括圆筒部分和底封头，计算时若忽略底封头体积，则

$$V = 0.785D^2H \tag{1-10}$$

式中，D 为圆筒直径；H 为圆筒高度。

【例题 1-2】邻硝基氯苯连续氨化，然后分批还原生产邻苯二胺。已知氨化出料速率为 $0.83\text{m}^3/\text{h}$，还原操作时间为 7h（不计受料时间），求需要还原锅的个数与容积。设备装料系数取 0.75。

解：因氨化为连续操作，故至少需要两台还原釜交替进行受料和还原。还原操作时间为 7h，可取受料时间为 8h，安排每班进行一次还原操作，则每批的操作时间为 16h。装料系数取 0.75，于是需要设备的总容积为

$$V = V_0 t' / \varphi = 0.83 \times 16 / 0.75 = 17.7 (\text{m}^3)$$

取两台釜，每釜容积为 8.85m^3，采用标准容积为 10m^3 的反应釜，后备能力为：

$$\delta = (10 - 8.85) / 8.85 \times 100\% = 13.0\%$$

3. 理想间歇操作釜式反应器动力学计算

（1）基本方程　在间歇反应器内，由于剧烈搅拌，所以在任一瞬间反应器内各处的组成是均一的，因此可以以整个反应器为衡算范围，对原料 A 组分进行物料衡算。由于在反应期间没有物料进出，故根据式（1-6）：

$$
\begin{bmatrix} 微元时间内 \\ 进入反应器的 \\ 物料A的量 \end{bmatrix} = \begin{bmatrix} 微元时间 \\ 离开反应器的 \\ 物料A的量 \end{bmatrix} + \begin{bmatrix} 微元时间 \\ 反应器内转化掉 \\ 的反应物A的量 \end{bmatrix} + \begin{bmatrix} 微元时间 \\ 反应器内 \\ 物料A的累积量 \end{bmatrix}
$$

$$
0 \qquad\qquad 0 \qquad\qquad (-r_A)V_R dt \qquad\qquad dn_A
$$

因为 $n_A = n_{A0}(1 - x_A)$，所以 $dn_A = -n_{A0}dx_A$ 则

$$
dt = \frac{n_{A0}dx_A}{(-r_A)V_R} \tag{1-11}
$$

式中　n_{A0}——在 $t=0$ 时反应器中物料 A 的物质的量；

$\quad\quad n_A$——在 t 时反应器中物料 A 的物质的量；

$\quad (-r_A)$——组分 A 在操作条件下的反应速率（消失速率）；

$\quad\quad x_A$——在 t 时反应器中物料 A 的转化率。

（2）反应时间的计算　　　　　　$t = n_{A0}\int_0^{x_A} \frac{dx_A}{(-r_A)V_R}$ $\qquad\qquad$ （1-12）

式（1-12）是间歇反应器计算的基本方程式，表达了在一定操作条件下为达到所需求的转化率 x_A 所需要的反应时间 t，该式适用于等温或非等温条件下的任何均相或非均相间歇反应过程，既可以直接积分求解，也可以用图解法求解。

如果是非等温过程，反应速率常数随温度变化，而温度又随转化率变化，则需联解方程。

对于恒温、恒容不可逆反应：

$$
t = \frac{n_{A0}}{V_R}\int_0^{x_A} \frac{dx_A}{(-r_A)} = c_{A0}\int_0^{x_A} \frac{dx_A}{(-r_A)}
$$

间歇操作釜式反应器中物料达到一定出口转化率所需时间 t 取决于反应速度，与处理量无关，所以可用于直接放大。

（3）应用举例

① 零级反应，反应动力学方程为：$(-r_A) = k$

$$
t = c_{A0}\int_0^{x_A} \frac{dx_A}{(-r_A)} = \frac{1}{k}c_{A0}x_A
$$

② 一级反应，动力学方程为 $(-r_A) = kc_A = kc_{A0}(1 - x_A)$

$$
t = \frac{1}{k}\ln\frac{1}{1 - x_A} = \frac{1}{k}\ln\frac{c_{A0}}{c_A}
$$

③ 二级反应，动力学方程为 $(-r_A) = kc_A^2 = kc_{A0}^2(1 - x_A)^2$

$$
t = c_{A0}\int_0^{x_A} \frac{dx_A}{kc_{A0}^2(1 - x_A)} = \frac{1}{k}\left(\frac{1}{c_A} - \frac{1}{c_{A0}}\right)
$$

当动力学方程解析式相当复杂或不能做数值积分时，可用图解法。

4. 理想连续操作釜式反应器计算

理想连续操作釜式反应器内物料流动属于稳态流动，物料的累积量为零，定常态，T、c_A、$(-r_A)$处处均一，不随时间而变，且与出口处完全相同。但物料粒子在反应器内的停留时间不同。

（1）单个连续操作釜式反应器（1-CSTR）

① 1-CSTR 的基础设计式

$$\begin{bmatrix} 单位时间内 \\ 进入反应器的 \\ 物料A的量 \end{bmatrix} = \begin{bmatrix} 单位时间 \\ 离开反应器的 \\ 物料A的量 \end{bmatrix} + \begin{bmatrix} 单位时间 \\ 反应器内转化掉 \\ 的反应物A的量 \end{bmatrix} + \begin{bmatrix} 单位时间内 \\ 反应器内 \\ 物料A的累积量 \end{bmatrix}$$

$$\quad F_{A0} \qquad\qquad\qquad F_A \qquad\qquad\qquad (-r_A)V_R \qquad\qquad\qquad 0$$

$$F_A = F_{A0}(1-x_A) \qquad\qquad F_{A0} = F_A + (-r_A)V_R + 0$$

则：$V_R(-r_A) - F_{A0} - F_A$

② 1-CSTR 的体积及工时计算

$$V_R = \frac{F_{A0} - F_A}{(-r_A)} = \frac{F_{A0} - F_{A0}(1-x_A)}{(-r_A)} = \frac{F_{A0}x_A}{(-r_A)} = \frac{V_0 c_{A0} x_A}{(-r_A)}$$

$$\tau = \frac{V_R}{V_0} = \frac{c_{A0}x_A}{(-r_A)}$$

③ 应用举例。如零级反应，反应速率方程式为：$(-r_A) = k$

$$\tau = \frac{c_{A0}x_A}{(-r_A)} = \frac{c_{A0}x_A}{k}$$

一级反应，动力学方程为：$(-r_A) = kc_A = kc_{A0}(1-x_A)$

$$\tau = \frac{c_{A0}x_A}{(-r_A)} = \frac{c_{A0}x_A}{kc_{A0}(1-x_A)} = \frac{x_A}{k(1-x_A)}$$

二级反应，动力学方程为 $(-r_A) = kc_A^2 = kc_{A0}^2(1-x_A)^2$

$$\tau = \frac{c_{A0}x_A}{(-r_A)} = \frac{c_{A0}x_A}{kc_{A0}^2(1-x_A)^2} = \frac{x_A}{kc_{A0}(1-x_A)^2}$$

（2）多个串联连续操作釜式反应器（n-CSTR）　多级全混流反应器，即将多个理想混合反应器串联起来，其流动模型是一种介于活塞流和理想混合流之间的流动模型。

由于 1-CSTR 存在严重的返混，降低了反应速率，同时容易在某些反应中导致副反应的增加，因此为克服全混流反应器存在的上述缺点，可以采用 n-CSTR。在生产任务一定时，所需的多个串联釜式反应器的总体积要比单个连续操作釜式反应器的体积小，并且串联的台数越多，越接近理想置换反应器，其总体积越小。同时还可以在各釜内控制不同的反应温度和物料浓度以及不同的搅拌和加料情况，以适应工艺上的不同要求。

① n-CSTR 的基础设计式。在单位时间内对任意一只釜进行物料衡算，则有：

$$\tau_i = \frac{V_{Ri}}{V_0} = \frac{c_{A(i-1)} - c_{Ai}}{(-r_{Ai})} = c_{A0}\frac{x_{Ai} - x_{A(i-1)}}{(-r_{Ai})}$$

② n-CSTR 的体积计算。假设各釜内均可视为理想混合流动，釜间不存在逆向混合，忽略密度差异，即：

$$V_0 = V_{01} = \cdots = V_{0i} = \cdots = V_{0n}$$

$$V_{Ri} = F_{A0}\frac{x_{Ai} - x_{A(i-1)}}{(-r_A)_i}$$

【例题 1-3】在搅拌良好的间歇操作釜式反应器中，用乙酸和丁醇生产乙酸丁酯，其反应式为：$CH_3COOH + C_4H_9OH \longrightarrow CH_3COOC_4H_9 + H_2O$。反应在恒温（373K）条件下进行，进料摩尔比为乙酸：丁醇=1：4.97，以少量 H_2SO_4 作催化剂。当使用过量丁醇时，该反应以乙酸（下标以 A 计）表示的动力学方程式为 $(-r_A) = kc_A^2$。在上述条件下，反应速率常数 $k = 0.0174 m^3/(kmol \cdot min)$，反应物密度 $\rho = 750 kg/m^3$（假设反应前后不变）。若每天生产 2400kg 乙酸丁酯（不考虑分离等过程损失），乙酸转化率 x_A 达到 0.5，求所需反应器的有效体积和实际体积。取每批辅助时间为 30min，反应釜台数为 1，装料系数 φ 为 0.7。

解：

（1）计算反应时间

因为是二级反应，则 $t = \dfrac{x_A}{kc_{A0}(1 - x_A)}$

乙酸和丁酯的分子量分别为 60 和 74，故得乙酸的初始浓度为

$$c_{A0} = \frac{1 \times 750}{1 \times 60 + 4.97 \times 74} = 1.8(kmol/m)^3$$

将反应速率常数 $k = 0.0174 m^3/(kmol \cdot min)$ 和乙酸的转化率 $x_A = 0.5$ 代入，得反应时间为：

$$t = \frac{0.5}{0.0174 \times 1.8 \times (1 - 0.5)} = 32(min) = 0.53(h)$$

（2）计算反应器有效体积

要求每天生产 2400kg 乙酸丁酯，乙酸丁酯的分子量为 116，则每小时乙酸用量：

$$\frac{2400}{24} \times \frac{60}{116} \times \frac{1}{0.5} = 103(kmol/h)$$

每小时需要处理的原料体积为：$V_0 = \dfrac{103}{750} \times \left(1 + \dfrac{74}{60} \times 4.97\right) = 0.979(m^3/h)$

反应器有效体积为：$V_R = V_0(t + t') = 0.979 \times (0.5 + 0.53) = 1.008(m^3)$

（3）计算反应器体积

根据装料系数定义，反应器体积为：$V = \dfrac{V_R}{\varphi} = \dfrac{1.008}{0.7} = 1.44(m^3)$

注： 乙酸丁酯生产工艺有连续法和间歇法两种，视生产规模不同而定。大型生产企业为提高乙酸丁酯产品的稳定性和自动化程度，通常采用连续法。

【例题 1-4】某大型乙酸丁酯生产企业采用连续操作釜式反应器进行乙酸与丁醇的酯化反应，假设该企业反应条件及产量与例题 1-3 相同，试计算其所使用的釜式反应器的有效体积。

解：

其中 $V_0 = 0.979\text{m}^3/\text{h}$, $x_A = 0.5$, $c_{A0} = 1.8\text{kmol/m}^3$, $k = 0.0174\text{m}^3/(\text{kmol} \cdot \text{min})$

动力学方程为 $(-r_A) = kc_A^2$

则连续釜式反应器的有效体积为：

$$V_R = \frac{V_0 x_A}{kc_{A0}(1 - x_A)^2} = \frac{0.979 \times 0.5}{0.0174 \times 60 \times 1.8 \times (1 - 0.5)^2} = 1.04(\text{m}^3)$$

注：通过计算结果的比较可以看出，因连续操作的搅拌釜内的化学反应是在较低浓度下进行，反应速率较慢，达到同样转化率时，所需要的时间较间歇生产过程要长些，相应的有效体积也要大些。

【例题 1-5】若某大型乙酸丁酯生产企业为了提高反应效率和可操控率，采用两台串联的釜式反应器进行连续生产。现要求第一台釜中乙酸的转化率为 0.323，第二台釜中乙酸的转化率为 0.5，反应条件与例题 1-3 相同，试计算各釜的有效体积。

解：第一台釜的有效体积为：

$$
\begin{aligned}
V_{R1} &= V_0 c_{A0} \frac{x_{A1} - x_{A0}}{(-r_{A1})} = V_0 c_{A0} \frac{x_{A1} - x_{A0}}{kc_{A0}^2(1 - x_{A1})^2} \\
&= 0.979 \times \frac{0.323}{0.0174 \times 60 \times 1.8 \times (1 - 0.323)^2} \\
&= 0.37(\text{m}^3)
\end{aligned}
$$

第二台釜的有效体积为：

$$
\begin{aligned}
V_{R2} &= V_0 c_{A0} \frac{x_{A2} - x_{A1}}{kc_{A0}^2(1 - x_{A2})^2} \\
&= 0.979 \times \frac{0.5 - 0.323}{0.0174 \times 60 \times 1.8 \times (1 - 0.5)^2} \\
&= 0.37(\text{m}^3)
\end{aligned}
$$

两台釜的总有效体积为：$V_R = V_{R1} + V_{R2} = 0.37 + 0.37 = 0.74(\text{m}^3)$

分析：计算结果的比较可以看出，全混釜串联的釜数愈多，所需要的反应器有效体积愈小。主要是因为多釜串联后改变了反应釜中反应物的浓度变化，反应釜数越多，浓度变化越大，有效体积越小。

任务拓展

≫ 新设备

实用新型专利：一种乙烯-乙酸乙烯酯共聚物（EVA）生产用高压釜式反应器

专利摘要：如图 1-43 所示。本釜式反应器包括釜体，釜体的下表面固定连接有底板，底板的下表面固定连接有定位块，该定位块的下表面活动连接有底座，底座的正面开设有凹槽，凹槽的内底壁开设有滑槽。

专利创新：本反应器通过所设的定位块，便于对底板进行定位，同时，通过在底座的正背面设置可收缩的支撑板和气缸，便于根据需要拉出气缸，使气缸通过底柱和圆柱顶住定位杆，通过设置定位杆和限位环，便于使定位杆和限位环带动釜体升降，升到合适的位置，便可转动釜体，进而方便对釜体的内部进行检修维护清洗。

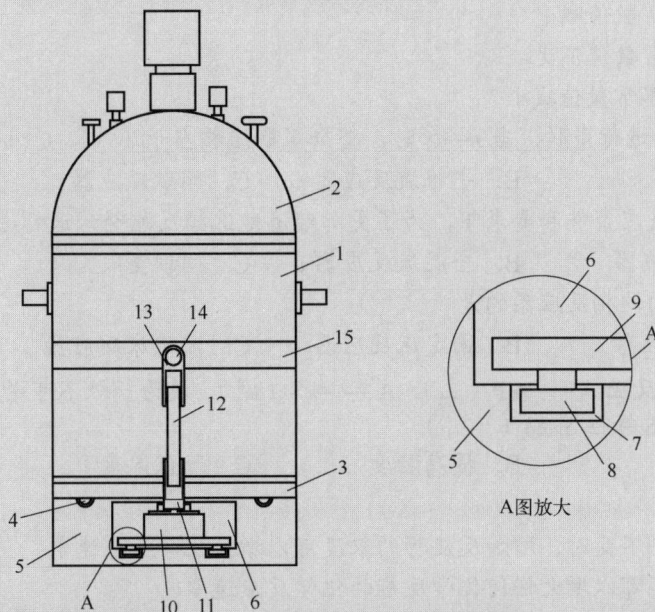

图 1-43　一种 EVA 生产用高压釜式反应器

1—釜体；2—上盖；3—底板；4—定位块；5—底座；6—凹槽；7—滑槽；8—滑块；9—支撑板；
10—气缸；11—底柱；12—螺杆；13—圆柱；14—定位杆；15—限位环

？ 任务检测

一、选择题

1. 化工生产中，为加快反应速率，优先考虑的措施是（　　　）。

A. 选用适宜的催化剂　　　　　　　　B. 提高设备强度，以便加压

C. 采用高温　　　　　　　　　　　　D. 增大反应物浓度

2. 一般反应器的设计中，哪一个方程式通常是不用的？（　　　）

A. 反应动力学方程式　　B. 物料衡算式　　　C. 热量衡算式　　　D. 动量衡算式

3. 化学反应速率常数与下列因素中的（　　　）无关。

A. 温度　　　　　　　　B. 浓度　　　　　　C. 反应物特性　　　D. 活化能

4. 对于活化能越大的反应，速率常数随温度变化越（　　　）。

A. 大　　　　　　　　　B. 小　　　　　　　C. 无关　　　　　　D. 不确定

5. 在可逆反应 A+B $\rightleftharpoons$ C+D 中加入催化剂（k_1、k_2 分别为正、逆向反应速率常数），则（　　　）。

A. k_1、k_2 都增大，k_1/k_2 增大

B. k_1 增大，k_2 减小，k_1/k_2 增大

C. k_1、k_2 都增大，k_1/k_2 不变

D. k_1 和 k_2 都增大，k_1/k_2 减小

6. 从反应动力学角度考虑，增高反应温度使（　　　）。

A. 反应速率常数值增大

B. 反应速率常数值减小

C. 反应速率常数值不变

D. 副反应速率常数值减小

7. n 个 CSTR 进行串联，当 $n \to \infty$ 时，整个串联组相当于（   ）。

A. 全混釜   B. 平推流反应器   C. 间歇反应器   D. 不能确定

8. 在同样的反应条件和要求下，为了更加经济地选择反应釜，通常选择（   ）。

A. 平推流反应器   B. 全混流反应器   C. 间歇釜   D. 半间歇釜

9. 属于理想的均相反应器的是（   ）。

A. 全混流反应器   B. 固定床反应器   C. 流化床反应器   D. 鼓泡反应器

10. 如果平行反应 $A \longrightarrow P$（主），$A \longrightarrow S$（副），均为一级不可逆反应，若活化能 $E_{主} > E_{副}$，要提高选择性 S_P 应（   ）。

A. 提高浓度   B. 提高温度   C. 降低浓度   D. 降低温度

二、判断题

1. 当其他条件不变时，增加反应物的浓度可以增大化学反应速率。   （   ）

2. 压强增加，可以增大任何化学反应的化学反应速率。   （   ）

3. 温度降低，可以增大任何化学反应的化学反应速率。   （   ）

4. 在实验室用分解氯酸钾的方法制取氧气时，使用二氧化锰作催化剂可以加快氧气生成的化学反应速率。   （   ）

5. 对于反应级数大于 1 的反应，初始浓度提高时要达到同样转化率，反应时间增加。   （   ）

6. 对于反应级数小于 1 的反应，初始浓度提高时要达到同样转化率，反应时间缩短。   （   ）

7. 对于反应级数 $n \geqslant 1$ 的反应，大部分反应时间是用于反应的末期。高转化率或低残余浓度的要求会使反应所需时间大幅度增加。   （   ）

8. 化学平衡是一种动态平衡，所以 $v_{正} = v_{逆}$。   （   ）

9. 一个反应体系达到平衡的依据是正逆反应速率相等。   （   ）

10. 氢气在氧气中燃烧生成水，水在电解时生成氢气和氧气，是可逆反应。   （   ）

11. 在其他条件不变时，增大反应物浓度，平衡向正反应方向移动。   （   ）

12. 若反应前后气体总体积不变，则改变压力不会造成平衡的移动。   （   ）

13. 温度降低，可以增大任何化学反应的化学反应速率。   （   ）

14. 提高一种反应物在原料气中的比例，可以提高另一种反应物的转化率。   （   ）

15. 在某化学反应中，某一反应物 B 的初始浓度是 2.0mol/L，经过 2min 后，B 的浓度变成了 1.6mol/L，则在这 2min 内 B 的化学反应速率为 0.2mol/(L·min)。   （   ）

三、简答题

1. 说明理想置换流动模型和理想混合流动模型的特点？

2. 什么是返混？返混的存在会引起什么后果？如何减少返混？

3. 什么是反应速率？其与哪些影响因素有关？

4. 影响化学平衡的因素有哪些？

5. 反应器计算的基本方程包括哪几个方程？

⮢ 任务3

釜式反应器运行及事故处理

✑ 任务描述

应用 2D、3D 仿真系统，半实物仿真系统等教学资源，进行釜式反应器开、停车操作、事故处理及应急处置。

✈ 任务驱动

1. 2-巯基苯并噻唑生产的最佳工艺条件是什么？
2. 如何控制间歇釜的温度、压力等重要工艺参数？
3. 间歇釜常见的事故有哪些？如何处理？

✿ 任务内容

```
                        釜式反应器运行及事故处理
                ┌───────────────┴───────────────┐
        釜式反应器仿真操作                        危险化工工艺──聚合工艺
    ┌─────────┼────────┐          ┌────────┐    ┌──────┴──────┐
  工艺简介          主要设备      冷态开车   正常停车  工艺危险性分析  工艺安全技术分析
                              事故处理
原理：多硫化钠(Na₂Sₙ)、 工艺流程         进料 开车  反应  出料    燃爆      中毒危险性
邻硝基氯苯(C₆H₄ClNO₂)及          间歇  CS₂  邻硝基氯苯 Na₂Sₙ 离心泵  阶段 阶段  阶段 阶段   危险性分析   分析
二硫化碳(CS₂)缩合反应生         反应釜 计量罐 计量罐  沉淀罐
产2-巯基苯并噻唑
```

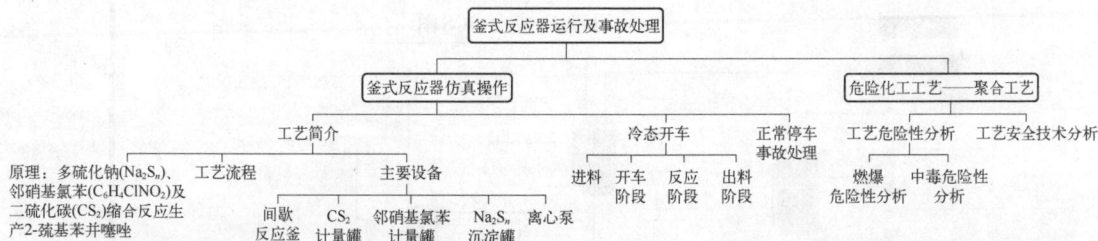

一、釜式反应器仿真操作

1. 工艺简介

（1）工艺原理　间歇反应在助剂、制药、染料等行业的生产过程中很常见。2-巯基苯并噻唑是橡胶制品硫化促进剂 DM（2,2-二硫代苯并噻唑）的中间产品，它本身也是硫化促进剂，但活性不如 DM。

本仿真工艺是以 2-巯基苯并噻唑的生产为例进行常压间歇釜式反应器的操作与控制。控制的主要参数是釜式反应器的温度。受反应动力学的影响，反应过程的放热对温度的控制影响较大，是控制过程中的要点。

本工艺是全流程的缩合反应过程，包括备料工序和缩合工序。考虑到突出重点，因此将备料工序略去。缩合工序共有三种原料，多硫化钠（Na_2S_n）、邻硝基氯苯（$C_6H_4ClNO_2$）及

二硫化碳（CS_2）。

主反应如下：

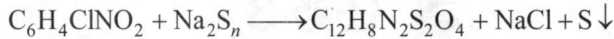

$$C_6H_4ClNO_2 + Na_2S_n \longrightarrow C_{12}H_8N_2S_2O_4 + NaCl + S\downarrow$$

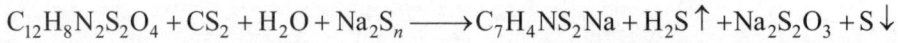

$$C_{12}H_8N_2S_2O_4 + CS_2 + H_2O + Na_2S_n \longrightarrow C_7H_4NS_2Na + H_2S\uparrow + Na_2S_2O_3 + S\downarrow$$

副反应如下：

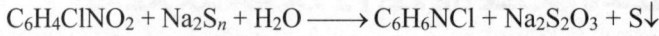

$$C_6H_4ClNO_2 + Na_2S_n + H_2O \longrightarrow C_6H_6NCl + Na_2S_2O_3 + S\downarrow$$

在本工艺过程中，主反应的活化能要比副反应的活化能高，升温后主反应速率大于副反应速率，因此更利于增加反应的收率。在 90℃时，主反应和副反应的速度比较接近，因此，要尽量延长反应温度在 90℃以上的时间，以获得更多的主反应产物。

（2）工艺流程　来自备料工序的 CS_2、$C_6H_4ClNO_2$、Na_2S_n 分别注入计量罐及沉淀罐中，经计量沉淀后利用位差及离心泵压入反应釜中，釜温由夹套中的蒸汽、冷却水及蛇管中的冷却水控制。主要依赖分程控制 TIC101（只控制冷却水）控制反应釜温。

（3）设备一览　主要设备见表 1-2。

表 1-2　釜式反应器仿真操作主要设备

设备位号	设备名称	设备位号	设备名称
RX01	间歇反应釜	VX03	Na_2S_n 沉淀罐
VX01	CS_2 计量罐	PUMP1	离心泵
VX02	邻硝基氯苯计量罐		

（4）仿真界面　工艺仿真 DCS 界面及现场界面如图 1-44、图 1-45 所示。

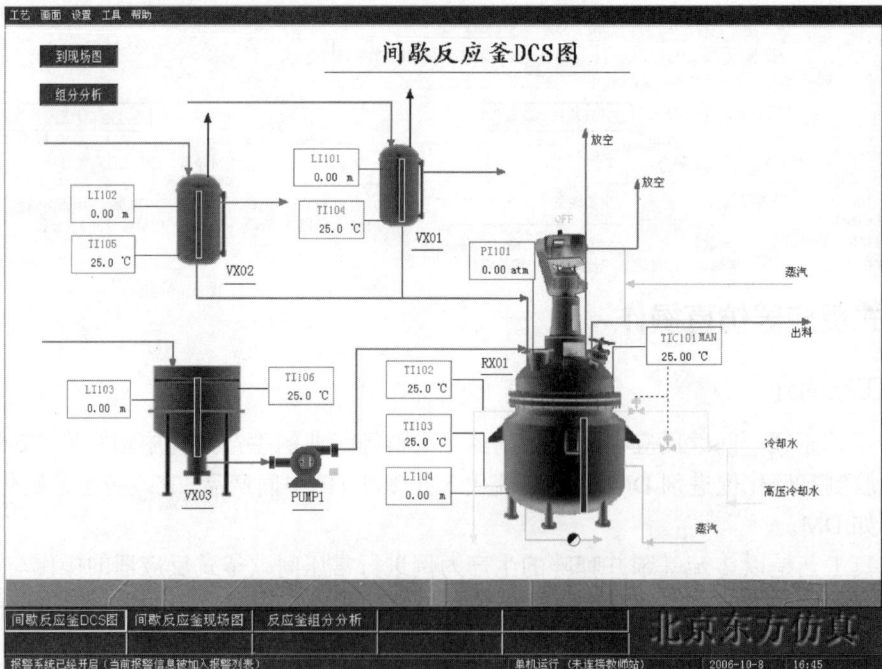

图 1-44　间歇釜式反应器 DCS 界面

1atm=101.325kPa

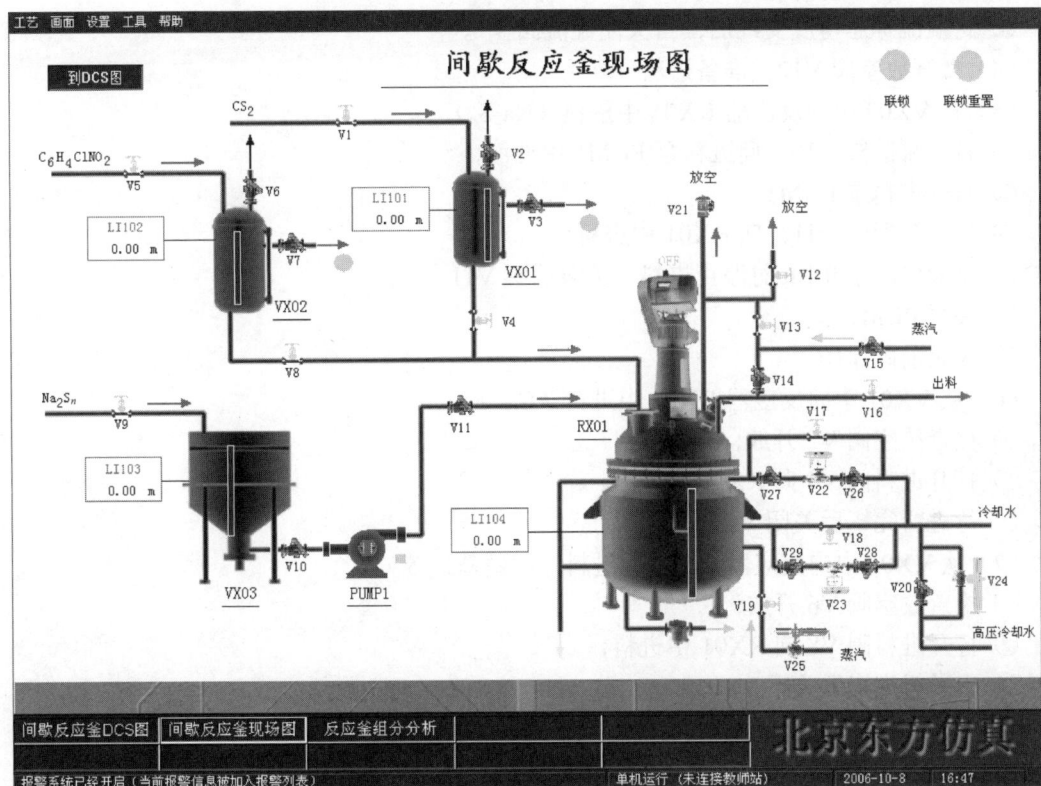

图 1-45 间歇釜式反应器现场界面

2. 冷态开车

该装置开工状态为：各计量罐、反应釜、沉淀罐处于常温、常压状态，各种物料均已备好，大部分阀门、机泵处于关停状态（除蒸汽联锁阀外）。

（1）向沉淀罐 VX03 进料（Na_2S_n）

① 开阀门 V9，向罐 VX03 充液；

② VX03 液位接近 3.60m 时，关小 V9，至 3.60m 时关闭 V9；

③ 静置 4min（实际 4h）备用。

（2）向计量罐 VX01 进料（CS_2）

① 开放空阀门 V2；

② 开溢流阀门 V3；

③ 开进料阀 V1，开度约为 50%，向罐 VX01 充液，液位接近 1.4m 时，可关小 V1；

④ 溢流标志变绿后，迅速关闭 V1；

⑤ 待溢流标志再度变红后，可关闭溢流阀 V3。

（3）向计量罐 VX02 进料（邻硝基氯苯）

① 开放空阀门 V6；

② 开溢流阀门 V7；

③ 开进料阀 V5，开度约为 50%，向罐 VX02 充液，液位接近 1.2m 时，可关小 V5；

④ 溢流标志变绿后，迅速关闭 V5；

⑤ 待溢流标志再度变红后，可关闭溢流阀 V7。

（4）微开放空阀 V12，准备进料

（5）从 VX03 中向反应器 RX01 中进料（Na_2S_n）

① 打开泵前阀 V10，向进料泵 PUM1 中充液；

② 打开进料泵 PUM1；

③ 打开泵后阀 V11，向 RX01 中进料；

④ 至液位小于 0.1m 时停止进料，关泵后阀 V11；

⑤ 关泵 PUM1；

⑥ 关泵前阀 V10。

（6）从 VX01 中向反应器 RX01 中进料（CS_2）

① 检查放空阀 V2 开放；

② 打开进料阀 V4 向 RX01 中进料；

③ 待进料完毕后关闭 V4。

（7）从 VX02 中向反应器 RX01 中进料（邻硝基氯苯）

① 检查放空阀 V6 开放；

② 打开进料阀 V8 向 RX01 中进料；

③ 待进料完毕后关闭 V8。

（8）进料完毕后关闭放空阀 V12

（9）开车阶段

① 检查放空阀 V12，进料阀 V4、V8、V11 是否关闭。打开联锁控制；

② 开启反应釜搅拌电机 M1；

③ 适当打开夹套蒸汽加热阀 V19，观察反应釜内温度和压力上升情况，保持适当的升温速度；

④ 控制反应温度直至反应结束。

（10）反应过程控制

① 当温度升至 55~65℃关闭 V19，停止通蒸汽加热。

② 当温度升至 70~80℃时微开 TIC101（冷却水阀 V22、V23），控制升温速度。

③ 当温度升至 110℃以上时，是反应剧烈的阶段。应小心加以控制，防止超温。当温度难以控制时，打开高压水阀 V20。并可关闭搅拌器 M1 以使反应降速。当压力过高时，可微开放空阀 V12 以降低气压，但放空会使 CS_2 损失，污染大气。

④ 反应温度大于 128℃时，相当于压力超过 8atm，已处于事故状态，如联锁开关处于'on"的状态，联锁启动（开高压冷却水阀，关搅拌器，关加热蒸汽阀）。

⑤ 压力超过 15atm（相当于温度大于 160℃），反应釜安全阀作用。

注：反应中要求的工艺参数如下：

① 反应釜中压力不大于 8atm；

② 冷却水出口温度不小于 60℃，如小于 60℃易使硫在反应釜壁和蛇管表面结晶，使传热不畅。

（11）主要工艺生产指标的调整方法

① 温度调节：操作过程中以温度为主要调节对象，以压力为辅助调节对象。升温慢会引起副反应速率大于主反应速率的时间段过长，因而引起反应的产率低。升温快则容易反应失控。

② 压力调节：压力调节主要是通过调节温度实现的，但在超温的时候可以微开放空阀，使压力降低，以达到安全生产的目的。

③ 收率：由于 90℃以下时，副反应速率大于主反应速率，因此在保证安全的前提下快速升温是收率高的保证。

3. 正常停车

在冷却水量很小的情况下，反应釜的温度下降仍较快，则说明反应接近尾声，可以进行停车出料操作。

① 打开放空阀 V12 5～10s，放掉釜内残存的可燃气体。关闭 V12。

② 向釜内通增压蒸汽：

a. 打开蒸汽总阀 V15；

b. 打开蒸汽加压阀 V13 给釜内升压，使釜内气压高于 4atm；

③ 打开蒸汽预热阀 V14 片刻；

④ 打开出料阀门 V16 出料；

⑤ 出料完毕后保持开 V16 约 10s 进行吹扫；

⑥ 关闭出料阀 V16（尽快关闭，不得超过 1min）；

⑦ 关闭蒸汽阀 V15。

间歇操作釜式
反应器仿真——
正常停车

4. 事故处理

（1）超温（压）事故

原因：反应釜超温（超压）。

现象：温度大于 128℃（气压大于 8atm）。

处理：① 开大冷却水，打开高压冷却水阀 V20；

　　　② 关闭搅拌器 M1，使反应速率下降；

　　　③ 如果气压超过 12atm，打开放空阀 V12。

间歇操作釜式
反应器仿真——
事故处理

（2）搅拌器 M1 停转

原因：搅拌器坏。

现象：反应速率逐渐下降为低值，产物浓度变化缓慢。

处理：停止操作，出料维修。

（3）冷却水阀 V22、V23 卡住（堵塞）

原因：蛇管冷却水阀 V22 卡。

现象：开大冷却水阀对控制反应釜温度无作用，且出口温度稳步上升。

处理：开冷却水旁路阀 V17 调节。

（4）出料管堵塞

原因：硫黄结晶，堵住出料管。

现象：出料时，内气压较高，但釜内液位下降很慢。

处理：开出料预热蒸汽阀 V14 吹扫 5min 以上（仿真中采用）。拆下出料管用火烧化硫黄，或更换管段及阀门。

（5）测温电阻连线故障

原因：测温电阻连线断。

现象：温度显示至零。

处理：

① 改用压力显示对反应进行调节（调节冷却水用量）；

② 升温至压力为 0.3～0.75atm 就停止加热；

③ 升温至压力为 1.0～1.6atm 开始通冷却水；

④ 压力为 3.5～4atm 以上为反应剧烈阶段；

⑤ 反应压力大于 7atm，相当于温度大于 128℃处于故障状态；

⑥ 反应压力大于 10atm，反应器联锁启动；

⑦ 反应压力大于 15atm，反应器安全阀启动。

以上压力为表压。

二、危险化工工艺——聚合工艺

聚丙烯生产装置是易燃易爆、危险性较大的化工生产装置，其安全生产是核心。对聚丙烯生产工艺危险性进行分析，并提出相应的安全对策和措施，提高聚丙烯生产工艺的自动化水平，有利于提高聚丙烯生产装置的本质安全，对促进企业安全生产具有十分重要的意义。

1. 工艺危险性分析

聚丙烯是以丙烯为单体聚合而成的一种合成树脂，是通用塑料中的一个重要品种。聚丙烯为一种性能优良的热塑性合成树脂，其产品具有密度小、生产成本低、透明度高、化学稳定性好、无毒、易加工，且冲击强度、抗挠曲性及电绝缘性好等优点，在汽车工业、家用电器、电子、农业、建筑包装以及建材家具等方面具有广泛的应用，已经成为合成树脂中发展速度最快的产品之一。目前，聚丙烯连续化生产由液相聚合工艺向气相聚合工艺发展的趋势明显。聚丙烯生产工艺一般包括丙烯精制、催化剂配制、丙烯聚合、闪蒸回收、蒸气干燥、风送造粒、包装等工序，该工艺主要为聚合反应工艺，属于放热反应，其聚合生产过程复杂，物料涉及易燃易爆物（如丙烯、氢气、三乙基铝等），生产在高温、高压下进行，具有较大的火灾爆炸危险性，稍有疏忽就可能引起燃烧、爆炸，并且事故发生后常因扑救困难而导致重大损失。因此，有必要对聚丙烯生产工艺的火灾爆炸危险性进行分析，以提出切实可行的预防和控制事故发生的对策和措施。

聚丙烯生产装置应重点监控的工艺参数是：聚合反应釜内温度、压力、搅拌速率，引发剂流量，冷却水流量，料仓静电，可燃气体等。这些工艺参数一旦发生异常，极易引发聚丙烯生产装置发生火灾爆炸事故。针对这些工艺参数对聚丙烯生产工艺的危险性进行分析。

（1）原料危险性　聚丙烯生产过程是在较高温度和压力条件下的密闭设备和管道中进行的，其原料、助剂和催化剂属于易燃易爆物质。如丙烯是无色、有烃类气味、化学性质活泼的易燃气体，爆炸极限为 1%～15%，由于丙烯比空气重，泄漏后可能存留在装置的下水道和低洼处，达到爆炸极限范围时易造成火灾爆炸；另外丙烯在一定条件下，还能在设备内生成自聚物，致使设备或管道胀裂，甚至造成大量物料流出，引起燃烧和爆炸。氢气是聚丙烯分子量的调节剂，是一种无色、无味、无毒、化学性质活泼的气体，在空气中爆炸极限较宽，为 4.1%～74.1%，其与空气混合能形成爆炸性混合物，遇热或明火即会发生爆炸。

（2）聚合反应温度控制不当，易发生爆聚的危险性　聚合反应均为放热和热动力不稳定的过程，当热量来不及导出就会出现"爆聚"现象，使反应失去控制而引发爆炸事故。聚合反应在开始阶段或进行过程中都有发生爆聚的可能性；另外在聚合反应过程中还要十分注意温度和压力的变化，如果聚合反应产生的大量热量不能及时移出，随物料温度上升，发生裂解和爆聚，所产生的热量会使裂解和爆聚过程进一步加剧，进而引发反应釜爆炸。

（3）催化剂易发生爆聚的危险性　聚丙烯生产装置使用的催化剂大多为烷基铝（如三乙基铝）。三乙基铝为无色透明液体，化学反应活性很高，与空气接触冒烟自燃，遇水强烈分解，放出易燃的烷烃气体。当聚合反应出现超温超压、搅拌失效或冷却失效等紧急情况时，必须要及时加入聚合反应终止剂（如 CO），以降低催化剂的活性，终止聚合反应。同时，由于聚合反应需在高纯氮保护下操作，三乙基铝一旦发生泄漏自燃，必须用干粉、干砂灭火，严禁使用水或泡沫。另外，催化剂的加入量还需要根据物料的温度进行调节，必须严格控制催化剂的添加量，若聚合反应过程中催化剂比例过高，聚合反应速度加快，产生的反应热不易导出，也有可能导致爆聚。

（4）易引起静电火灾爆炸的危险性　静电是由物质表面所产生的电荷形成的。聚丙烯的电阻率在 $1 \times 10^{11} \Omega \cdot cm$ 以上，是容易产生静电的非导体物质。最容易产生静电并造成火灾爆炸事故的是聚丙烯粉料的流动输送过程，颗粒在流动状态中总是与管壁、设备内壁发生碰撞和摩擦，同时颗粒之间也彼此碰撞和摩擦。由于丙烯、氢气等具有易燃易爆性，加之聚丙烯生产经历了由液相丙烯变成固体聚丙烯颗粒，再经搅拌喷料等摩擦过程，易产生大量静电，而丙烯、氢气泄漏向外喷出时也会产生大量静电。随着产生的静电电荷不断积累，当周围空气中电场强度超过一定值时，将产生不同形式的静电放电现象。尤其在干燥季节，包装粉料时员工有受到电击的感觉，此时如果闪蒸效果不好，有残留的丙烯释放或厂房周围有较高浓度的可燃性气体时，极易发生静电引起的火灾爆炸事故。

（5）料仓粉尘易发生闪爆危险　聚丙烯粉尘为 $1 \sim 100\mu m$ 的颗粒，在粉料输送过程中聚合物细粉和规格相同的聚丙烯粉料类似，具有易爆的物性，聚合物细粉最低的爆炸浓度是 $0.1\% \sim 0.2\%$（质量分数）。常见聚丙烯料仓的闪爆一般有以下 3 种情况：粉尘引起的闪爆、可燃气体引起的闪爆和粉尘加可燃气体综合引起的闪爆。但不管何种情况引起的闪爆，都必须同时具备 3 个条件：具有达到爆炸极限浓度的粉尘云或可燃气体、含有一定氧含量的空气和具有一定点火能力的着火源。如果料仓中存在粉尘、可燃气体等两种以上爆炸物质时，其混合后所形成的爆炸性混合物爆炸的危险性比各单种物质形成的爆炸性更大。料仓内粉尘一旦发生爆炸，严重的会炸坏料仓，甚至会造成人员伤亡。导致爆炸性物质发生爆炸的点火源有静电、明火、电加热、辐射冲击波、电弧、危险温度等，而引起聚丙烯料仓爆炸的点火源绝大部分是由于静电放电引发的。

（6）易发生聚丙烯产物堵塞的危险性　聚丙烯产物黏性大，设备和管道有被黏堵的可能性。采用管式聚合器的最大问题是反应后的聚合产物黏挂管壁发生堵塞，引起管内压力、温度升高，由于局部过热引起物料裂解，甚至导致火灾爆炸事故。

2. 工艺安全技术分析

针对聚丙烯生产工艺存在的危险性，提出如下安全控制对策和措施。

（1）防止爆聚现象　聚丙烯聚合反应在开始阶段或进行过程中都有发生爆聚现象的可能

性。因此，聚合反应时应按投料顺序和投料配比准确投料，总物料不应超量；在聚合反应前期还要防止升温过快，当反应加速后，放热量逐渐增加，并要及时冷却降温；在聚合反应过程中，还要十分注意温度和压力的变化。另外，对于管式反应器，通常采用控制有效直径的方法调节物料流速，在聚合管开始部分，插入具有调节功能的调节杆，以避免聚合反应初期的突然爆聚。聚丙烯聚合反应釜应设有可靠的冷却系统，该系统一般由夹套冷却、盘管冷却和搅拌冷却等组成，应有多个水源、两路电源。目前工艺上多利用单体或溶剂汽化回流带出反应热，经冷凝或压缩液化后，再返回聚合反应釜吸热，当温度大幅度上升或发生其他危急情况时，可加入终止剂以降低催化剂的活性。

（2）防止设备管道堵塞或泄漏　聚丙烯聚合反应釜是压力容器，其设计、制造、使用、维修应符合压力容器的有关规定，要求开车前仔细检查管内是否有堵塞，如果有堵塞，应先清除堵塞再开车；对于管式反应器还要防止聚合物黏、挂管壁，甚至堵塞，同时对可积聚自燃聚合物的设备应定期清理，清理时不得使用铁质工具或金属条，可采用氮气或蒸汽吹扫。严格执行相关标准规定，从本质上保证压力容器、压力管道的安全。同时，还应该注意加强对设备、管道的检查，并定期对压力容器、压力管道进行检测检验，以杜绝其跑、冒、滴、漏现象的发生。

（3）正确配制和使用催化剂　在聚合反应过程中，催化剂的含量控制非常重要，必须采取可靠的工艺措施严格进行控制，以确保聚合反应过程的安全性。在配制催化剂过程中，必须注意防止烷基铝与空气接触发生自燃和遇水受潮发生爆炸；在搬运物料时，要轻拿轻放，防止撞击发生危险；催化剂的加入量还需要根据物料的温度进行调节，当温度高时，加入量适当减少，温度低时，加入量适当增加。

（4）防止聚丙烯料仓闪爆　防止聚丙烯料仓闪爆的主要安全措施有：聚丙烯料仓及粉料输送管线都应静电接地，定期检测并处于完好；采用氮气输送粉料，粉料干燥必须是热氮干燥，禁用热空气干燥；需向料仓系统中加一些蒸汽增加相对湿度来减少静电；严格执行安全操作规程，防止可燃气体进入后系统；在料仓内增加氮气注入系统，以便在异常情况下采用氮封和槽内充氮，以减少槽内氧含量；在料仓底部增加抽气通风系统，强制或减少料仓内的可燃气体含量；及时处理料仓和容器内壁粉料；消除料仓内的金属突出物、绝缘体等；避免过滤器堵塞；料仓物料入口处应采用离子流静电消除器；严格控制可燃气体浓度及微细粉尘浓度；等等。

（5）安装自动化安全控制系统　聚丙烯生产装置安全控制的基本要求是：反应釜温度和压力的报警和联锁；紧急冷却系统；紧急切断系统；紧急加入反应终止剂系统；搅拌的稳定控制和联锁系统；料仓静电消除、可燃气体置换系统，可燃和有毒气体检测报警装置；高压聚合反应釜设有防爆墙和泄爆面；等等。聚丙烯生产工艺应采用先进的自动化安全控制系统，将聚合反应釜内温度、压力搅拌电流、聚合单体流量、引发剂加入量、聚合反应釜夹套冷却水进水阀之间形成联锁关系，且在聚合反应釜处设立紧急停车系统，当聚合反应超温、搅拌失效或冷却失效时，能及时加入聚合反应终止剂，实现安全泄放和顺利停车。因物料爆聚、分解造成超温、超压，可能引起火灾爆炸的反应设备应设报警信号和泄压排放设施，以及自动或手动遥控的紧急切断进料设施，当设备出现故障和人员误操作形成危险状态时，通过自动报警、自动切换设备，启动紧急联锁保护装置和安全装置，实现安全排放直至安全顺利停机等一系列的自动操作，以实现对系统的安全控制。

任务拓展

≫ 新设备

发明专利：一种气液固三相搅拌釜式反应器

专利摘要：本专利属于甘氨酸生产技术领域。在反应过程中氨化反应釜内会呈现出气-液-固三相，此时反应体系会涉及气液反应过程中的传热、传质过程和气液固三相之间的动量传递即相分布问题，而传热、传质、动量传递的好坏直接决定甘氨酸产品的产量和品质。此发明专利提供了一种气液固三相搅拌釜式反应器，釜体的顶部插接有搅拌轴，搅拌轴上从上到下依次设有漏斗、斜叶搅拌桨、第一转向锥形体、第二转向锥形体以及导流细化桨，釜体内的腔体外侧均布有若干导流细化板，釜体的底部设有气体喷射器。如图1-46所示。

专利创新：该种气液固三相搅拌釜式反应器，斜叶搅拌桨在转动的过程中执行气液扩散和反应液泵送作用，导流细化桨在转动过程中执行导流、细化颗粒和气泡的作用，导流细化板执行导流、细化颗粒和气泡的作用。气、液、固三相在上述构件的多重作用下，在反应器内形成大尺度的轴向、径向的运动和分子水平的混合，使反应物料分布更为均匀，反应进行得更加彻底，反应放热更加均匀，同时大尺度的循环流动降低了返混的程度。该发明实现了气液两相在反应器内良好的传热和传质过程、气液固三相在反应器内良好的动量传递过程以及减小不同停留时间物料之间的返混程度，同时为已经具备一定产能的甘氨酸生产厂家和打算规划生产甘氨酸的厂家提供安全可靠且经济环保的氨化反应器。

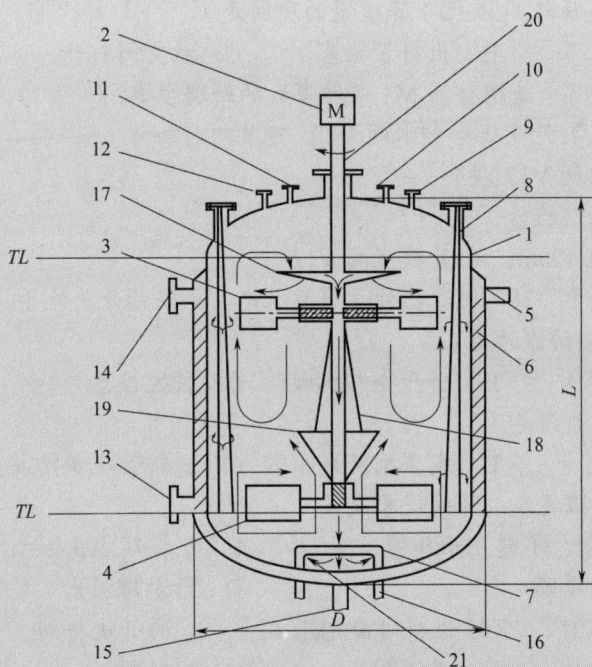

图1-46 气液固三相搅拌釜式反应器

1—釜体；2—电机；3—斜叶搅拌桨；4—导流细化桨；5—移热夹套；6—循环水导流板；7—气体喷射器；8—导流细化板；9—氯乙酸甲醇溶液进料口；10—安全阀口；11—压力指示仪表接口；12—温度指示仪表接口；13—循环水入口；14—循环水出口；15—出料口；16—氨气输送管；17—漏斗；18—第一转向锥形体；19—第二转向锥形体；20—搅拌轴；21—防涡板

❓ 任务检测

一、选择题

1. 在间歇反应釜单元中，下列描述错误的是（　　　）。

A. 主反应的活化能比副反应的活化能要高

B. 在80℃的时候，主反应和副反应的速率比较接近

C. 随着反应的不断进行，反应速率会随反应物浓度的降低而不断下降

D. 反应结束后，反应产物液是利用压力差从间歇釜中移出的

2. 发生反应釜温度超温事故但压力未达到10atm时，下列事故处理错误的是（　　　）。

A. 打开高压冷却水阀V20 　　　　　　　　B. 打开放空阀V12

C. 开大冷却水量 　　　　　　　　　　　　D. 关闭搅拌器M1

3. 在反应阶段反应温度应维持在110～128℃。若无法维持，应（　　　）。

A. 打开高压冷却水阀 　　　　　　　　　　B. 关闭蒸汽阀

C. 打开放空阀 　　　　　　　　　　　　　D. 打开冷却水阀

4. 当反应釜内的温度升至75℃时，可以关闭蒸汽，为什么?（　　　）

A. 反应釜内的物料反应产生大量热，可以维持继续升温

B. 反应釜内密闭，温度不会下降

C. 反应釜内依靠搅拌会产生大量热

D. 反应釜温度可以完全不用蒸汽

5. 出料时，釜内气压较高，液位下降缓慢的原因是（　　　）。

A. 蒸汽入口堵塞　　　B. 出料管堵塞　　　　C. 放空阀打开　　　　D. 进料管堵塞

6. 下列步骤中，哪个是搅拌器M1停转事故的处理步骤?（　　　）

A. 开大冷却水，打开高压冷却水阀V20

B. 开冷却水旁路阀V17调节

C. 停止操作，出料检修

D. 如果气压超过12atm，打开放空阀V12

7. 当反应温度大于128℃时，已处于事故状态，如联锁开关处于"ON"的状态，联锁启动。下列不属于联锁动作的是（　　　）。

A. 开高压冷却水阀　　B. 全开冷却水阀　　C. 关搅拌器　　　　D. 关加热蒸汽阀

8. 出料管堵塞的原因是（　　　）。

A. 产品浓度较大　　　B. 发生副反应　　　C. 出料管硫黄结晶　D. 反应不完全

9. 反应釜测温电阻连线故障的现象是（　　　）。

A. TIC101降为零，不起显示作用　　　　　B. 沉淀罐溢出

C. 安全阀启用（爆膜）　　　　　　　　　　D. 计量罐溢出

10. 向计量罐VX01、VX02进料时应先开（　　　），再开进料阀。

A. 放空阀　　　　　　B. 溢流阀　　　　　C. 出料阀　　　　　　D. 排液阀

11. 装置开工状态时，（　　　）是处于开的状态。

A. 阀门　　　　　　　B. 电动机　　　　　C. 离心泵　　　　　　D. 蒸汽联锁阀

12. 在正常工艺中，反应釜中压力不大于（　　　）atm。

A. 6　　　　　　　　　B. 10　　　　　　　　　C. 8　　　　　　　　　D. 12

13. 在正常反应过程中，冷却水出口温度不小于（　　）。

A. 40℃　　　　　　　　B. 70℃　　　　　　　　C. 100℃　　　　　　　D. 60℃

14. 停车操作的正常顺序是（　　）。

A. 打开放空阀，关闭放空阀，向釜内通增压蒸汽，打开蒸汽预热阀，打开出料阀门

B. 打开放空阀，向塔内通增压蒸汽，打开蒸汽预热阀，打开出料阀门，关闭放空阀

C. 打开放空阀，关闭放空阀，打开蒸汽预热阀，向釜内通增压蒸汽，打开出料阀门

D. 打开出料阀门，打开放空阀，关闭放空阀，向釜内通增压蒸汽，打开蒸汽预热阀

15. 超温事故产生的原因有：（　　）。

A. 计量罐超温　　　　B. 反应釜超温　　　　C. 搅拌器事故　　　　D. 出料温度过高

16. 搅拌器停转引起的现象有：（　　）。

A. 温度大于 128℃　　　　　　　　　　　B. 反应速率逐渐下降为低值

C. 产物浓度变化缓慢　　　　　　　　　　D. 温度低于 128℃

17. 蛇管冷却水阀 V22 卡的处理步骤是：（　　）。

A. 启用冷却水旁路阀 V17　　　　　　　　B. 控制反应釜温度 TI101

C. 停搅拌器　　　　　　　　　　　　　　D. 反应停止

18. 间歇釜操作的初始阶段，通入加热蒸汽的目的是（　　）。

A. 提高升温速度　　　　B. 提高反应压力　　　C. 降低反应压力　　　D. 降低升温速度

19. 反应初始阶段前应该首先（　　）。

A. 打开搅拌装置　　　　B. 启动联锁控制　　　C. 打开放空阀　　　　D. 打开冷凝水阀

20. 停车操作规程中，首先要求开放空阀 V12 5～10s。其目的是（　　）。

A. 降低反应釜内的压力　　　　　　　　　B. 降低反应釜内的温度

C. 抑制反应进行　　　　　　　　　　　　D. 放掉釜内残存的可燃气体

二、简答题

1. 请简述本单元所选流程的反应机理。

2. 在开车过程中，为什么冷却水出口温度不能小于60℃?

3. 聚丙烯生产装置的主要控制工艺参数和指标有哪些?

4. 反应釜出现超温（超压），应怎么处理?

5. 釜式反应器在开车操作过程中须注意哪些问题?

6. 聚丙烯生产工艺一般包括哪几个工序?

7. 聚丙烯生产工艺的危险性从哪几个方面进行分析?

8. 针对聚丙烯生产工艺存在的危险性，安全控制对策和措施有哪些?

9. 哪些情况会发生爆聚的危险性?

管式反应器的设计与操作

知识目标

（1）掌握管式反应器结构、特点、分类；

（2）理解连续操作管式反应器的计算方法；

（3）掌握管式反应器工作原理及典型工艺流程；

（4）了解管式裂解炉操作与控制过程；

（5）了解管式反应器异常现象及处理方法；

（6）掌握管式反应器常见故障及维修维护。

技能目标

（1）能识别管式反应器各部件及功能；

（2）能应用数学建模方法进行理想管式反应器体积计算；

（3）团队合作编制操作规程；

（4）能按照操作规程进行正常开车、停车操作；

（5）能根据正常运行要求对工艺参数（温度、压力）进行调节控制；

（6）能对生产中出现的故障进行判断和故障排除；

（7）能依据反应器使用及维护要点正确维护反应器。

素质目标

（1）具有团队合作意识，能分析判断管式反应器出现故障的原因，并能及时解决问题；

（2）在管式反应器操作过程中养成严谨的职业素养以及实事求是的工作态度；

（3）践行"安全第一、预防为主、综合治理"的安全操作理念，不断提升安全意识和安全操作技能。

内容导学

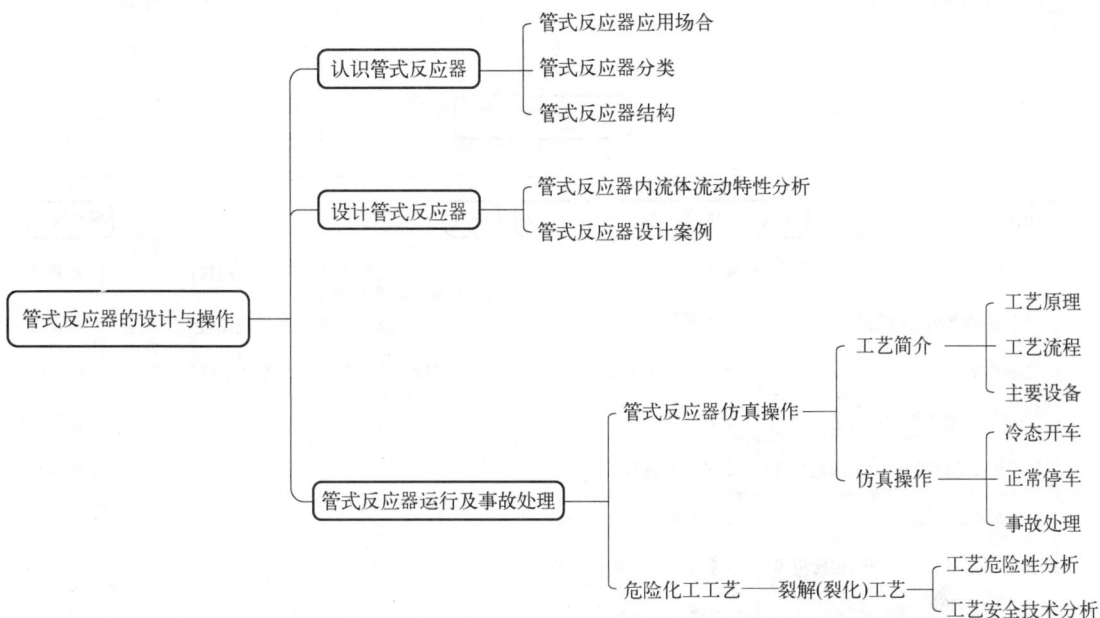

任务1

认识管式反应器

任务描述

通过生产实例（环管式反应器生产聚丙烯工艺）、3D 动画及实训基地现场参观管式反应器装置，识别管式反应器基本结构并提出任务——归纳管式反应器结构特点汇总表。

（1）了解管式反应器的生产工艺流程，管式反应器的生产过程中如何提高生产效率；

（2）能识别管式反应器中各部件的名称并能说出各部件的作用。

任务驱动

1. 讨论管式反应器的结构、特点、适用场合。

2. 讨论均相反应器的选择原则。

⚙ 任务内容

```
                          认识管式反应器
  ┌──────────┬──────────────────────┬──────────────┬──────────┐
  应用          分类：依据管式反应器结构分类    特点           基本结构
```

- 应用
  - 均相气相反应
    - 石油烃类热裂解制丙烯、乙烯
  - 气液相反应
    - 环管式聚丙烯生产工艺
  - 气固相反应(列管式固定床反应器)
    - 甲醇合成工艺
  - 其余：均相液相，液固相反应等

- 分类：依据管式反应器结构分类
  - 直管式反应器
  - 水平管式反应器
  - 立管式反应器
  - 盘管式反应器
  - 多管式反应器
  - 多管串联管式反应器
  - 多管并联管式反应器
  - U形管式反应器

- 特点
  - 反应器内物料混合和流动状况接近于理想置换流动模型
  - 换热面积大，适用于热效应比较大的反应
  - 生产效率高，适用于大型化连续化生产

- 基本结构
  - 直管
  - 弯管
  - 密封环
  - 管件
  - 机架

一、管式反应器应用场合

1. 典型生产工艺

管式炉裂解生产乙烯的工艺已有 60 多年的历史。可分为裂解和急冷-分馏两部分，如图 2-1 所示。

（1）裂解 原料经预热后，与过热蒸汽（或称稀释蒸汽）按一定比例（视原料不同而异）混合，经管式炉对流段加热到 500～600℃后进入辐射室，在辐射炉管中加热至 780～900℃，发生裂解。为防止高温裂解产物发生二次反应，由辐射段出来的裂解产物进入急冷锅炉，以迅速降低其温度并由换热产生高压蒸汽，回收热量。

（2）急冷-分馏 裂解产物经急冷锅炉冷却后温度降为 350～600℃，需进一步冷却，并分离出各个产品馏分。来自急冷锅炉的高温裂解产物在急冷器与喷入的急冷油直接接触，使温度降至 200～220℃，再进入精馏系统，并分别得到裂解焦油、裂解柴油、裂解汽油及裂解气等产物。裂解气则经压缩机加压后进入气体分离装置。

该工艺过程管式裂解炉是其核心设备。为了满足烃类裂解反应的高温、短停留时间和低烃分压的要求，以及提高加热炉的热强度和热效率，炉子和裂解炉管的结构经历了不断地改进。国内外的长期研究结果表明，原料烃类在高温、短停留时间、低烃分压的条件下对生成烯烃是有利的。在反应的初期，从压降方面看，由于反应的转化率较低，管内流体体积增大不多，管内流体的线速度也增大不多，较小的管径不会引起压降增加太多，不会严重影响平均烃分压增加；从热强度方面看，由于原料急剧升温，吸收大量热量，所以要求热强度大，较小的管径可使比表面积增加，从而满足要求；从结焦趋势看，由于转化率较低，二次反应尚不能发生，结焦速率较低，较小的管径也是允许的。在反应的后期，从压降方面看，由于此时转化率较高，管内流体体积增大较多，同时，流体的线速度也急剧上升，较大管径比较

适合；从热强度方面看，由于转化率已经较高，热强度开始减小，较大的管径不会显著影响传热效果；从结焦趋势方面看，由于转化率较高，二次反应较多，结焦速率增加，较大的炉管管径能够保证炉管通畅且不至于造成太大的压降。综上所述，一般而言，在设计裂解炉管时，在裂解炉管的入口（即反应初期）采用较小的管径，在裂解炉管的出口采用较大的管径（如图 2-2 所示）。这样，新型的管式裂解炉的热强度可达 290～375MJ/（$m^2 \cdot h$），热效率可达 92%～93%，停留时间可低于 0.1s，管式炉出口温度可到 900℃，从而提高了乙烯的产率。

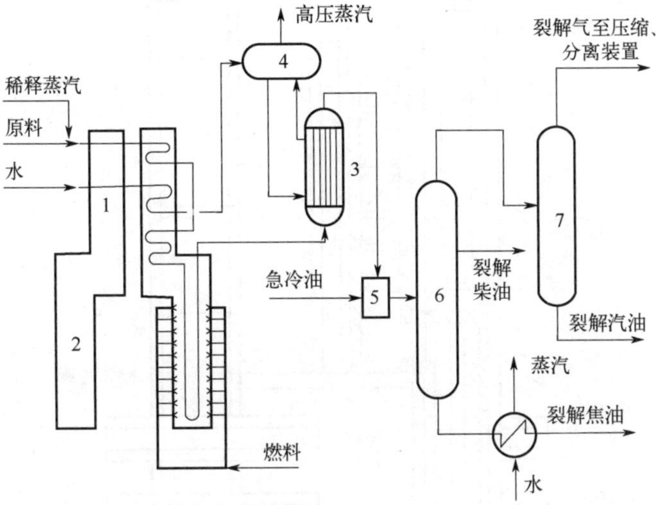

图 2-1 管式炉裂解工艺流程

1，2—裂解炉；3—急冷锅炉；4—汽包；5—急冷器；6，7—分馏塔

2. 管式反应器的特点

管式反应器是由多根细管串联或并联而构成的一种反应器。通常管式反应器的长度和直径之比大于 50～100。管式反应器在实际应用中，多数采用连续操作，少数采用半连续操作，使用间歇操作的则极为罕见。管式反应器有如下几个特点。

① 单位反应器体积具有较大换热面积，特别适用于热效应较大的反应。

② 由于反应物在管式反应器中反应速率快，流速快，所以它生产效率高。

③ 适用于大型化和连续化生产，便于计算机集散控制，产品质量有保证。

④ 与釜式反应器相比较，其返混较小，在流速较低的情况下，其管内流体流型接近于理想置换流。

⑤ 适应性强。管式反应器不仅适用于液相反应，还适用于气相反应，并且根据需要可以分段实现工艺条件的控制。

⑥ 通过调整反应物流速和温度等参数，容易实现对反应过程的精确控制。

3. 管式反应器的工业应用

管式反应器具有结构简单、加工方便；耐高压、传热面积大，特别适用于强放热和加压的反应；易实现自动控制、节省动力、生产能力高等特点。因此广泛用于均相气相、均相液相、非均液相、气液相、气固相、液固相等反应。乙酸裂解制乙烯酮、乙烯高压聚合、对苯二甲酸酯化、邻硝基氯苯氨化制邻硝基苯胺、氯乙醇氨化制乙醇胺、椰子油加氢制脂肪酸、石蜡氧化制脂肪酸、单体聚合以及某些固相缩合反应均已采用管式反应器进行工业化生产。

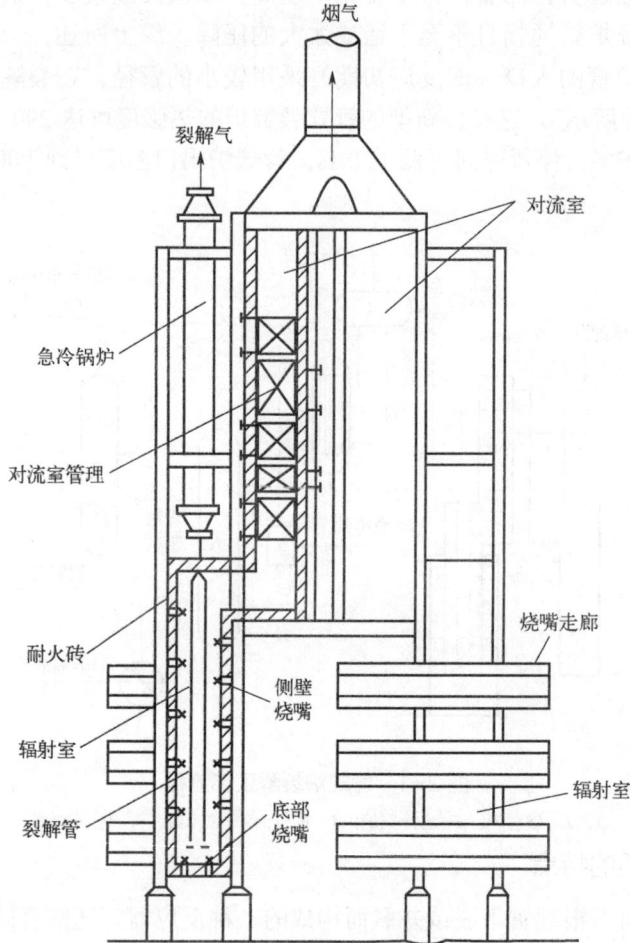

图 2-2　STR 管式裂解炉

二、管式反应器分类

根据管式反应器结构特征可以将管式反应器分为直管式、盘管式、多管式、U 形管式等。

1. 直管式反应器

直管式反应器根据结构特征可以分为水平管式反应器和立管式反应器两种。

（1）水平管式反应器　如图 2-3 所示为水平管式反应器，也称为套管式反应器。此类反应器是进行气相或液相反应常用的一种管式反应器，这种结构易于加工制造和检修。该反应器主体是由无缝管与 U 形管连接而成，类似多程套管换热器。

（2）立管式反应器　如图 2-4 所示为立管式反应器，它主要用于液相氨化反应、液相加氢反应、液相氧化反应等工艺中，它包括单程式立管反应器和中心插入管式立式反应器，有时也可将一束立管安装在一个加热套筒内以节省空间，称为夹套式立式反应器。图 2-5 为一种基于本体聚合的丙烯酸聚合物立管式反应器。

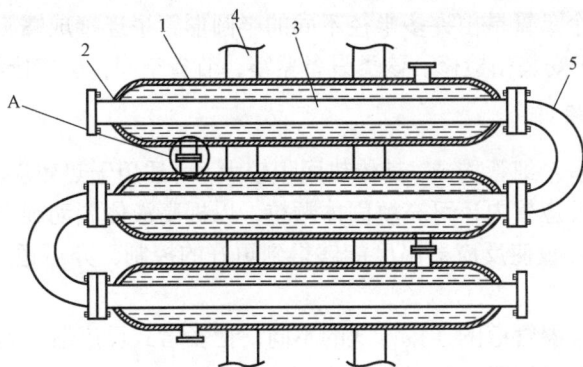

图2-3　水平管式反应器

1—套管；2—通孔；3—直管；4—弯管；5—接管；A—换热套连接管

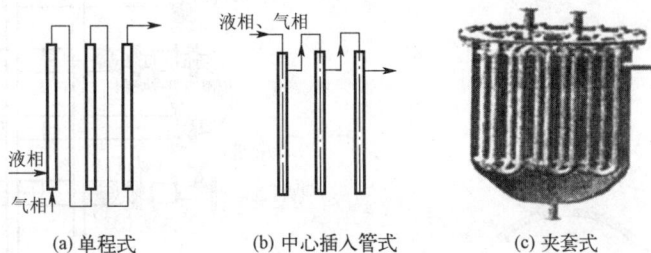

(a) 单程式　　　　(b) 中心插入管式　　　　(c) 夹套式

图2-4　立管式反应器

2. 盘管式反应器

如图 2-6 所示为盘管式反应器，是将管式反应器做成盘管的形式，由许多水平盘管上下

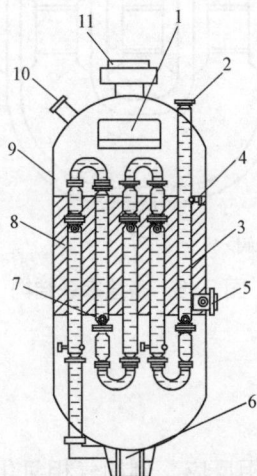

图2-5　基于本体聚合的丙烯酸聚合物立管式反应器

1—视窗；2—拆卸端头；3—反应管；4—调节阀；5—流速控制器；6—出口收集器；7—压力控制器；8—固定板；9—壳体；10—空气流通器；11—入口扩散器

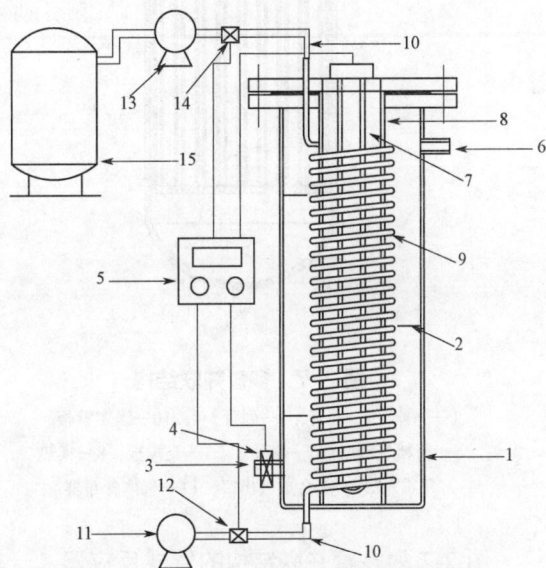

图2-6　聚合级乙二醇用光催化螺旋盘管式反应器

1—金属壳体；2—挡板；3—循环冷却水进口；4—阀门；5—控制器；6—循环冷却水出口；7—低压紫外汞灯；8—石英套管；9—螺旋盘管；10—聚四氟连接管；11—进料泵；12—阀门；13—出料泵；14—阀门；15—产品储存罐

重叠串联而成。每一个盘管是由许多半径不同的半圆形管子连接成螺旋形式,螺旋中央留出 $\varphi400mm$ 的空间,便于安装和检修。该类设备紧凑,节省空间,但检修和清刷管道比较麻烦。

3. 多管式反应器

多管式反应器由多个细管构成,其传热面积较大,可适用于热效应较大的均相反应过程。

多管式反应器的反应管内还可充填固体颗粒,以提高液体湍动或促进非均相流体的良好接触,并可用来贮存热量使反应器温度能够得到更好的控制,亦可适用于气-固、液-固非均相催化反应过程。

通常按多管式反应器管道的连接方式的不同,把多管式反应器分为多管串联管式反应器和多管并联管式反应器,如图 2-7、图 2-8 所示。

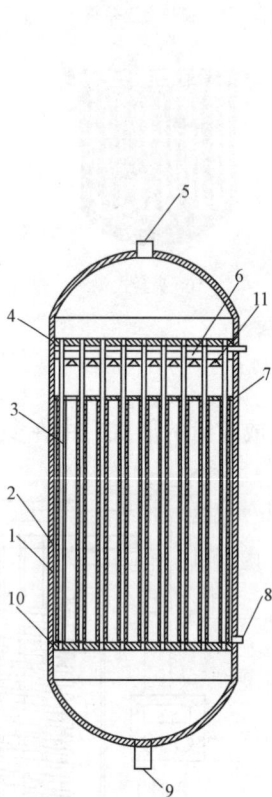

图 2-7 多管并联结构

1—壳体;2—套管;3—列管;4,10—固定管板;
5—原料气进口;6—喷淋管;7—支撑板;8—换热
介质入口;9—合成气出口;11—气体分布器

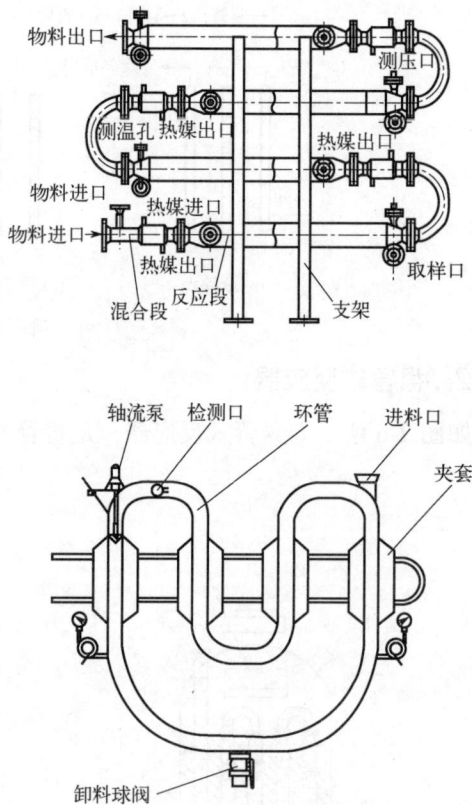

图 2-8 多管串联结构

图 2-7 为多管并联结构的管式反应器,一般用于气固相反应,例如气相氯化氢和乙炔在多管并联装有固相催化剂的反应器中反应制氯乙烯,气相氮和氢混合物在多管并联装有固相铁催化剂的反应器中合成氨。

图 2-8 为多管串联结构的管式反应器,一般用于气相反应和气液相反应。例如烃类裂解反应和乙烯液相氧化制乙醛反应。

4．U形管式反应器

如图 2-9 为一款应用于气液相反应的 U 形管式反应器。该反应器内设有雾化器，可将液体雾化，增大气体与液体之间的接触面积，同时还延长了气体与液体的接触时间；通过搅拌，减少其他气体在液体中的溶解度，使得所需气体在液体中的溶解度增大，减少了气体的损耗。

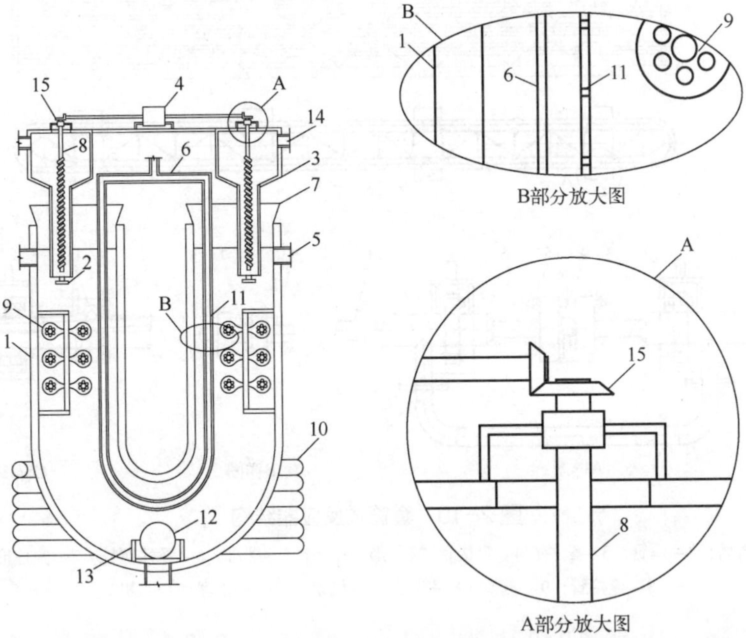

图 2-9　U 形管式反应器

1—U 形管；2—雾化喷头；3—蓄水瓶；4—电机；5—排气孔；6—通气管；7—橡胶塞；8—搅拌杆；
9—扇叶；10—电加热丝；11—出气孔；12—浮球；13—固定板；14—进水孔；15—斜齿轮

除上述常见管式反应器外，目前在医药化工领域应用的比较先进的管式反应器为管式微通道反应器，由微米级通道构成，使用精密加工技术制造[尺寸在 10～300μm（或者 1000μm）]，外形为管式微型化学反应装置，制造所用材料应符合 NB/T 47046—2015《承压设备用镍及镍合金板》，反应器的防护等级符合 GB/T 4208—2017《外壳防护等级（IP 代码）》中的规定。微反应器在传质、传热、恒温等方面表现出巨大优势。目前微反应器在化工工艺过程的研究与开发中已经得到广泛的应用，商业化生产中的应用正日益增多。其主要应用领域包括有机合成过程、微米和纳米材料的制备及日用化学品的生产。

三、管式反应器结构

不同型式的管式反应器结构也不同，下面以套管式反应器为例介绍管式反应器的具体结构。

套管式反应器由长径比很大的细长管和密封环通过连接件的紧固串联安放在机架上而组成，如图 2-10 所示。它包括直管、弯管、密封环、管件和机架等几部分。

（1）直管　直管的结构如图 2-11 所示。内管长 8m。根据反应段的不同，管式反应器内管内径通常也不同（如 $\phi27$mm 和 $\phi34$mm）。夹套管用焊接形式与内管固定。夹套管上对称地安装一对不锈钢制成的 Ω 形补偿器，以消除开停车时内外管线胀系数不同而附加在焊缝上的拉应力。

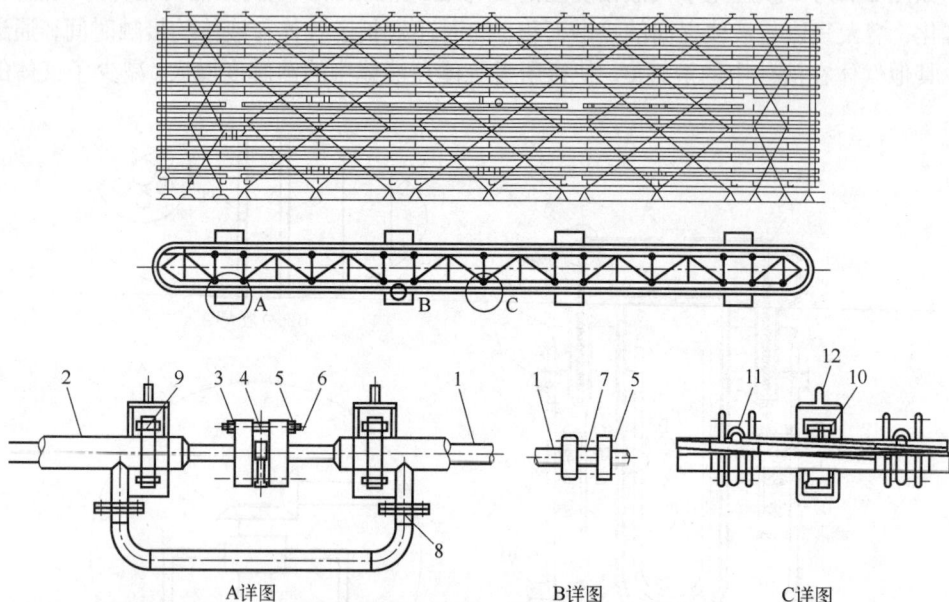

图 2-10 套管式反应器结构

1—直管；2—弯管；3—法兰；4—带接管"T"形透镜环；5—螺母；6—弹性螺柱；7—圆柱形透镜环；

8—连接管；9—机架（抱箍）；10—机架；11—补偿器；12—机架

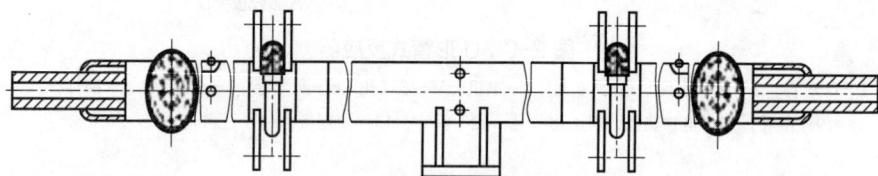

图 2-11 直管

反应器预热段夹套管内通蒸汽加热进行反应，反应段及冷却段通热水移去反应热或冷却。所以在夹套管两端开了孔，并装有连接法兰，以便和相邻夹套管相连通。为安装方便，在整管的中间部位装有支座。

（2）弯管 弯管结构与直管基本相同，如图 2-12 所示。弯头半径 $R \geqslant 5D \pm 4\%$（D 指弯管

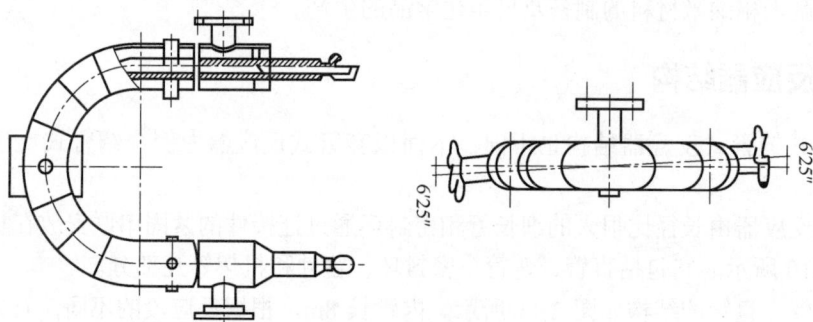

图 2-12 弯管

内径）。弯管在机架上的安装方法允许其有足够的伸缩量，故不再另加补偿器。内管总长（包括弯头弧长）也是8m。

（3）密封环 套管式反应器的密封环为透镜环。透镜环有两种形状，一种是圆柱形，另一种是带接管T形。圆柱形透镜环采用与反应器内管同一材质制成。带接管的T形透镜环用于安装测温、测压元件，如图2-13所示。

（4）管件 反应器的连接必须按规定的紧固力矩进行，所以对法兰、螺柱和螺母都有一定要求。

（5）机架 反应器机架用桥梁钢焊接成整体，地脚螺栓安放在基础桩的柱头上，安装管子支座部位装有托架，管子用抱箍与托架固定。

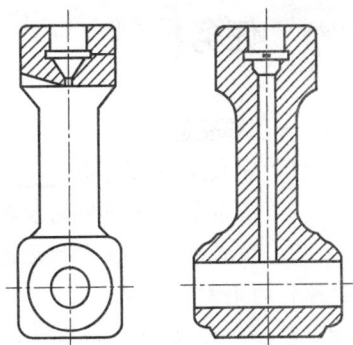

图2-13 带接管的T形透镜环

任务拓展

》 新工艺

发明专利：一种采用管式反应器制备依鲁替尼手性中间体的方法

专利摘要：目前，制备依鲁替尼手性中间体的工艺路线多为传统的反应釜，操作过程烦琐，反应时间长，工艺成本较高。本发明是采用管式反应器制备依鲁替尼手性中间体，其工艺路线如图2-14所示。

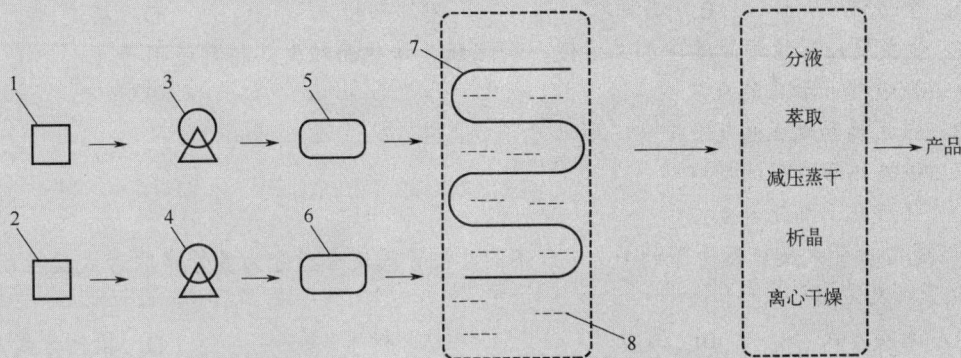

图2-14 采用管式反应器制备依鲁替尼手性中间体工艺路线

1，2—原料罐；3，4—计量泵；5，6—预热器；7—换热介质；8—管式反应器

专利创新：本发明首次在连续流管式反应器中用生物方法合成目标产物依鲁替尼手性中间体，以1-叔丁氧羰基-3-哌啶酮为原料，在酮还原酶、葡萄糖脱氢酶、辅酶的作用下，发生不对称还原反应，合成目标产物。该方法反应时间只需数十秒，反应效率高、自动化程度高，酶的用量小，后处理简单，反应条件温和，目标产物收率高达98%以上，手性目标产物光学纯度高达99.9%以上，成本较低。

❓ 任务检测

一、填空题

1. 管式反应器是由_____或_____而构成的一种反应器。

2. 通常管式反应器的长度和直径之比大于_____。

3. 管式反应器在实际应用中，多数采用_____操作，少数采用_____操作，使用间歇操作的则极为罕见。

4. 管式反应器具有结构简单、加工方便；耐高压、传热面积大，特别适用于_____和_____的反应；易实现_____、_____、生产能力高等特点。

5. 通常按管式反应器管道的连接方式不同，把管式反应器分为_____管式反应器和_____管式反应器。

6. 套管式反应器由长径比很大的细长管和密封环通过连接件的紧固串联安放在机架上而组成，它包括_____、_____、_____、管件和机架等几部分。

二、选择题

1. 通常管式反应器的长度和直径之比大于（　　　）。

A. 20～60　　　　　　B. 50～100　　　　　　C. 60～100　　　　　　D. 70～100

2. 管式反应器在实际应用中，多数采用（　　　）。

A. 连续操作　　　　　B. 半连续操作　　　　C. 间歇操作　　　　　D. 以上均可

3. 与釜式反应器相比较，管式反应器返混较小，在流速较低的情况下，其管内流体流型接近于（　　　）。

A. 全混流　　　　　　B. 湍流　　　　　　　C. 平推流　　　　　　D. 层流

4. 管式反应器结构简单、加工方便，耐高压、传热面积大，特别适用于（　　　）。

A. 强吸热和加压的反应

B. 强放热和减压的反应

C. 强吸热和减压的反应

D. 强放热和加压的反应

5. 通常按管式反应器管道的（　　　）不同，把管式反应器分为多管串联管式反应器和多管并联管式反应器。

A. 连接方式　　　　　B. 压力　　　　　　　C. 材质　　　　　　　D. 操作方式

6. 多管串联结构的管式反应器一般用于（　　　）和气液相反应。

A. 气固相反应　　　　B. 气相反应　　　　　C. 液固相反应　　　　D. 液液相反应

7. 套管式反应器由长径比（　　　）的细长管和密封环通过连接件的紧固串联安放在机架上而组成。

A. 很小　　　　　　　B. 相同　　　　　　　C. 很大　　　　　　　D. 以上均错

8. 关于管式反应器特点，以下说法错误的是（　　　）。

A. 单位反应器体积具有较大换热面积，特别适用于热效应较大的反应

B. 由于反应物在管式反应器中反应速率快，流速快，所以它生产效率高

C. 适用于大型化和连续化生产，便于计算机集散控制，产品质量有保证

D. 与釜式反应器相比较，其返混较大，在流速较低的情况下，其管内流体流型接近于

理想置换流

9. 化工生产中，连续操作的长径比较大的管式反应器可以近似看成是（　　）反应器。

A. 流化床　　　　　B. 移动床　　　　　C. 理想置换流　　　　D. 全混型

10. 多管并联结构的管式反应器一般用于（　　）相反应。

A. 气固　　　　　　B. 气相　　　　　　C. 液固　　　　　　D. 液液

三、判断题

1. 管式反应器结构简单、加工方便，耐高压、传热面积大，特别适用于强放热和加压的反应。　　　　　　　　　　　　　　　　　　　　　　　　　　　　　（　　）

2. 通常按管式反应器管道的操作方式不同，把管式反应器分为多管串联管式反应器和多管并联管式反应器。　　　　　　　　　　　　　　　　　　　　　　　　（　　）

3. 套管式反应器的密封环为透镜环。　　　　　　　　　　　　　　　　　　（　　）

4. 化工生产中，连续操作的长径比较小的管式反应器可以近似看成是理想置换流反应器。　　　　　　　　　　　　　　　　　　　　　　　　　　　　　　（　　）

5. 套管式反应器的连接必须按规定的紧固力矩进行，所以对法兰、螺柱和螺母都有一定要求。　　　　　　　　　　　　　　　　　　　　　　　　　　　　　　（　　）

四、简答题

1. 简述管式反应器的工业应用。

2. 简述管式反应器特点。

任务2

设计管式反应器

任务描述

结合引入的生产实例及仿真 3D 动画等教学资源，给出理论依据对管式反应器进行简单的设计计算，对管式反应器生产过程中的影响因素进行分析，提高理论与实践相结合的能力。

任务驱动

1. 根据生产实例，分析如何进行反应器选型？

2. 影响管式反应器生产过程的因素有哪些？如何进行优化？

3. 在管式反应器设计计算过程中注意事项有哪些？如何才能使其更加适用生产，克服不利因素？作为操作人员为什么要清楚反应器的设计过程？

⚙ **任务内容**

```
                    设计管式反应器
          ┌──────────────┴──────────────┐
   反应器内流体流动特性分析              反应器设计——数学模型
```

接近于理想置换流动模型

物料衡算

二者联列

$$\tau = \frac{V_R}{V_0} = c_{A0}\int_{x_{A0}}^{x_{Af}}\frac{dx_A}{-r_A}$$

反应器内浓度、温度等参数随轴向位置变化，故反应速率随轴向位置变化

动力学方程

径向具有严格均匀的速度分布，不存在浓度分布

热量衡算

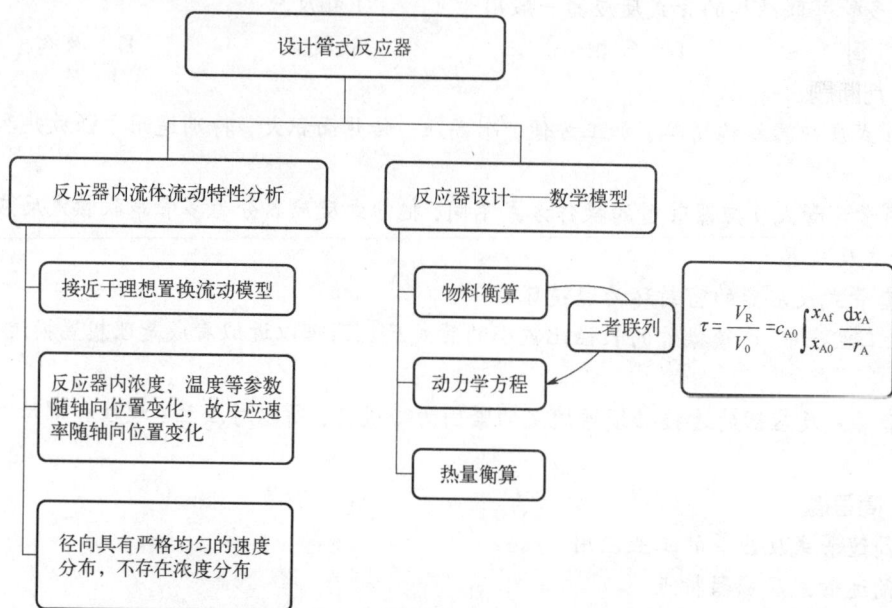

一、管式反应器内流体流动特性分析

管式反应器内流体流动是一种复杂的物理现象，而管内流体流动状况必然影响到化学反应的进行。流体在管内的流动状态通常被概括为层流、过渡流、湍流。湍流时，管内流动主体各点上的流体流速可近似认为相同。如图 2-15 所示。

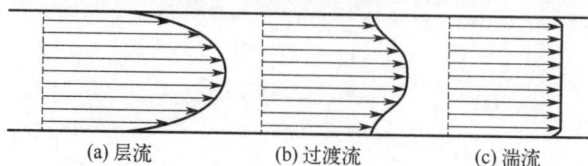

(a) 层流   (b) 过渡流   (c) 湍流

图 2-15 管内流体流速分布

管式反应器内流体流动特性受到多种因素的影响，包括循环流量、物料停留时间分布以及管内流体的速度分布和扩散等。通过调节这些因素，可以在管式反应器内实现不同的流动特性和反应条件。

连续操作管式反应器内流体具有以下特点。

① 在正常情况下，它是连续定态操作，故在反应器的各处截面上过程参数不随时间而变化，流体流动接近于理想置换流动模型。

② 反应器内浓度、温度等参数随轴向位置变化，故反应速率随轴向位置变化。

③ 由于流体流动接近于湍流，因此径向具有严格均匀的速度分布，也就是在径向不存在浓度分布。

二、管式反应器设计实例

化工生产中,连续操作的长径比较大的管式反应器可以近似看成是理想置换流动反应器。它既适用于液相反应,又适用于气相反应。当用于液相反应和反应前后无物质的量变化的气相反应时,可视为恒容过程;当用于反应前后有物质的量变化的气相反应时,为变容过程。如果在反应过程中利用适当的调节手段使温度基本维持不变,则为恒温过程,否则即为非恒温过程。管式反应器内的非恒温操作可分为绝热式和换热式两种。当反应的热效应不大,反应的选择性受温度的影响较小时,可采用没有换热措施的绝热操作。这样可使设备结构大为简化,此时只要将反应物加热到要求的温度送入反应器即可。如果反应过程放热,则放出的热量将使反应后物料的温度升高。如反应吸热,则随反应的进行,物料的温度逐渐降低。当反应热效应较大时,则必须采用换热式,以便通过载热体及时供给或移出反应热。由于管式反应器多数采用连续操作,所以本任务只讨论此类情况,目的在于提供此类反应器计算、分析和操作的基本方法。

1. 基础设计方程

连续操作管式反应器的基础计算方程式可由物料衡算式导出。

（1）反应器内流动状况假设

① 同截面质点流速相等,流经反应器所用的时间相同,径向混合均匀,无返混;

② 轴向上不同截面上浓度不同,温度可能也有差异,是化学反应的结果,而不是返混的结果;

③ 反应器内流体的流动处于稳定状态,没有反应物积累。

湍流操作（雷诺数 $Re>10^4$）时,上述假设与实际情况基本吻合。据此,可对连续操作管式反应器进行设计计算。

（2）物料衡算　由于连续操作,反应器内流体的流动处于稳定状态,如图 2-16 所示,没有反应物积累。由于沿流体流动方向物料的浓度、温度和反应速率不断地变化,而垂直于流体流动方向上任一截面处各点的浓度、反应速率都不随时间变化,因此,对反应物 A 作物料衡算:

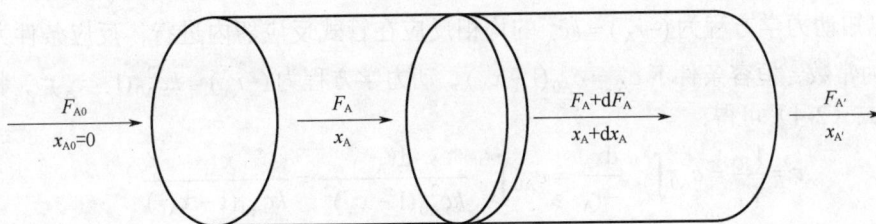

图 2-16　连续管式反应器物料衡算示意图

$$\begin{bmatrix} 微元时间内 \\ 进入微元体积 \\ 的反应物量 \end{bmatrix} = \begin{bmatrix} 微元时间内 \\ 离开微元体积 \\ 的反应物量 \end{bmatrix} + \begin{bmatrix} 微元时间微元 \\ 体积内转化掉 \\ 的反应物量 \end{bmatrix} + \begin{bmatrix} 微元时间 \\ 微元体积内 \\ 反应物的累积量 \end{bmatrix}$$

$$F_A\Delta\tau \qquad (F_A+dF_A)\Delta\tau \qquad (-r_A)\Delta\tau dV_R \qquad 0$$

即 $\qquad dF_A+(-r_A)dV_R=0$ （2-1）

因为 $\qquad F_A=F_{A0}(1-x_A)$

则
$$dF_A = -F_{A0}dx_A$$

将上式代入物料衡算式（2-1），得

$$(-r_A)dV_R = F_{A0}dx_A \qquad (2-2)$$

式中　F_{A0}——反应组分 A 进入反应器的流量，kmol/h；

　　　F_A——反应组分 A 进入微元体积的流量，kmol/h。

式（2-2）即为连续操作管式反应器的基础计算方程式。对其积分，可用来求取反应器的有效体积和物料在反应器中的停留时间：

$$V_R = F_{A0}\int_{x_{A0}}^{x_{Af}} \frac{dx_A}{-r_A} \qquad (2-3)$$

因为 $F_{A0} = c_{A0}V_0$，则式（2-3）又可写成 $V_R = c_{A0}V_0\int_{x_{A0}}^{x_{Af}} \frac{dx_A}{-r_A}$

得
$$\tau = \frac{V_R}{V_0} = c_{A0}\int_{x_{A0}}^{x_{Af}} \frac{dx_A}{-r_A} \qquad (2-4)$$

式中　τ——物料在连续操作管式反应器中的停留时间，h；

　　　V_0——物料进口处体积流量，m³/h。

应当注意，由于反应过程中物料的密度可能发生变化，体积流量也将随之变化，则只有在恒容过程，称 τ 为物料在反应器中的停留时间才是准确的。

2. 反应器设计实例

（1）恒温恒容管式反应器设计　连续操作管式反应器在恒温恒容过程操作时，可结合恒温恒容条件，计算出达到一定转化率所需要的反应体积或物料在反应器中的停留时间。

① 已知动力学方程为 $(-r_A) = kc_A$ 的均相反应在管式反应器内进行，反应条件为恒温恒容，即 k 为常数，恒容条件下 $c_A = c_{A0}(1-x_A)$，动力学方程为 $(-r_A) = kc_{A0}(1-x_A)$，将动力学方程联列式（2-4）可得：

$$\tau = \frac{V_R}{V_0} = c_{A0}\int_{x_{A0}}^{x_{Af}} \frac{dx_A}{-r_A} = c_{A0}\int_{x_{A0}}^{x_{Af}} \frac{dx_A}{kc_{A0}(1-x_A)} = \frac{1}{k}\ln\frac{1-x_{A0}}{1-x_{Af}} \qquad (2-5)$$

② 已知动力学方程为 $(-r_A) = kc_A^2$ 的均相反应在管式反应器内进行，反应条件为恒温恒容，即 k 为常数，恒容条件下 $c_A = c_{A0}(1-x_A)$，动力学方程为 $(-r_A) = kc_{A0}^2(1-x_A)^2$，将动力学方程联列式（2-4）可得：

$$\tau = \frac{V_R}{V_0} = c_{A0}\int_{x_{A0}}^{x_{Af}} \frac{dx_A}{-r_A} = c_{A0}\int_{x_{A0}}^{x_{Af}} \frac{dx_A}{kc_{A0}^2(1-x_A)^2} = \frac{x_{Af}}{kc_{A0}(1-x_{Af})} \qquad (2-6)$$

（2）恒温变容管式反应器设计　在反应过程中，因反应温度变化，会发生物料密度的改变，或物料的分子总数改变，导致物料的体积发生变化。通常情况下，液相反应可近似作恒容过程处理，但当反应过程密度变化较大而又要求准确计算时，就要把容积变化考虑进去。对于气相总分子数变化的反应，容积的变化更应考虑。由它引起的容积、浓度等的变化，可用下述诸式表示：

$$V_t = V_0(1 + y_{A0}\varepsilon_A x_A), \quad F_t = F_0(1 + y_{A0}\varepsilon_A x_A)$$

$$c_A = c_{A0}\frac{1-x_A}{1+y_{A0}\varepsilon_A x_A}, \quad (-r_A) = -\frac{1}{V}\frac{dn_A}{d\tau} = \frac{c_{A0}}{1+y_{A0}\varepsilon_A x_A}\frac{dx_A}{d\tau}$$

式中，ε_A 为膨胀因子（膨胀因子是指在反应过程中，物质体积或容积发生变化时，所对应的相对变化率）。膨胀因子可以用来衡量反应过程中物质的膨胀程度；F_t 为反应系统在操作压力为 p、温度为 T、反应物的转化率为 x_A 时物料的总摩尔流量；V_t 为体系在 t 时刻的体积；y_{A0} 为 A 组分在起始时刻的摩尔分数；n_A 为 A 组分在 t 时刻的物质的量。

将以上关系代入反应器基础设计式（2-3）中，可以求得恒温变容过程管式反应器有效体积。

① 已知动力学方程为 $(-r_A) = kc_A$ 的均相反应在管式反应器内进行，反应条件为恒温变容，即 k 为常数，恒温变容条件下

$$c_A = c_{A0} \frac{1 - x_A}{1 + y_{A0}\varepsilon_A x_A}$$

动力学方程为

$$(-r_A) = kc_{A0} \frac{1 - x_A}{1 + y_{A0}\varepsilon_A x_A}$$

将动力学方程联列式（2-4）可得：

$$\tau = \frac{V_R}{V_0} = c_{A0} \int_{x_{A0}}^{x_{Af}} \frac{dx_A}{-r_A} = c_{A0} \int_{x_{A0}}^{x_{Af}} \frac{dx_A}{kc_{A0} \frac{1 - x_A}{1 + y_{A0}\varepsilon_A x_A}} = \frac{1}{k} \int_{x_{A0}}^{x_{Af}} \frac{dx_A}{\frac{1 - x_A}{1 + y_{A0}\varepsilon_A x_A}} \tag{2-7}$$

$$= \frac{-(1 + \varepsilon_A y_{A0})\ln(1 - x_A) - \varepsilon_A y_{A0} x_A}{kc_{A0}}$$

② 已知动力学方程为 $(-r_A) = kc_A^2$ 的均相反应在管式反应器内进行，反应条件为恒温变容，即 k 为常数，恒温变容条件下

$$c_A = c_{A0} \frac{1 - x_A}{1 + y_{A0}\varepsilon_A x_A}$$

动力学方程为

$$(-r_A) = kc_{A0}^2 \left(\frac{1 - x_A}{1 + y_{A0}\varepsilon_A x_A} \right)^2$$

将动力学方程联列式（2-4）可得：

$$\tau = \frac{V_R}{V_0} = c_{A0} \int_{x_{A0}}^{x_{Af}} \frac{dx_A}{-r_A} = c_{A0} \int_{x_{A0}}^{x_{Af}} \frac{dx_A}{kc_{A0}^2 \left(\frac{1 - x_A}{1 + y_{A0}\varepsilon_A x_A} \right)^2}$$

$$= \frac{1}{kc_{A0}^2} \left[2\varepsilon_A y_{A0}(1 + \varepsilon_A y_{A0})\ln(1 - x_A) + \varepsilon_A^2 y_{A0}^2 x_A + (1 + \varepsilon_A y_{A0})^2 \frac{x_A}{1 - x_A} \right]$$

【例题 2-1】氢气（A）和碘蒸气（B）反应可以生成碘化氢（P），该反应方程式为：$A + B \longrightarrow P$。该反应为二级反应。物料在连续操作管式反应器中的初始流量为 360m³/h，氢气与碘蒸气均为 0.8kmol/m³，其余惰性物料浓度为 2.4kmol/m³，反应速率常数 k 为 8m³/（kmol·min），要求氢气的出口转化率为 90%，求反应器的有效体积。

解：该反应为二级反应，反应物有 2 个，但其初始浓度相同，反应计量数为 1∶1，因此动力学方程可表示为：$(-r_A) = kc_A^2$。

将其代入连续管式反应器计算式中

$$V_R = c_{A0}V_0 \int_0^{x_{Af}} \frac{dx_A}{kc_A^2}$$ [1]

其中

$$c_A = c_{A0} \frac{1-x_A}{1+y_{A0}\varepsilon_A x_A}$$ [2]

将式[2]代入式[1]，并进行积分得：

$$\frac{V_R}{V_0} = \frac{1}{kc_{A0}^2}\left[2\varepsilon_A y_{A0}(1+\varepsilon_A y_{A0})\ln(1-x_A) + \varepsilon_A^2 y_{A0}^2 x_A + (1+\varepsilon_A y_{A0})^2 \frac{x_A}{1-x_A}\right]$$

上式中，

$$\varepsilon_A = \frac{1-2}{1} = -1 \quad y_{A0} = \frac{0.8}{0.8 \times 2 + 2.4} = 0.2$$

得：

$$V_R = \frac{360}{8 \times 60 \times 0.8^2}[2 \times (-1) \times 0.2 \times (1-1 \times 0.2)\ln(1-0.9)$$

$$+(-1)^2 \times 0.2^2 \times 0.9 + (1-1 \times 0.2)^2 \times \frac{0.9}{1-0.9}] = 7.66(m^3)$$

🔑 任务拓展

▸▸ 新设备

实用新型专利：一种高剪切混合的管式反应器

专利摘要：本发明为一种高剪切混合的管式反应器（如图 2-17），包括反应管和混合机构。反应管的夹层中设置有螺旋结构的导热通道，且导热通道的上下两端分别设置有对接盘，对接盘的顶部通过密封垫和紧固件安装有封盖，对接盘的两侧固定有加料管。

专利创新：①本发明将待混合反应的原料导入反应管内，并启动混合机构，带动三组剪切组件逆时针旋转，三组剪切组件在转动时可以带动上下错位分布的转盘通过横向剪切槽快速拉扯原料，同时，旋转的转盘通过斜向剪切条可带动管式反应器底部的原料连续向上甩动剪切，使得物料通过三组错位分布的剪切组件实现水平拉扯剪切和连续向上甩动剪切组合的高效剪切混合。②当弧形板甩动旋转时，弧形板会通过内壁上等距分布的翅板对混合原料向内聚拢，由于混合机构带动剪切组件将原料由反应管的中心向外围搅拌，通过弧形板和翅板

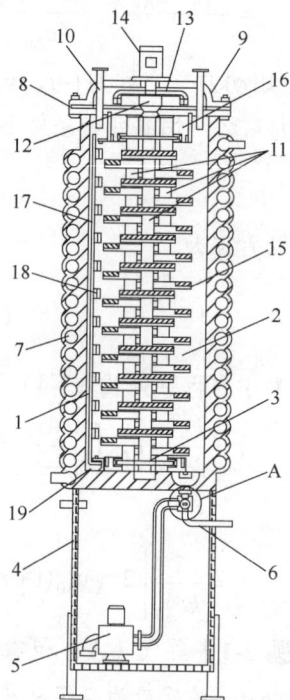

图 2-17 高剪切混合管式反应器

1—反应管；2—混合机构；3—链轮；4—储液罐；5—抽水泵；6—排料管；7—导热通道；8—对接盘；9—封盖；10—加料管；11—旋转轴；12—齿轮；13—齿盘；14—电动机；15—剪切组件；16—环齿条；17—弧形板；18—翅板；19—刮板

的作用可以推动原料向反应管的中心聚拢，从而可在水平方向使反应管外围与中心的原料产生相互冲击。③当物料排出时，通过储液罐内的水可以对排出时的混合物料进行降温，从而减少收集的物料冷却的时间。④当需要清洁反应管的内壁时，通过切换电机正转带动转换座内的密封塞顺时针旋转90°，使得出料通道的底部开口与转换座的横向开口连通，此时，启动抽水泵，将水逆向泵入反应管内，在混合机构的运转辅助作用下，可以对反应管内壁及其他旋转部件进行清洗。

? 任务检测

一、填空题

1. 化工生产中，连续操作的长径比较大的管式反应器可以近似看成是理想置换流动反应器。它既适用于_____反应，又适用于_____反应。

2. 管式反应器当用于液相反应和反应前后无物质的量变化的气相反应时，可视为_____过程；当用于反应前后有物质的量变化的气相反应时，为_____过程。

3. 如果在反应过程中利用适当的调节手段使温度基本维持不变，则为_____过程，否则即为_____过程。

4. 管式反应器内的非恒温操作可分为_____和_____式两种。

5. 如果反应过程放热，则放出的热量将使反应后物料的温度_____。如反应吸热，则随反应的进行，物料的温度逐渐_____。

6. 在反应进行过程中系统与外界不发生热量交换的反应器称为_____。

二、选择题

1. 连续操作时，反应器内流体的流动处于稳定状态，（　　）反应物积累。

A. 没有　　　　　　B. 有　　　　　　　C. 不确定

2. 进行一个特定的化学反应，不同类型的反应器主要从两个方面进行比较：生产能力和（　　）。

A. 反应的选择性

B. 反应的复杂性

C. 反应器的操作方式

D. 反应器的结构

3. 同一反应，相同操作条件下，在理想连续釜式反应器内，由于反应物浓度较理想管式流动反应器内平均浓度低，故反应速率较小，为完成相同的产量，所需反应器体积（　　）。

A. 较小　　　　　B. 相同　　　　　C. 较大　　　　　D. 不确定

4. 连续操作管式反应器具有以下特点，说法正确的是（　　）。

A. 在正常情况下，它是连续定态操作，故在反应器的各处截面上过程参数随时间而变化

B. 反应器内浓度、温度等参数随轴向位置变化，故反应速率随轴向位置变化

C. 由于径向具有严格均匀的速度分布，也就是在径向存在浓度分布

D. 反应器内存在严重的返混

三、判断题

1. 当用于液相反应和反应前后无物质的量变化的气相反应时，可视为恒容过程。

（　　）

2. 反应过程中利用适当的调节手段使温度基本维持不变，则为恒温过程。　　（　　）

3. 连续操作管式反应器在正常情况下，是连续定态操作，故在反应器的各处截面上过程参数不随时间而变化。　　（　　）

4. 连续操作管式反应器内浓度、温度等参数随轴向位置变化，故反应速率随轴向位置变化。　　（　　）

5. 连续操作管式反应器由于径向具有严格均匀的速度分布，也就是在径向不存在浓度分布。　　（　　）

6. 对于简单反应进行工艺优化时，不仅存在选择性问题，还需进行生产能力的比较。

（　　）

7. 对于复杂反应进行工艺优化时，不需要考虑反应器的大小，只要考虑反应的选择性。

（　　）

8. 反应级数越低，容积效率越低；转化率越高，容积效率越低。故反应级数较高，转化率要求较高时，以选用管式流动反应器为宜。　　（　　）

9. 对于平行反应而言，提高反应物浓度有利于反应级数高的反应进行，降低反应物浓度有利于级数低的反应。　　（　　）

10. 设备生产能力，指反应器单位体积单位时间内生成产物的数量；成品的质量指标有纯度百分率、杂质含量等。　　（　　）

四、简答题

1. 衡量反应装置技术经济效果的主要指标是什么？

2. 简述连续操作管式反应器的特点。

📚 任务 3

管式反应器运行及事故处理

🖊 任务描述

通过烃类热裂解生产乙烯装置仿真操作，熟练掌握管式裂解炉参数控制方法，并根据所学理论知识分析温度、压力、原料流速等工艺参数对裂解过程的影响；能根据参数变化进行故障原因分析，并能熟练进行裂解装置故障处理操作。

✈ 任务驱动

1. 裂解装置主要控制参数是什么？如何控制？

2. 如何通过参数变化判断发生何种类型故障？

3. 裂解装置存在哪些潜在危险因素？

任务内容

```
                              管式反应器运行及事故处理
                    ┌──────────────────┴──────────────────────┐
              管式反应器仿真操作                         危险化工工艺——聚合工艺
      ┌──────────┼──────────────┐              ┌──────────┴──────────┐
    工艺简介      冷态开车      正常停车      工艺危险性        工艺安全技术
                              事故处理        分析              分析
  ┌────┬────┐  ┌──┬──┬──┬──┬──┬──┐        ┌──────┴──────┐
工艺流程 主要设备 引风机 开车 燃料气 升温和裂 高压蒸汽 裂解炉工艺  燃爆危险性   中毒危险性
                 开车  升温 系统投入 解炉投用 系统投用 物流投料   分析         分析
      ┌──┬──┬──┐
    引风机 蒸汽 线性 裂解炉
         汽包 急冷器
```

原理：管式裂解炉进行烃类热裂解装置，裂解原料经管式裂解炉在高温820~860℃下反应，生成氢气、甲烷、乙烯、丙烯等各种组分的裂解气

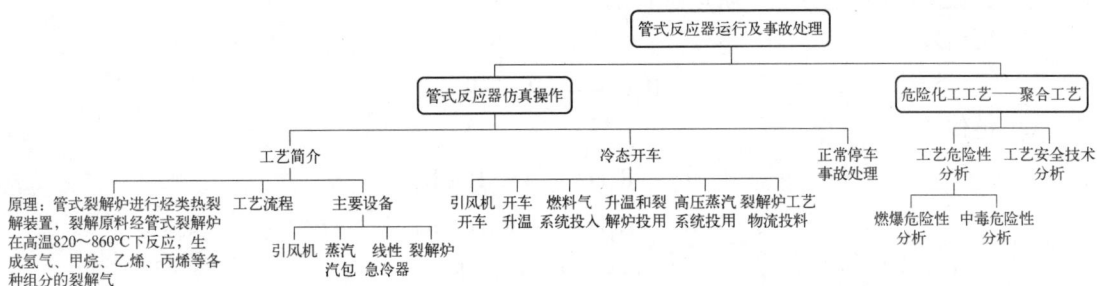

一、管式反应器仿真操作

1. 工艺简介

（1）工艺原理 本仿真系统是采用管式裂解炉进行烃类热裂解的装置。裂解原料为常压柴油（AGO）、原油瓦斯油（HGO）、石脑油（NAP）、C5、C2/C3 等，经管式裂解炉在高温820~860℃下反应，生成氢气、甲烷、乙烯、丙烯等各种组分的裂解气。

烃类热裂解的过程非常复杂。它分为一次反应和二次反应。

一次反应是指由原料烃类经裂解生成乙烯和丙烯的反应。二次反应主要是指一次反应生成的乙烯、丙烯等低级烯烃进一步发生反应生成多种产物，甚至最后结焦或生炭的反应。

烃类热裂解的一次反应主要是发生脱氢和断链反应。

脱氢反应是 C—H 键断裂的反应，生成烯烃和氢气。如：

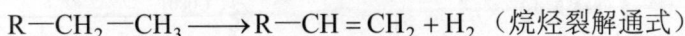

$$R—CH_2—CH_3 \longrightarrow R—CH = CH_2 + H_2 \ （烷烃裂解通式）$$

断链反应是 C—C 键断裂的反应，反应产物是碳原子数少的烷烃和烯烃。

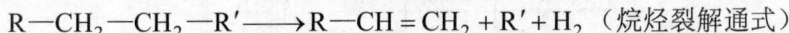

$$R—CH_2—CH_2—R' \longrightarrow R—CH = CH_2 + R' + H_2 \ （烷烃裂解通式）$$

脱氢和断链都是吸热反应，所以裂解时必须供给大量的热。在相同的裂解温度下，脱氢比断链所需的热量大，要加快脱氢反应必须采取更高温度。

环烷烃、芳香烃、烯烃等也均可发生一次反应（断链和脱氢），但均有各自不同的特点。这里不再赘述。

烃类热裂解过程的二次反应比一次反应复杂，原料烃经一次反应后生成了氢气，甲烷和一些低分子量的烯烃，如乙烯、丙烯、丁烯、异丁烯、戊烯等。在裂解温度下，氢气及甲烷很稳定，而烯烃可继续反应，因此会发生二次反应，主要的二次反应有：①反应生成的较大分子烯烃可以继续裂解生成乙烯、丙烯等小分子烯烃或二烯烃；②烯烃能够发生聚合、环化、缩合，最后直至转化成焦；③烯烃加氢和脱氢；④烃类分解生炭。

总之，在二次反应中除了较大分子的烯烃裂解能够增产乙烯外，其余的反应都要消耗乙烯，降低乙烯收率。尤其是结焦和生炭反应，只要有结焦和生炭的条件，就能在设备表面形成固体结焦层，给正常操作带来不利影响。因此，在裂解炉的设计过程中，均采用高温、短停留时间、低烃分压和快速急冷为设计条件，以保证目的产品的收率。

烃类热裂解过程甚为复杂，据研究认为烃类热裂解属于自由基型连锁反应。下面介绍自

由基反应机理。

在高温下，C—C 键发生断链，形成非常活泼的反应基团——自由基，它很容易与其他自由基分子发生反应，现以轻柴油中的链烷烃为例说明如下。

自由基连锁反应是分三个阶段进行的。

① 链引发

$$R_1H \longrightarrow R_2 \cdot + R_3 \cdot$$

② 链传递

$$R_2 \cdot + R_1H \longrightarrow R_2H + R_1 \cdot$$

$$R_3 \cdot + R_1H \longrightarrow R_3H + R_1 \cdot$$

$$R_1 \cdot \longrightarrow C_nH_{2n} + R_4 \cdot$$

③ 链终止

$$R_1 \cdot + R_4 \cdot \longrightarrow 生成物$$

首先，原料烃 R_1H 的 C—C 链在高温下断链生成两个游离自由基 $R_2 \cdot$ 和 $R_3 \cdot$，然后 $R_2 \cdot$ 和 $R_3 \cdot$ 与原料烃反应脱氢生成游离基 $R_1 \cdot$，由于 $R_1 \cdot$ 对热不稳定，所以 $R_1 \cdot$ 可分解成烯烃 C_nH_{2n} 和游离基 $R_4 \cdot$，最后 $R_4 \cdot$ 和 $R_1 \cdot$ 反应生成稳定的生成物。

因此，在高温条件下，各种烃类在这种机理的作用下，不断反应生成各种复杂产物，而在合理时间控制下，可得到最佳目的产物。

（2）工艺流程　裂解工艺是指只通过高热能将一种物质（一般为高分子化合物）转变为一种或几种物质（一般为低分子化合物）的化学变化过程。本工艺裂解炉系统和蒸汽发生系统如图 2-18 和图 2-19 所示。

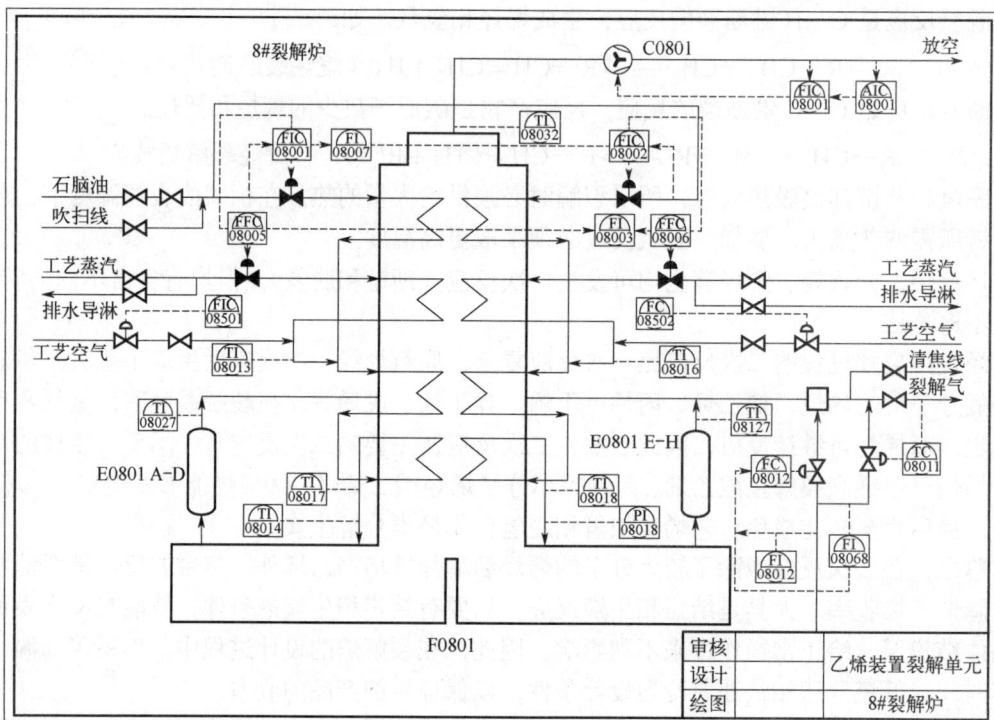

图 2-18　裂解工艺流程——裂解炉系统

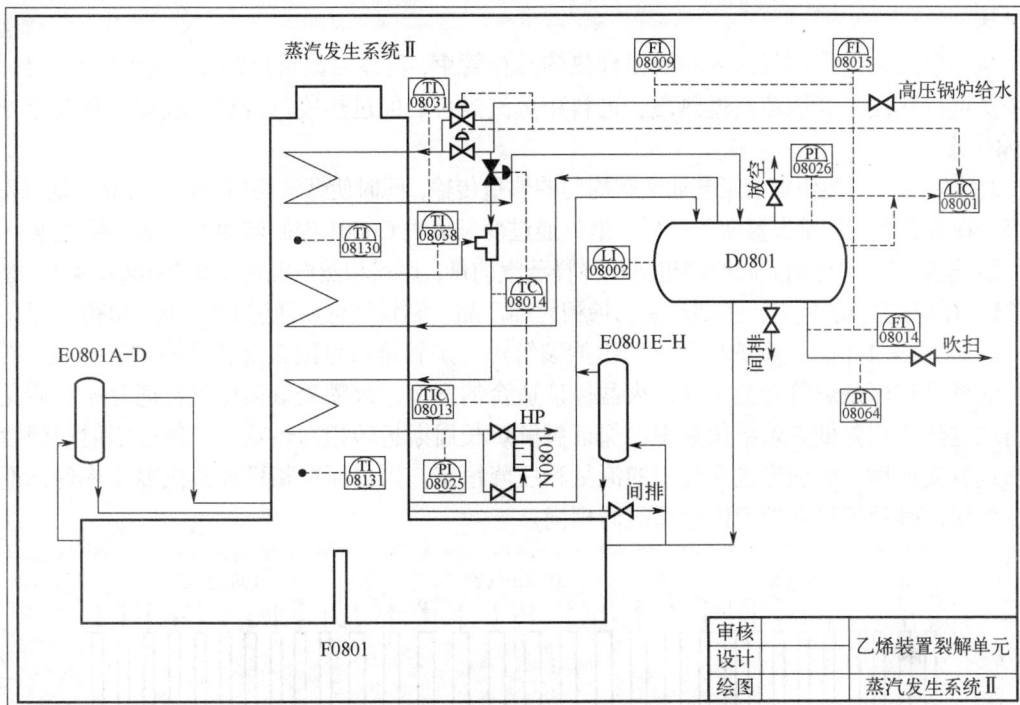

图 2-19　裂解工艺流程——蒸汽发生系统

裂解炉工段将进料（石脑油或其他原料）送进裂解炉，利用裂解炉系统高温、短停留时间、低烃分压的操作条件，将裂解进料生成富含乙烯、丙烯和丁二烯的裂解气，再送至急冷系统冷却分离。

来自罐区、分离工段的燃料气，送入裂解炉作为裂解炉的燃料气，为裂解炉高温裂解提供热量。

裂解炉废热锅炉系统回收裂解气的热量，用来产生超高压蒸汽作为裂解气压缩机等机泵的动力。

来自脱砷和原料预热单元的石脑油（73℃）在裂解炉 F0801 的对流段原料预热器预热至187～191℃后，与在对流段过热至 327～341℃的稀释蒸汽混合，使裂解原料全部气化，混合物的温度为 183～200℃，然后经高温对流段Ⅰ和Ⅱ进一步加热到 574～607℃，再通过横跨管，进入辐射室进行裂解，裂解温度为 850～876℃。从辐射段出来的裂解气（850～876℃），用一组线性急冷换热器 E0801A～H 冷却，使温度降为 387～481℃，再用喷注急冷油的方法使裂解气温度进一步降低到 230℃，进入油/水急冷塔。

裂解炉 F0801 由两个辐射室和一个对流段及八个线性废锅（LQE）组成，在辐射段炉管内发生裂解反应，主要生成乙烯和丙烯，对流段用于加热原料，稀释蒸汽、锅炉给水和高压蒸汽，急冷器主要是抑制裂解气二次反应，废锅（LQE）产生高压蒸汽进入汽包 D0801。

① 对流段。进入辐射段之前，完全气化的原料和蒸汽混合物在高温对流段（HTC）管束内进一步过热。工艺物料离开对流段进入集合管，通过文丘里均匀分配进入辐射炉管。

锅炉给水经过对流段翅片管预热后进入汽包 D0801，汽包内的水通过热虹吸方式进入急冷器，冷却工艺物料同时产生高压蒸汽，高压蒸汽收集到汽包中，汽包中的高压蒸汽在对流段过热。

从辐射段来的热烟气送入对流段预热的几排管束，具体为原料预热段、锅炉给水预热段、稀释蒸汽过热段、高压蒸汽过热段、进料和蒸汽混合后的过热段。可获得较高的热效率（大于94%）。

对流段的设计能使每个工艺通道有均匀的热量传输，同时使烟气均匀流通。为避免烟气发生沟流，在对流段的侧壁设置烟气挡板。烟气通过变频风机 C0801 控制转速以控制炉膛负压。

② 辐射段。通过调节阀控制进料和稀释蒸汽的量，原料和蒸汽混合物在 PyroCrack 1-1 型裂解炉辐射段发生裂解反应，主要产生乙烯和丙烯产品。燃料气总量通过 FI08010/FI08011 显示。

PyroCrack 1-1 型裂解炉是顶进顶出的裂解炉，炉管排布见图 2-20，所有炉管排成一排，炉管这样排布保证炉管受热相同，火盆保证适合的宽度，火嘴数量和位置合理分布，避免炉管出现过热点和降低炉管结焦速率，保证裂解炉长周期运转和高热效率。每根辐射段炉管入口都设有文丘里，保证经过文丘里的流量和压降恒定，入口原料和稀释蒸汽混合均匀，而且温度相同，确保物料在炉管内停留时间相同。

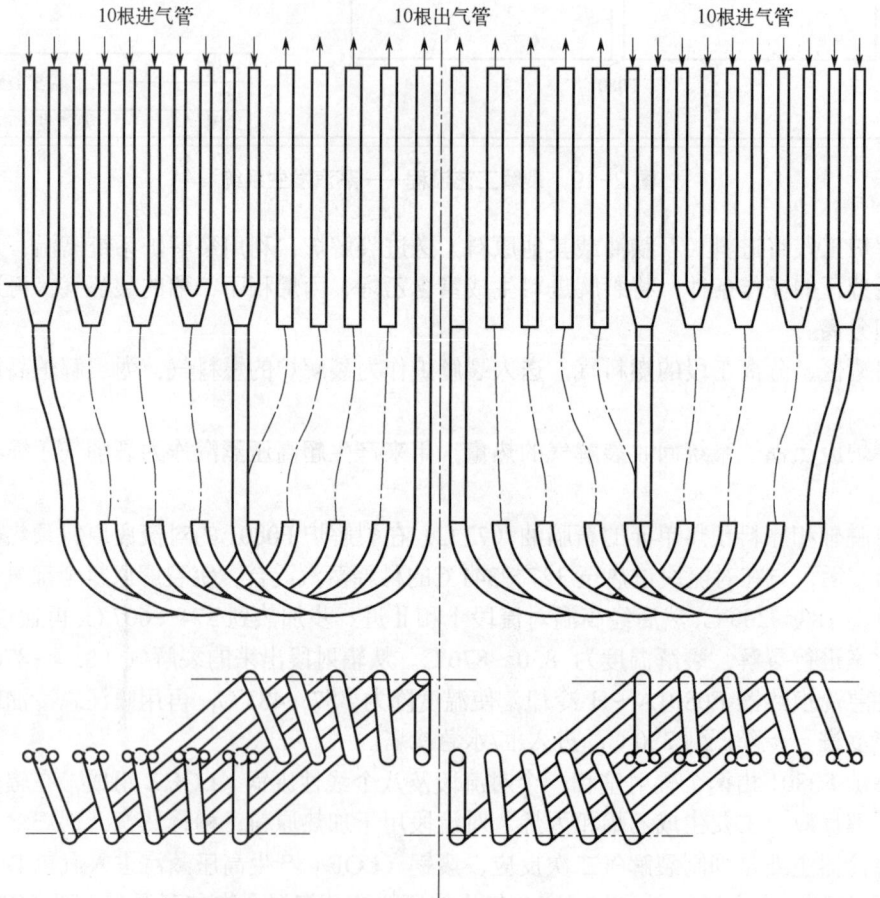

图 2-20 裂解炉——辐射段

③ 急冷换热器。每台裂解炉有 80 根炉管，每 10 根双程炉管对应一个线性急冷器，每台裂解炉 8 组线性急冷器。裂解气离开辐射段进入线性急冷器 E0801A～H 中被锅炉给水迅速

冷却，锅炉给水在汽包和急冷锅炉（TLE）内靠自然对流的方式循环，出口温度由TI08081～TI08088显示。裂解气离开TLE汇集到2个裂解气线，裂解气温度TI08027/TI08127和上游裂解气压力PI08027在控制室显示和报警。急冷油通过FIC08012控制流量喷入急冷器，裂解气温度TIC08011被控制在230℃。

④ 高压蒸汽系统。从脱盐水站来的锅炉给水（117℃）在对流段锅炉给水省煤器内加热到221～238℃后进入汽包D0801，其液位由LIC08001A/B控制，由FI08009显示流量，出口温度由TI08031指示，少量BFW通过FI08014下游排污阀控制排放。

汽包内的锅炉给水通过虹吸原理进入线性急冷锅炉E0801A～H冷却裂解气，同时产生高压蒸汽（328℃、11.49MPa）返回汽包，汽包内的高压蒸汽经对流段高压蒸汽过热段Ⅰ和Ⅱ进一步加热到520℃后进入高压蒸汽管网，供裂解气压缩机透平使用。

⑤ 燃烧系统。燃料在辐射炉膛内燃烧，为裂解反应提供热量。总热量由48个底部火嘴和96个侧壁火嘴提供，每个底部火嘴配备一个长明灯。为保证炉管出口温度（COT）相同，采用多重燃烧控制。

在每组炉管系统中，测量每根炉管的出口温度，作为燃烧控制回路的设定值，控制与该炉管系统相关的底部烧嘴燃料气压力。这一措施有效地保证了不同炉管出口温度的均衡。

每个辐射室的侧壁烧嘴由该辐射室内底部烧嘴燃料气的平均压力控制。

空气过剩量和辐射室排风的氧含量由变频控制的引风机C0801进行调节。

（3）主要设备　主要设备见表2-1。

表2-1　烃类热裂解主要设备

序号	位号	名称	说明	序号	位号	名称	说明
1	C0801	引风机	裂解炉工段	3	E0801A～H	线性急冷器	裂解炉工段
2	D0801	蒸汽汽包	裂解炉工段	4	F0801	裂解炉	裂解炉工段

（4）仿真界面

工艺仿真DCS界面及现场界面如图2-21～图2-24所示。

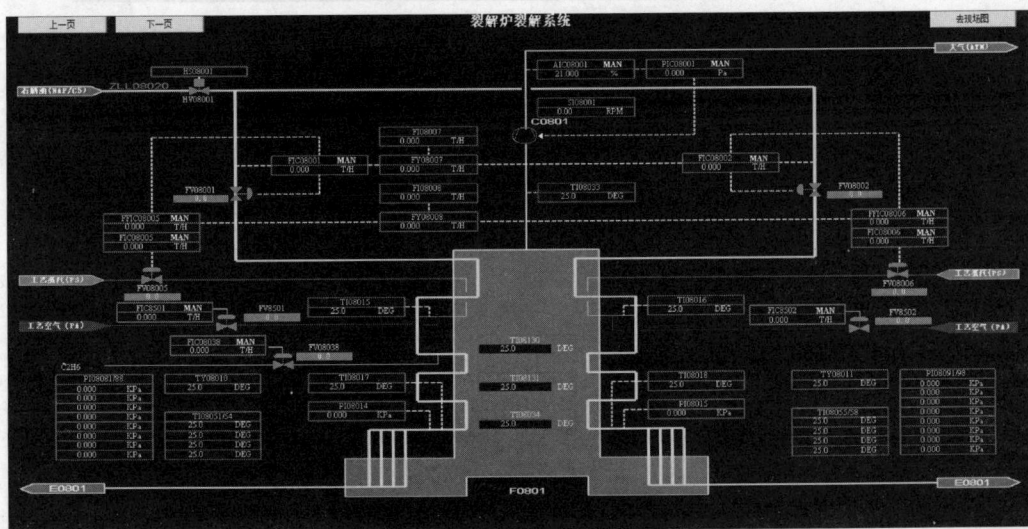

(a) DCS界面

图2-21

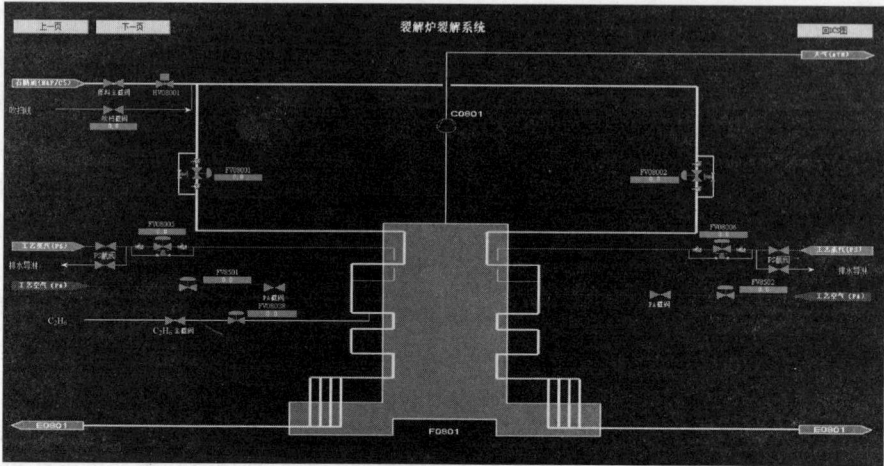

(b) 现场界面

图 2-21 裂解炉裂解系统

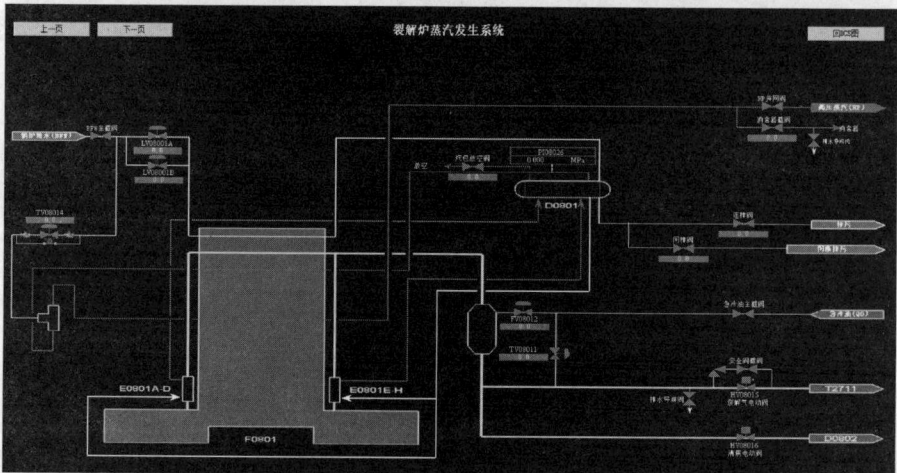

(a) DCS 界面

(b) 现场界面

图 2-22 裂解炉蒸汽发生系统

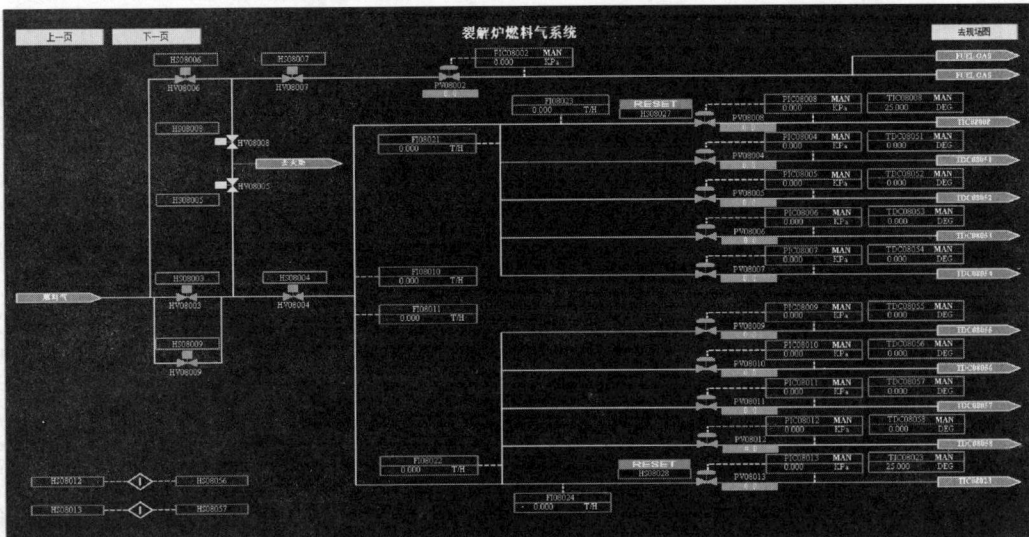

(a) DCS 界面

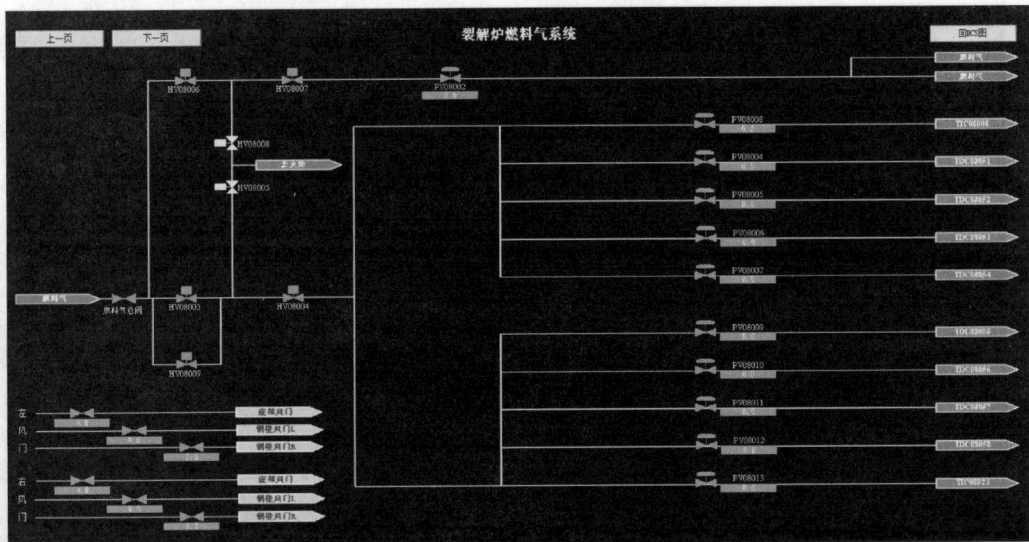

(b) 现场界面

图 2-23　裂解炉燃料气系统

（5）复杂控制说明

① 比例控制：

a. FIC08001 与 FIC08005。8#炉的进料流量 FIC08001 与 FIC08005 可采用比例控制，FIC08001 采用自动控制并输入比例值，FIC08005 采用串级控制。

b. FIC08002 与 FIC08006。8#炉的进料流量 FIC08002 与 FIC08006 可采用比例控制，FIC08002 采用自动控制并输入比例值，FIC08006 采用串级控制。

② 串级控制：

a. AIC08001 与 PIC08001。AIC08001 为主控，PIC08001 为副控，控制 8#裂解炉烟道出口处压力。

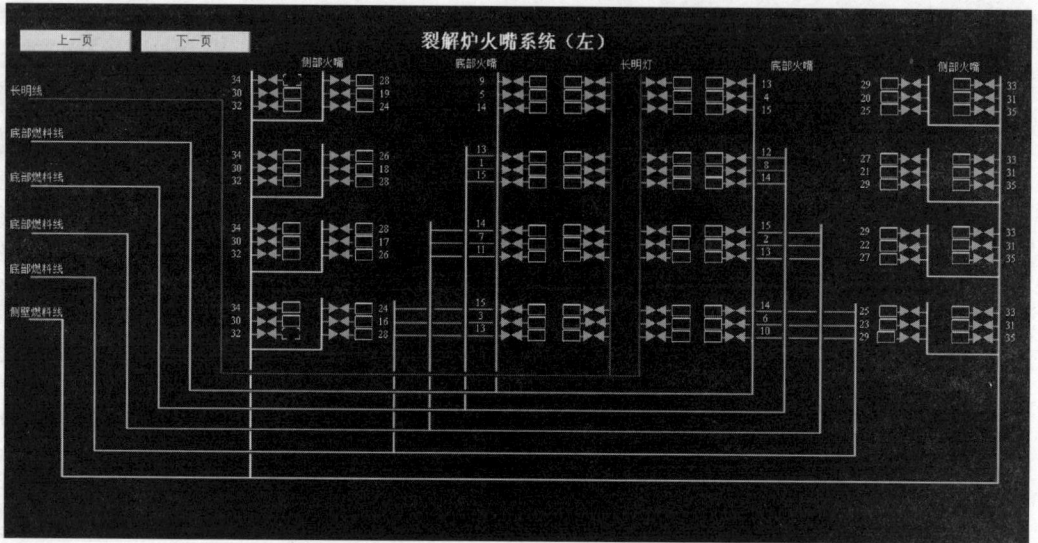

(a)

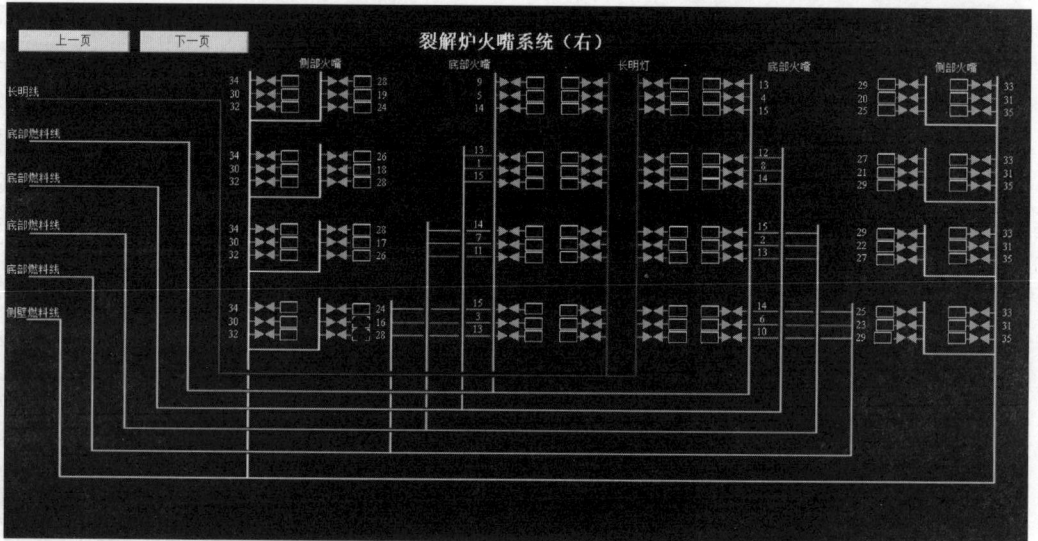

(b)

图 2-24　裂解炉火嘴系统界面

b. TIC08013 与 TIC08014。TIC08014 为主控，TIC08013 为副控，控制 D0801 高压蒸汽出口温度。

2. 冷态开车

（1）引风机开车　微开风门，启动引风机 C0801，通过 PIC08001 调节负压在 50～100Pa。

（2）开车升温程序

① 冷态开车到蒸汽开车阶段。

步骤 1：加热。

烃进料　　　　　　　　　　　　　　　　　0kg/h

工艺蒸汽	0kg/h
横跨温度	环境温度→250℃
持续时间	5h
总时间	5h

步骤2：蒸汽冷却。

烃进料	0kg/h
工艺蒸汽	0kg/h→6000kg/h
横跨温度	250℃
持续时间	1h
总时间	6h

步骤3：增加工艺蒸汽到蒸汽开车状态。

烃进料	0kg/h（每台炉）
工艺蒸汽	6000kg/h→21000 kg/h
辐射炉管出口温度（COT）	250℃→750℃
最大升温速度	50℃/h
持续时间	10h
总时间	16h

② 炉出口升温至烃准备进料阶段。

烃进料	0kg/h
工艺蒸汽	21000kg/h→30000 kg/h
辐射炉管出口温度（COT）	750℃→800℃
持续时间	2h
总时间	18h

③ 烃进料及正常调节阶段。

步骤1：根据设计调节100%投石脑油流量和工艺蒸汽/烃比值。

烃进料	0kg/h→54430 kg/h
工艺蒸汽	30000kg/h→27215kg/h
辐射炉管出口温度（COT）	800℃→820℃
持续时间	2h
总时间	20h

步骤2：根据设计调节至正常操作条件。

烃进料	54430kg/h
工艺蒸汽	27215kg/h
辐射炉管出口温度（COT）	820℃→856℃
最大升温速度	2℃/h
持续时间	18h
总时间	38h

（3）燃料气系统投入　如图2-25为以一个炉膛为例的燃烧器点燃顺序图（其中号码表明的是点燃顺序）。

① 长明线烧嘴点火。打开阀HV08006/007，手动控制PIC08002压力值约100kPa，点燃

长明灯。

图（燃烧器点燃顺序图）：

北侧燃烧器
32 30 34 32 30 34 32 30 34 32 30 34
28 16 24 26 17 28 28 18 26 24 19 28

底板燃烧器
13 3 15 | 11 7 14 | 15 1 13 | 14 5 9
盘管段 A(E) | 盘管段 B(F) | 盘管段 C(G) | 盘管段 D(H)
10 6 14 | 13 2 15 | 14 8 12 | 15 4 13

南侧燃烧器
29 23 25 27 22 29 29 21 27 25 20 29
35 31 33 35 33 35 31 33 35 31 33

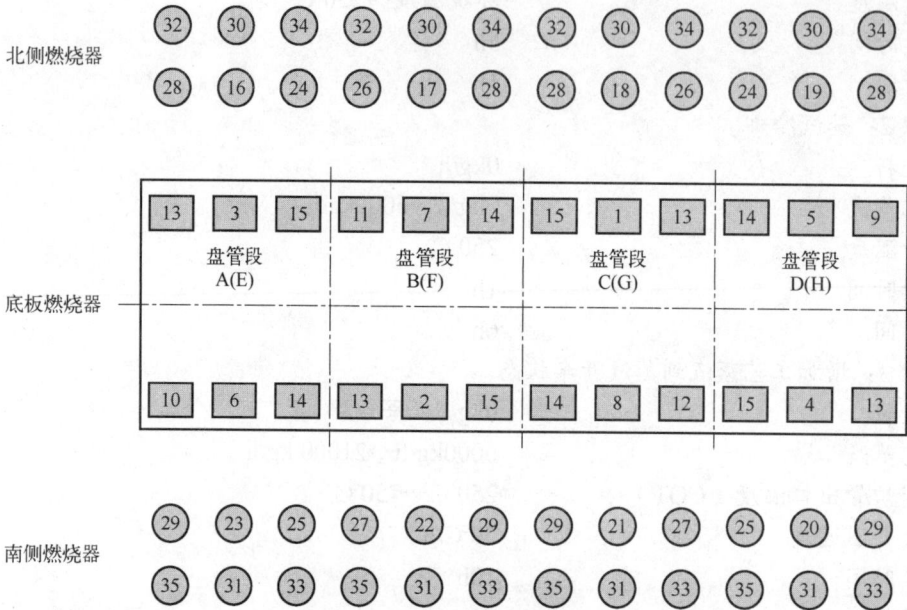

图 2-25　燃烧器点燃顺序图

② 底部烧嘴点火。打开 HV08003/004，手动控制 PIC08004～007 和 PIC08009～012 压力值约为 100kPa，点燃底部火嘴。

③ 侧壁烧嘴点火。当横跨烟气温度 TI08034 超过 760℃时点燃侧壁燃烧器。

（4）升温和裂解炉投用

① 升温。裂解炉通过底部燃烧器从环境温度加热至横跨烟气温度 250℃（TI08034）。

裂解炉工段仿真
软件操作演示

② 蒸汽冷却。1h 内，由 FIC08005/006 控制工艺蒸汽量从 0 提至 6000kg/h，横跨烟气温度 TI08034 约为 250℃。TLE 出口温度 TI08027/127 小于 120℃，工艺蒸汽由清焦线排入大气，超过 120℃，将裂解炉切入 T2711。

③ 增加工艺蒸汽量到蒸汽开车。根据开车程序图，在 10h 内工艺蒸汽与辐射炉管出口温度成正比增加，炉口温度 TI08051～058 逐渐升至 750℃，蒸汽流量为 21000kg/h。

当 TI08027/127 达到 220℃时，调整急冷油注入量，将急冷油塔入口温度调至 230℃。

（5）高压蒸汽系统投用　打开汽包放空阀，打开锅炉给水主截阀 VI1D0801，通过旁路向汽包内充水，当汽包 D0801 内压力达到 4bar（1bar=0.1MPa）时，关闭放空线，打开去消音器阀门，打开间歇排污阀。汽包液位控制在 50%，当 TIC08013 达到 400℃后，TIC08014 投自动设定在 520℃，当蒸汽压力达到高压蒸汽系统的压力时，从消音器切到高压蒸汽系统。

（6）裂解炉工艺物流投料　工艺蒸汽流量从 21000kg/h 到 30000kg/h，炉出口温度从 750℃→800℃。由 FIC08001/002 把石脑油进料量从 0kg/h 提高到 54430kg/h。由 FIC08005/006 把工艺蒸汽流量从 30000kg/h 降至 27215kg/h，辐射炉管出口温度从 800℃提高到 856℃。

3. 正常停车

（1）从正常操作状态到蒸汽开车状态

步骤1：降低裂解炉出口温度。

烃进料	54430kg/h
工艺蒸汽	27215kg/h
辐射炉管出口温度（COT）	875℃→820℃
持续时间	1h

步骤2：停到蒸汽开车状态。

烃进料	54430kg/h→0kg/h（每台炉）
工艺蒸汽	21000kg/h（每台炉）
辐射炉管出口温度（COT）	750℃
时间	2 h

步骤3：从蒸汽开车到蒸汽冷却。

烃进料	0kg/h（每台炉）
工艺蒸汽	21000kg/h→6000kg/h（每台炉）
辐射炉管出口温度（COT）	750℃→250℃
持续时间	10h

步骤4：裂解炉全面停车。

烃进料	0kg/h（每台炉）
工艺蒸汽	6000kg/h→0kg/h（每台炉）
辐射炉管出口温度（COT）	250℃→环境温度
持续时间	8h

（2）蒸汽冷却系统投用　在降温阶段，当 TLE 出口温度 TI08027/127 下降到 220℃以下时，关闭注入急冷油温控阀 TIC08011 和流量控制阀 FIC08012 以及联锁。

当 TLE 出口温度达到 120℃时，裂解炉从工艺线切换到清焦线。

（3）裂解炉系统停车　当横跨段烟气温度 TI08034 低于 250℃时，裂解炉烧嘴熄灭。首先熄灭所有剩余烧嘴，然后熄灭所有长明灯，关闭主联锁阀，停用烟气风机 C0801。

（4）高压蒸汽系统停车　开阀 VI3D0801，蒸汽经消音器排至大气。随着横跨烟气温度低于 250℃时，高压蒸汽发生停止，关闭锅炉给水液位控制阀、汽包排污阀，打开放空阀放空至 0.4～0.5bar。

4. 事故处理

（1）原料中断事故

事故原因：石脑油进料中断。

事故现象：① 裂解炉温度急剧升高；
　　　　　② 油冷塔液位下降。

处理方法：

① 打开原料进料阀 FV08001，恢复进料；

② 打开原料进料阀 FV08002，恢复进料；

③ 调节进料量 FIC08001 流量在 27t/h 左右；

④ 调节进料量 FIC08002 流量在 27t/h 左右；

⑤ 调节裂解炉出口温度 TY08010 在 856℃左右；

⑥ 调节裂解炉出口温度 TY08011 在 856℃左右。

（2）锅炉给水中断事故

事故原因： ① 锅炉给水调节阀关闭；

　　　　　 ② 锅炉给水罐液位低。

事故现象： 汽包液位低。

处理方法：

① 打开锅炉给水调节阀 LV08001B；

② 打开高压蒸汽温度调节阀 TV08014；

③ 调节汽包液位在 60%左右；

④ 调节高压蒸汽温度 TIC08013 在 520℃左右。

（3）引风机故障事故

事故原因： 引风机坏。

事故现象： 引风机停。

处理方法： 停炉（停车操作）。

（4）裂解炉飞温事故

事故原因： ① 燃料量过大；

　　　　　 ② 炉膛负压高；

　　　　　 ③ 管内结焦或结垢；

　　　　　 ④ 指示不准；

　　　　　 ⑤ 气体燃料的液相喷入；

　　　　　 ⑥ 炉管破裂原料漏入炉膛。

事故现象： 炉膛温度过高。

处理方法：

① 调节燃料量（调整油、气热负荷）；

② 调整风门及烟道挡板开度；

③ 清焦或吹扫；

④ 检查仪表进行调校；

⑤ 检查燃气系统伴热，分离罐液面和蒸发系统。

（5）汽包液位低低事故

事故原因： ① 锅炉给水泵坏；

　　　　　 ② 锅炉给水控制阀堵；

　　　　　 ③ 锅炉漏液。

事故现象： 汽包液位低。

处理方法：

① 开大锅炉给水调节阀 LV08001B，给汽包补水；

② 关闭汽包连排阀 VX2D0801；

③ 调节汽包液位在 60%左右；

④ 开大裂解气出口急冷油调节阀 TV08011；

裂解炉锅炉给水
中断事故应急预
案操作演示

⑤ 调节裂解气出口去急冷温度 TIC08011 在 230℃左右。

（6）稀释蒸汽中断事故

事故原因：稀释蒸汽中断。

事故现象：① 稀释蒸汽流量减小至 0；

　　　　　② 炉膛温度升高。

处理方法：停炉。

（7）汽包液位超高事故

事故原因：① 锅炉给水调节阀开度过大；

　　　　　② 汽包连排阀堵塞。

事故现象：汽包液位高。

处理方法：

① 关小锅炉给水调节阀 LV08001B；

② 开大汽包连排阀 VX2D0801；

③ 打开汽包间排阀 VX3D0801；

④ 调节汽包液位在 60%左右；

⑤ 汽包液位恢复正常后，关闭间排阀 VX3D0801；

⑥ 调节裂解气出口去急冷温度 TIC08011 在 230℃左右；

⑦ 调节高压蒸汽温度 TIC08013 在 520℃左右。

（8）汽包压力低事故

事故原因：① 放空阀误打开；

　　　　　② 高压蒸汽去消音器阀门打开。

事故现象：汽包压力降低。

处理方法：

① 关闭汽包放空阀 VX1D0801；

② 关闭汽包去消音器截止阀 VX5D0801；

③ 控制汽包 D0801 压力在 12.48MPa 左右；

④ 通过 TV08014 控制高压蒸汽温度 TIC08013 在 520℃左右；

⑤ 调节裂解气出口去急冷温度 TIC08011 在 230℃左右。

（9）裂解气出急冷器温度高事故

事故原因：① 急冷油调节阀开度低；

　　　　　② 温度调节阀 TIC08011 没有投用。

事故现象：裂解气出急冷器温度升高。

处理方法：

① 开大急冷油调节阀 FV08012；

② 调节急冷器出口温度调节阀 TIC08011；

③ 控制入塔温度 TIC08011 为 230℃左右。

（10）TV08014 调节阀故障事故

事故原因：调节阀故障（阀卡）。

事故现象：① 锅炉水流量降低；

　　　　　② 高压蒸汽温度升高。

处理方法：

① 快速打开 TV08014 调节阀旁路 VATV08014；

② 调节高压蒸汽温度 TIC08013 在 520℃左右；

③ 关闭 TV08014 前阀 VDITV08014；

④ 关闭 TV08014 后阀 VDOTV08014；

⑤ 点击阀门故障维修，对调节阀 TV08014 进行维修；

⑥ 打开 TV08014 前阀 VDITV08014；

⑦ 打开 TV08014 后阀 VDOTV08014；

⑧ 关闭 TV08014 调节阀旁路 VATV08014。

（11）引风机晃电事故

事故原因：电网晃电。

事故现象：引风机停。

处理方法：

① 快速启动引风机 C0801；

② 调节 PIC08001，控制炉膛负压；

③ 控制炉膛负压在 -70Pa 左右；

④ 控制炉烟气含氧量在 2%左右；

⑤ 控制汽包 D0801 压力在 12.48MPa 左右；

⑥ 通过 TV08014 控制高压蒸汽温度 TIC08013 在 520℃左右；

⑦ 控制入塔温度 TIC08011 为 230℃左右；

⑧ 控制炉出口温度 TY08010 在 850℃左右；

⑨ 控制炉出口温度 TY08011 在 850℃左右。

二、危险化工工艺——裂解（裂化）工艺

1. 裂解（裂化）生产工艺简介

裂解是指石油系的烃类原料在高温条件下，发生碳链断裂或脱氢反应，生成烯烃及其他产物的过程。产品以乙烯、丙烯为主，同时副产丁烯、丁二烯等烯烃和裂解汽油、柴油、燃料油等产品。

烃类原料在裂解炉内进行高温裂解，产出组成为氢气、低/高碳烃类、芳烃类以及馏分为288℃以上的裂解燃料油的裂解气混合物。经过急冷、压缩、激冷、分馏以及干燥和加氢等方法，分离出目标产品和副产品。

在裂解过程中，同时伴随缩合、环化和脱氢等反应。由于所发生的反应很复杂，通常把反应分成一次反应和二次反应。裂解产物往往是多种组分混合物。影响裂解的基本因素主要为温度和反应的持续时间。化工生产中用热裂解的方法生产小分子烯烃、炔烃和芳香烃，如乙烯、丙烯、丁二烯、乙炔、苯和甲苯等。

2. 裂解工艺危险性分析

裂解（裂化）反应是一个高温吸热过程，所用的原料多为易燃易爆、毒性、腐蚀性物质，一旦泄漏危险性较大。

（1）固有危险性　固有危险性是指裂解（裂化）工艺中的原料、产品、中间产品等本身具有的危险有害特性。

① 火灾爆炸危险性。裂解（裂化）工艺中原料均为有机物，有不同程度火灾危险性。用于裂解的氢气为易燃气体，可与空气形成爆炸性混合物。

裂解（裂化）产品主要为易燃液体和易燃气体，这些物质沸点、闪点较低，有些在常温常压下为气态，可与空气形成爆炸性混合物。这类物质储存压力较高，受热易蒸发使容器内压力升高导致容器物理爆炸。易燃液体如汽油、柴油、苯乙烯等，汽油闪点为-50℃，沸点40～200℃，属于甲类火灾危险物质；柴油闪点为 38℃，属于乙类火灾危险物质；苯乙烯闪点 34.4℃，属于乙类火灾危险物质。

② 中毒危险性。油品多为低毒或微毒类物质。原料油如重油、常减压馏分油、渣油等，产品油如汽油、柴油等均为混合物，其成分十分复杂，如重油主要组成为碳水化合物，同时含有硫黄（0.1%～4%）及微量无机化合物；常压馏分油，包括芳香烃、脂肪烃、环烷烃以及部分含硫、氮杂质等；汽油、柴油主要为不同沸点脂肪烃、环烷烃。裂解（裂化）工艺中所涉及的芳香族化合物、脂肪烃的卤代物等具有一定毒性。

③ 腐蚀及其他危险性。裂解（裂化）工艺中涉及物质的腐蚀性差别很大，部分物料油、柴油、丙烯、乙苯、乙烯、丁烯等腐蚀性较低，部分原料油的重油、馏分油中含有腐蚀性物质，具有较强腐蚀性，而有些裂解（裂化）工艺中需加氢，在高温高压工艺条件下，氢对钢制设备有一定腐蚀性（氢脆）。

（2）工艺过程的危险性　裂解（裂化）反应是一个高温吸热过程，所用的原料多为易爆、毒性、腐蚀性物质，因此在裂解（裂化）反应过程中存在诸多不稳定因素。

① 反应过程的危险性：

a. 热裂解（裂化）：热裂解（裂化）在高温高压下进行，装置内的油品温度一般超过其自燃点，若漏出油品立即起火。热裂解过程中产生大量的裂解气，且有众多的气体分离设备，若发生气体泄漏，会形成爆炸性混合物，遇热源或明火有燃烧爆炸危险。

b. 催化裂解（裂化）：催化裂解（裂化）一般在较高温度（460～520℃）、0.1～0.2MPa下进行，火灾危险性较大，若操作不当，再生器内的空气和火焰进入裂解炉会引起恶性爆炸。U 形管上小设备和小阀门较多，易漏油着火。在催化裂化过程中，还会产生易燃的裂化气，若烧焦、活化催化剂处理不当，还可能出现易燃、有毒的一氧化碳气体。

c. 加氢裂解（裂化）：加氢裂解（裂化）大量使用氢气，而且反应温度和反应压力都较高，在高压下氢气与钢材发生反应，产生氢腐蚀，使碳钢的强度下降而硬度增大，如设备或管道更换不及时，会在高压下发生容器爆炸。加氢裂解（裂化）工艺过程中有硫化氢气体产生，当出现泄漏，可能引发中毒事故，同时工艺中产生的硫化氢对工艺设备也有腐蚀性。另外，加氢反应是强放热反应，裂解炉必须通入过量冷氢控制温度，防止设备局部过热，防止加热炉炉管烧穿或高温管线、裂解炉漏气而引起着火。

在开、停车时，惰性气体吹扫不完全，设备内有残留氢气或空气，在停、开车时都会引起火灾、爆炸事故。

② 反应安全风险评估。按要求开展反应安全风险评估的企业，应按照《精细化工反应安全风险评估导则（试行）》进行反应安全风险评估，综合反应安全风险评估结果，考虑不同的工艺危险程度建立相应的控制措施。

3. 裂解工艺安全技术分析

在化学工业生产过程中，裂解（裂化）工艺是一种常见的工艺流程，因为裂解工艺通常涉及具有高度危险性的物质，因此对于此类工艺的生产安全要求非常严格，为了保证员工和工艺的安全，要切实做好安全应急预案及其它相应安全措施。

（1）重点监控工艺参数　裂解炉进料流量；裂解炉温度；引风机电流；燃料油进料流量；稀释蒸汽比及压力；燃料油压力；滑阀差压超驰控制、主风流量控制、外取热器控制、机组控制、锅炉控制等。

（2）裂解（裂化）工艺关键设备和重点监控单元

① 裂解（裂化）工艺的关键设备是管式裂解炉。裂解炉内温度、压力、物料流量等工艺参数都需要严格控制，裂解炉需要设置压力、温度检测系统。热裂解（裂化）和加氢裂解（裂化）的裂解炉内一般压力较高，裂解炉应设紧急放空阀，泄压系统，以及压力与反应进料管线、加热炉、压缩机的联锁系统等安全设施。

② 裂解（裂化）工艺的重点监控单元为裂解炉、制冷系统、压缩机、引风机、分离单元等。

热裂解（裂化）和催化裂解（裂化）为吸热反应，需要设加热炉。加热炉加热温度与裂解炉内温度有直接关系，加热炉温度需要严格控制，具体控制方式根据加热炉加热方式采取不同手段，如：对燃料油炉可以控制燃料油进料量、进料压力、主风流量等；对电加热可以控制加热器电流、电压；对以熔盐或导热油作为热媒的，可以控制热媒的温度、流量。

对于加氢裂解（裂化），由于加氢反应为放热反应，反应开始后不需要加热即能维持反应温度，而且还需要通入过量的冷氢移出反应热，有些工艺还要使用冷媒移出反应热，所以加氢裂解炉内的温度调节主要依靠控制进料速率、裂解炉内压力、氢进料速率和冷媒流量等手段。

（3）安全控制的基本要求　裂解炉进料压力、流量控制报警与联锁；紧急裂解炉温度报警和联锁；紧急冷却系统；紧急切断系统；反应压力与压缩机转速及入口放火炬控制；再生压力的分程控制；滑阀差压与料位、温度的超驰控制；再生温度与外取热器负荷控制；外取热器汽包和锅炉汽包液位的三冲量控制；锅炉的熄火保护；机组相关控制；可燃与有毒气体检测报警装置等。

？ 任务检测

一、填空题

1. 为保证裂解工艺目的产品的质量，在裂解炉的设计过程中，均采用_____、_____、_____和_____为设计条件。

2. 烃类热裂解的过程非常复杂。它分为_____和_____。

3. 本仿真系统中，在裂解炉工段将进料（石脑油或其他原料）送进裂解炉，利用裂解炉系统高温、短停留时间、低烃分压的操作条件，将裂解进料生成富含_____、_____和_____的裂解气，再送至_____系统冷却分离。

4. 来自_____、_____工段的燃料气，送入裂解炉作为裂解炉的燃料气，为裂解炉高温裂解提供热量。

5. 裂解炉_____系统回收裂解气的热量，用来产生_____蒸汽作为裂解气压缩机等机泵的动力。

6. 裂解炉 F0801 由两个_____和一个_____及_____个线性废锅（LQE）组成，在辐射段炉管内发生_____反应，主要生成_____和_____，对流段用于_____、_____、_____和_____，急冷器主要是抑制裂解气_____，废锅（LQE）产生高压蒸汽进入汽包 D0801。

7. 燃料在辐射炉膛内燃烧，为裂解反应提供热量。总热量由_____个底部火嘴和_____个侧壁火嘴提供，每个底部火嘴配备一个_____。为保证炉管出口温度（COT）相同，采用_____控制。

二、单选题

1. 本仿真系统是采用（　　）进行烃类热裂解的装置。
A. 管式裂解炉　　　　　　　　　　B. 列管式固定床
C. 釜式反应器　　　　　　　　　　D. 塔式反应器

2. 在开车升温阶段，最终的正常操作条件中，最大的升温速度为（　　）。
A. 50℃/h　　　　　B. 20℃/h　　　　　C. 2℃/h　　　　　D. 10℃/h

3. 长明灯点燃的条件是将 PIC08002 压力调整至（　　）。
A. 300kPa　　　　　B. 100kPa　　　　　C. 200kPa　　　　　D. 150kPa

4. 正常停车时，在降温阶段，当 TLE 出口温度 TI08027/127 下降到（　　）以下时，关闭注入急冷油温控阀 TIC08011 和流量控制阀 FIC08012 以及联锁。
A. 260℃　　　　　B. 320℃　　　　　C. 300℃　　　　　D. 220℃

5. 当横跨段烟气温度 TI08034 低于（　　）时，裂解炉烧嘴熄灭。
A. 250℃　　　　　B. 220℃　　　　　C. 300℃　　　　　D. 260℃

6. 石脑油进料中断时，主要现象是裂解炉温度急剧升高，同时油冷塔液位（　　）。
A. 下降　　　　　B. 升高　　　　　C. 不变　　　　　D. 不确定

7. 处理裂解气出急冷器温度高的事故，正确步骤是（　　）。
① 调节急冷器出口温度调节阀 TIC08011；② 开大急冷油调节阀 FV08012；③ 控制入塔温度 TIC08011 为230℃左右。
A. ①②③　　　　　B. ③①②　　　　　C. ②①③　　　　　D. ②③①

8. 如生产过程中稀释蒸汽中断，则应立即（　　）。
A. 关闭蒸汽阀　　　　B. 停炉　　　　C. 开启放空阀　　　　D. 视情况而定

三、多选题

1. 导致汽包液位低的原因可能是（　　）。
A. 锅炉给水泵坏　　　　　　　　　B. 锅炉给水控制阀堵
C. 锅炉漏液　　　　　　　　　　　D. 汽包连排阀堵塞

2. 导致裂解炉飞温事故的原因可能是（　　）。
A. 燃料量过大　　　　　　　　　　B. 炉膛负压高
C. 管内结焦或结垢　　　　　　　　C. 炉管破裂原料漏入炉膛

3. 裂解（裂化）工艺中存在的固有危险因素主要有（　　）。
A. 火灾爆炸危险性　　　　　　　　B. 中毒危险性
C. 腐蚀及其他危险性　　　　　　　D. 放射性

4. 裂解（裂化）工艺需重点监控的单元主要有（　　　）。

A. 裂解炉　　　　　　　B. 制冷系统　　　　C. 压缩机　　　　　　D. 引风机

四、简答题

1. 在裂解仿真工艺中，如何控制升温速率？

2. 裂解工艺中裂解炉的正常操作指标是什么？

项目三

固定床反应器的设计与操作

项目三

学习目标

知识目标

（1）了解固定床反应器的主要应用场合；

（2）掌握固定床反应器的特点、分类及典型固定床反应器的结构；

（3）掌握固体催化剂的组成及性能指标；

（4）理解气固相反应宏观动力学步骤及本征动力学分析；

（5）理解固定床反应器内流体的传质和传热；

（6）理解固定床反应器经验设计计算方法及过程；

（7）理解固定床反应器运行中工艺参数控制的意义及方法；

（8）了解固体催化剂的制备方法及装填过程。

技能目标

（1）能够根据生产要求合理选择固定床反应器类型；

（2）能够熟练进行固定床反应器生产工艺条件的控制，独立完成工艺仿真操作；

（3）能够依据参数波动情况准确判断事故状况，并能解决事故；

（4）能够初步按照安全操作规程正确操作固定床反应器；

（5）能够熟练记录工艺参数，填写交接班记录表。

素质目标

（1）按照固定床反应器安全操作规程操作，养成良好的工作习惯，树立严于律己、认真负责的安全操作意识；

（2）准确填写交班记录表，养成注重细节、精益求精的职业素养；

（3）通过班组交接模式的训练，提升语言、文字表达能力，树立互助互利的团队合作意识；

（4）通过了解新型固定床反应器，激发学习热情。

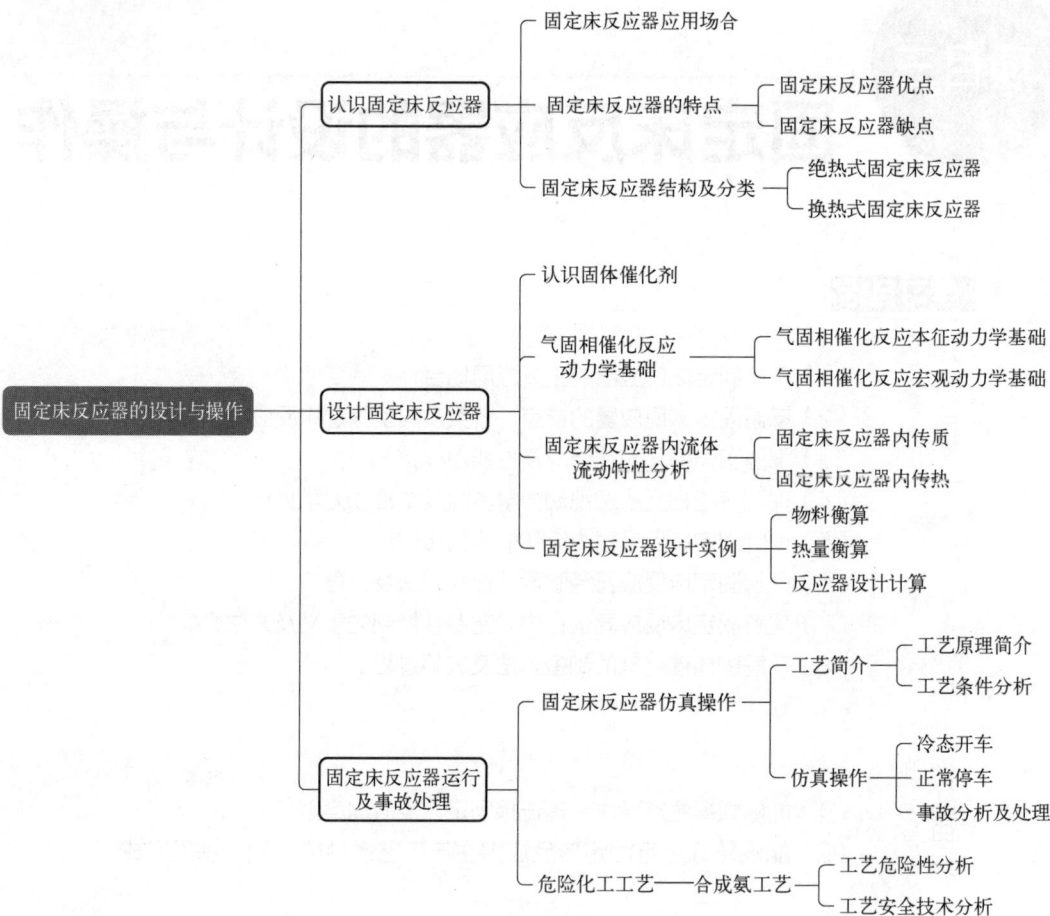

📖 **任务1**

认识固定床反应器

✎ 任务描述

依据生产实例、3D 动画、仿真操作等教学资源，认识固定床反应器的特点、结构及使用场合，能够在气固相反应器选型中做出合理的分析及判断，并能够熟练操作固定床反应器。

✈ 任务驱动

1．化学工业中最为常用的气固相反应器有固定床反应器和流化床反应器。固定床反应器除应用于气固相催化反应过程外，还有哪些应用？

2．固定床反应器应用于气固相催化反应过程中有哪些优势？

3．目前化学工业中所采用的固定床反应器在结构上有哪些改进？

✿ 任务内容

```
                        认识固定床反应器
    ┌──────────────────┬──────────────────────────┬──────────┐
应用——气固相反应          分类(依据床层是否换热)        特点

├ 固定相：固体          ├ 绝热式固定床反应器          ├ 优点
│                      │  ├ 轴向绝热式固定床反应器     │  ├ 床层内气体的流动接近于理想置换流动模型
├ 流动相：气体          │  ├ 径向绝热式固定床反应器     │  │
│  └ 气体自上而下通过     │  ├ 单段绝热式固定床反应器     │  ├ 床层内物料转化率、温度分布均可以控制
│    固体床层           │  └ 多段绝热式固定床反应器     │  │
│                      │     ├ 中间间接换热式          │  ├ 催化剂不易磨损
├ 应用1——石油化工中催化   │     └ 冷激式                │  │
│  裂化、重整、异构化等反应 │                          │  └ 适用于高温高压操作
│                      ├ 换热式固定床反应器          │
├ 应用2——煤化工中甲醇合   │  ├ 列管式固定床反应器        ├ 缺点
│  成、氨合成、煤气化等反应  │  └ 自热式固定床反应器        │  ├ 床层传热性能差
│                                                  │  │
└ 应用3——有机化工中乙苯                             │  ├ 更换催化剂时必须停止生产
  脱氢制苯乙烯、乙烯催化氧                           │  │
  化制环氧乙烷                                     └  └ 避免使用细粒催化剂
```

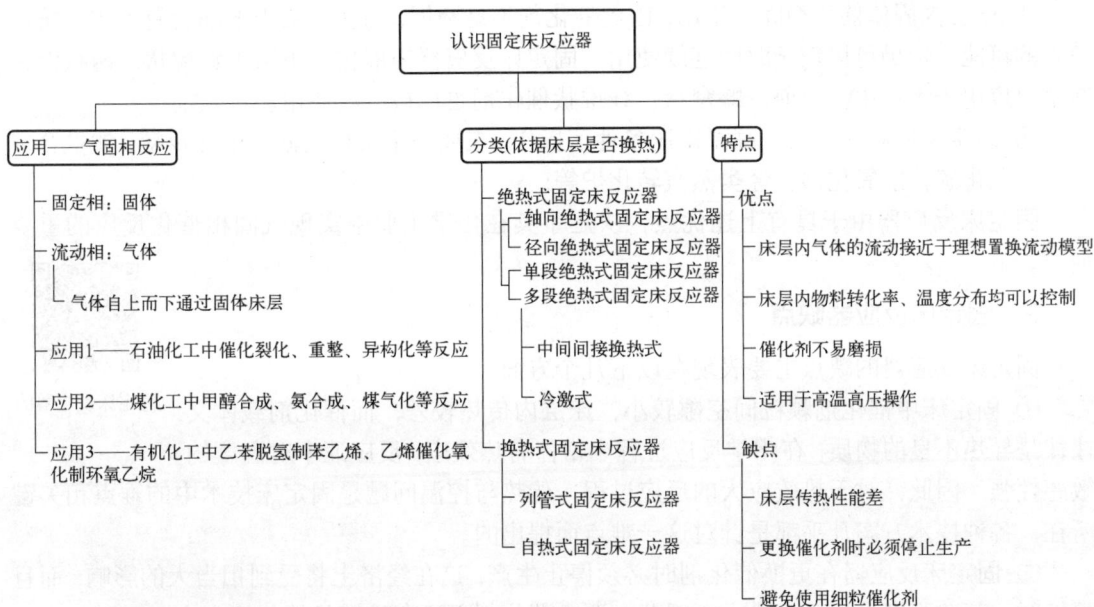

一、固定床反应器应用场合

固定床反应器又称填充床反应器，是装填有固体催化剂或固体反应物用以实现多相反应过程的一种反应器。固体物通常呈颗粒状，粒径 2～15mm，堆积成一定高度（或厚度）的床层。床层静止不动，流体自上而下通过床层进行反应。

固定床反应器主要实现气固相反应过程，在化工领域应用十分广泛。在石油化工领域中烃类的催化裂解、重整、异构化，煤化工领域中煤气化、甲醇合成、氨合成，基本有机化工中乙烯氧化制环氧乙烷、乙苯脱氢制苯乙烯等反应均在固定床反应器中进行。

固定床反应器的分类及应用场合

二、固定床反应器的特点

固定床反应器床层比较薄，气体流速较低，因此气体在反应器内的流动可以看作是理想置换流动，在生产过程中，表现出比较多的优点。尽管固定床反应器有缺点，但是可在结构和操作方面做出改进，且其优点是主要的，因此固定床反应器仍为气固相催化反应器中的主

要形式，在化学工业中应用广泛。

1. 固定床反应器优点

固定床反应器的优点主要表现在以下几个方面：

① 固定床反应器内放置粒径相对均匀的固体催化剂颗粒，颗粒间空隙均匀，气流自上而下通过床层，气体分子所受阻力均匀一致，床层内气体的流动接近于理想置换流动模型，因此床层内化学反应速率较快，反应器生产能力较大，即完成一定生产任务所需的催化剂用量及反应器体积较小。

② 固定床反应器内气流返混小，流体同催化剂可进行有效接触，因此通过床层的停留时间可以控制，故床层内物料转化率、温度分布均可以控制，对于平行反应而言可达到比较高的选择性。

③ 床层内固体催化剂固定不动，因此催化剂不易磨损，而在床层中下部会有催化剂挤压破碎的可能，但仍可以较长时间连续使用。固定床反应器内催化剂不限于颗粒状，网状催化剂早已应用于工业中，目前，蜂窝状、纤维状催化剂也已被广泛使用。

④ 固定床反应器适用于高温高压条件下操作，主要用于实现气固相催化反应，如氨合成塔、二氧化硫接触氧化器、烃类蒸汽转化炉等。

固定床反应器由于具有上述优点，决定了其在化学工业中实现气固相催化反应的重要地位。

2. 固定床反应器缺点

固定床反应器的缺点主要表现在以下几个方面：

① 固定床中催化剂颗粒间空隙较小，床层内传热较差，而催化剂载体又往往是导热不良的物质，在化学反应过程中常伴有热效应，反应速率对温度的敏感性强。因此，对于热效应大的反应过程，传热与控温问题是固定床技术中的难点和关键所在。各种技术方案几乎都是针对这一难点而提出的。

② 固定床反应器在更换催化剂时必须停止生产，这在经济上将受到相当大的影响，而且更换时，劳动强度大，粉尘量大。因此，要求催化剂必须有足够长的使用寿命。

③ 固定床反应器应避免使用细粒催化剂，否则流体阻力增大，且催化剂的活性内表面得不到充分利用，使得固定床反应器不能正常操作。

三、固定床反应器分类及结构

近十几年来，随着石油化工生产的迅猛发展，尤其是精细化学品的生产过程对反应设备、操作条件、工艺参数的控制等要求越来越高，研究开发了很多结构型式的固定床反应器，以适应不同的传热要求及传热方式。下面对各种固定床反应器的类型做简单的介绍和评述。

1. 绝热式固定床反应器

绝热式固定床反应器结构简单，催化剂均匀装填于床层内，一般有以下特点：

① 床层直径远大于催化剂颗粒直径；

② 床层高度与催化剂颗粒直径之比一般超过 100；

③ 与外界没有热量交换，床层温度沿物料的流向而改变；

④ 反应器绝热措施良好，无热量损失。

固定床反应器的优点

固定床反应器的缺点

　　绝热式固定床反应器按照反应器内流体流动方向可分为：轴向绝热式固定床反应器和径向绝热式固定床反应器。

　　（1）轴向绝热式固定床反应器　流体沿轴向自上而下流经床层，床层同外界无热交换。这种反应器结构最简单，实际上是一个压力容器，在（支承板）搁板上堆积固体催化剂，如图3-1所示。反应气体经预热到适当温度后，从圆筒体上部通入，经过气体预分布装置均匀通过催化剂层进行反应，反应后的气体由下部引出，床层同外部无热量交换。

　　该类反应器的主要特点是：结构简单，气流自上而下通过床层，可看作是理想置换流动，因此生产能力较大；但气流流动截面积小，因此流动阻力大，床层内压降较大。

　　（2）径向绝热式固定床反应器　流体沿径向流过床层，可采用离心流动或向心流动，床层同外界无热交换。径向绝热式固定床反应器（如图3-2）是为提高

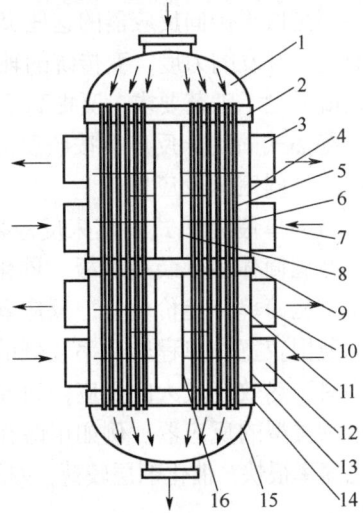

图3-1　轴向绝热式固定床反应器

1,15—上、下封头管箱；2,14—上、下管板；
3,7,10,12—环道；4,13—壳体；5—反应管；
6,8,16—壳层挡板；9—中间管板；11—管子紧固件

催化剂利用率、减少床层压降而设计的，它可采用细粒催化剂，催化剂呈圆环柱状堆积在床层中，反应气体从床层中心管进入后沿径向通过催化剂床层，由于气体流程缩短,流道截面积增大，虽使用较细颗粒催化剂但压降却不大，节省了动力，但在此类反应器中，气体分布的均匀性却是很重要的。径向反应器适用于反应速率与催化剂表面积成正比的反应，细粒催化剂的使用可以提高反应速率和反应器生产能力。

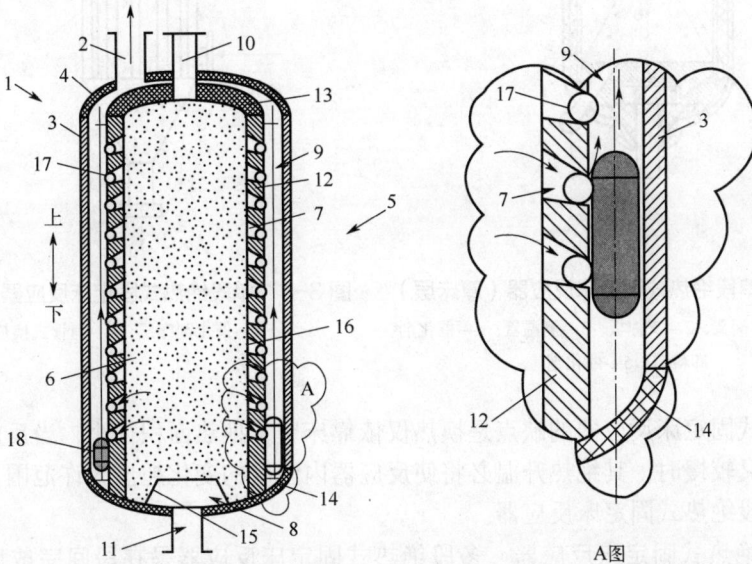

图3-2　径向绝热式固定床反应器

1—外壳组件；2—第二出流口；3—外套筒；4—第二上封头；5—导流组件；6—填料床层；7—径向导流孔；
8—缓冲区域；9—流道；10—第一流出口；11—进流口；12—导流筒；13—第一上封头；14—第一下封头；
15—均流板；16—筛网；17—活塞；18—开关组件

正是由于径向反应器的这些突出优点，从而引起了国内外科研机构的高度重视，纷纷加大了研究与开发的力度，变传统的轴向流反应器为径向流反应器，改进现有的径向反应器结构，使之既满足了工艺要求，又提高了反应效率，这已成为目前固定床反应器研究开发的重点。

绝热式固定床反应器按照反应器内热量交换要求可分为：单段绝热式固定床反应器和多段绝热式固定床反应器。

（1）单段绝热式固定床反应器　单段绝热式固定床反应器一般为一高径比不大的圆筒体，在圆筒体下部装有栅板，催化剂均匀堆积在栅板上，内部无任何换热装置。其特点是反应器结构简单，造价便宜，反应器体积利用率较高。适用于反应热效应较小、反应温度允许波动范围较宽、单程转化率较低的反应过程。如图3-3所示。

对于热效应较大的反应，只要对反应温度不是很敏感或是反应速率非常快时，有时也使用这种类型的反应器。例如甲醇在银或铜作催化剂下用空气氧化制甲醛时，反应热很大，但反应速率很快，催化剂层较薄，如图3-4所示。此一薄层为绝热床层，下面为一列管式换热器。

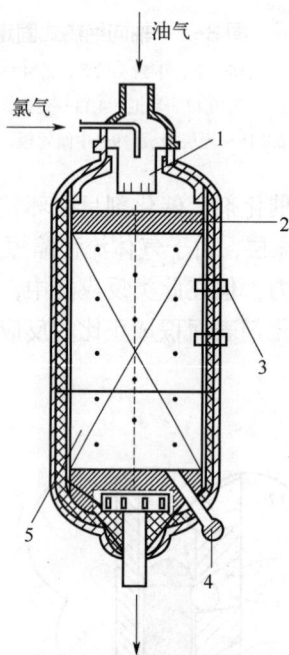

图3-3　单段绝热式固定床反应器（厚床层）
1—原料器分配头；2—支撑板；3—测温管；4—催化剂
卸料口；5—催化剂

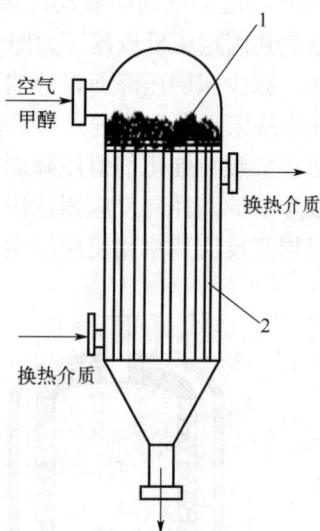

图3-4　单段绝热式固定床反应器（薄床层）
1—催化剂床层；2—列管式换热器

单段绝热式固定床反应器的缺点是换热仅依靠床壁，换热面积很小，当反应的热效应较大，反应速率又较慢时，其绝热升温必将使反应器内温度的变化超出允许范围，在这种情况下，应采用多段绝热式固定床反应器。

（2）多段绝热式固定床反应器　多段绝热式固定床反应器是在段间完成反应物料的换热，以调整反应器内的温度满足反应温度的要求。如图3-5所示。

多段绝热式固定床反应器依据段间换热方式可分为中间换热式和冷激式。

中间间接换热式又称为中间换热式，冷、热流体是通过段间的换热器管壁进行热量的交换。其作用是将上一段的反应气体冷却至适宜温度后再进入下一段反应，反应气体冷却所放出的热量可用于对未反应的原料气体预热或通入外来换热介质移走，如图 3-6 所示。中间换热设备可以设置在反应器外，如图 3-6（a）所示，也可在反应器内设置换热盘管完成段间换热，如图 3-6（b）所示。

注意：反应器内段间设置盘管，由于空间受限，加入的盘管换热面积不大，换热效率不高，因此只适用于换热量要求不太大的情况。

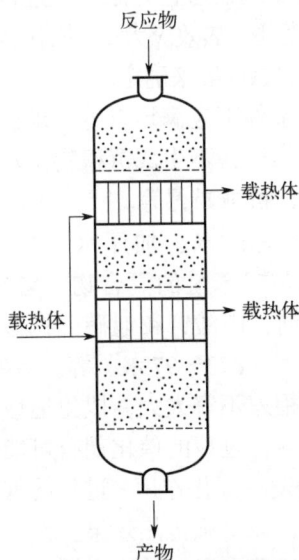

图 3-5　多段绝热式固定床反应器

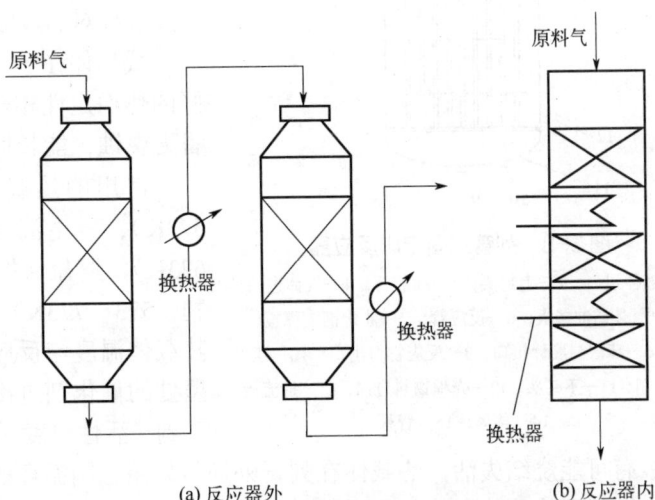

图 3-6　中间间接换热式

(a) 反应器外　　(b) 反应器内

冷激式多段绝热式固定床反应器又称为直接换热式反应器，它与中间换热式不同的是：采用冷激气体直接与反应器内的气体混合，达到降低反应温度的目的，如图 3-7 所示。根据使用冷激的气体不同，又可分为原料气冷激式反应器 [图 3-7（a）] 和非原料气冷激式反应器 [图 3-7（b）]。

(a) 原料气冷激式反应器　　(b) 非原料气冷激式反应器

图 3-7　冷激式多段绝热式固定床反应器

2. 换热式固定床反应器

当反应热效应较大时，为了维持合适的温度条件，必须要采用换热介质来移走或供给热量，此时需采用换热式固定床反应器，为了达到良好的换热效果，换热式固定床反应器一般以 "管" 为基本结构，按照换热介质的不同，可分为对外换热式固定床反应器（又称列管式固定床反应器）和自热式固定床反应器。

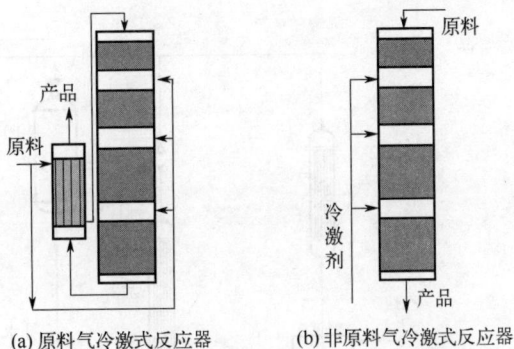

（1）列管式固定床反应器　采用载热体为换热介质的固定床反应器多为列管式结构，其由多根反应管并联构成，如图 3-8 所示。管内布置催化剂，气体原料自上而下通过催化剂床层进行反应，载热体流经管间或管内进行加热或冷却，管径通常在 25～50mm 之间，管数可多达上万根，传热面积大，适用于反应热效应较大的吸热或放热反应。列管式反应器的传热

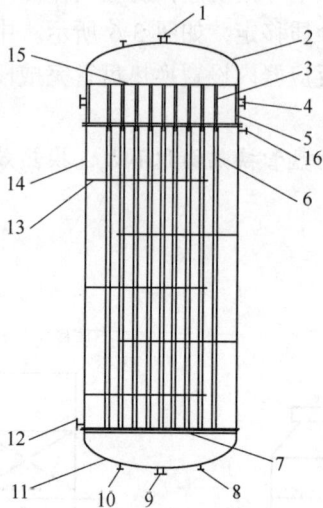

图 3-8 列管式固定床反应器

1—液体进口；2—上封头；3—滴液管；4—气体进口；
5—气体防冲挡板；6—反应管；7—催化剂支撑板；
8，16—床层温度计接口；9—反应物料出口；10—压力
表接口；11—下封头；12—壳程物料进口；13—折流板；
14—筒体；15—管板

效果好，催化剂床层温度易控制，又因管径较细，流体在催化剂床层内的流动可视为理想置换流动，故反应速率快，选择性高。特别适用于以中间产物为目的产物的强放热复杂反应体系，但其结构复杂，设备费用高。

在列管式固定床反应器中，热载体可通过管壁将反应热移走，以维持反应在适宜的温度下进行。热载体可根据反应温度范围、热效应大小、操作状况以及过程对温度波动的敏感性等来确定。

载热体在一定反应条件下应满足以下要求：较好的热稳定性和较大的热容，不生成沉积物，对设备无腐蚀，能长期使用，价廉易得等。

常用的热载体主要有：水、加压水（373～573K）、导生液（联苯与二苯醚的混合物，473～623K）、熔盐（如硝酸钠、硝酸钾和亚硝酸钠混合物，573～773K）、烟道气（873～973K）等。另外，热载体温度与反应温度相差不宜太大，以免造成近壁处的催化剂过冷或过热，过冷的催化剂有可能达不到"活性温度"，不能发挥催化作用；过热的催化剂极有可能烧结失活。热载体在列管外通常采用强制循环的形式，以增强传热效果。

按不同热载体和热载体不同循环方式分类，列管式固定床反应器有多种结构型式。

以热水作为热载体的反应装置如图 3-9 所示，该装置主要适用于反应温度在 373～573K 的反应体系。

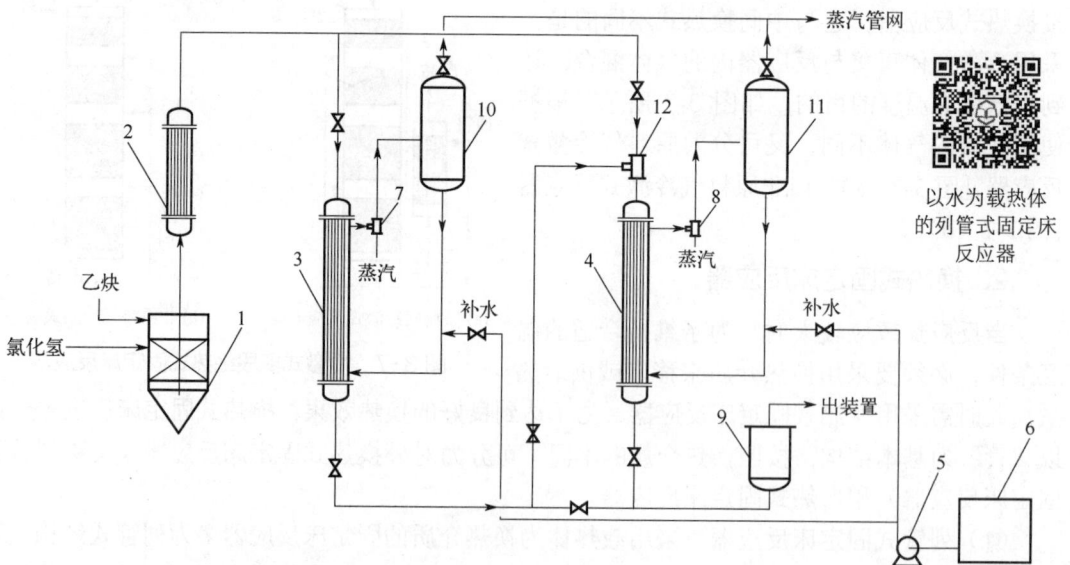

以水为载热体的列管式固定床反应器

图 3-9 多模式无汞催化合成氯乙烯的工艺装置

1—原料混合器；2—混合气预热器；3,4—转化器；5—热水泵；6—热水槽；
7,8—汽水混合器；9—吸附装置；10,11—蒸汽包；12—混合器

乙炔与氯化氢制氯乙烯的生产过程就是采用沸腾式结构的反应器，它是采用沸腾水为热载体，反应热通过沸腾水的部分汽化与反应产物一起从出口处引出，分离后的水蒸气经冷凝并补加部分软水后继续进入反应器循环使用。沸腾式循环可以使整个反应器内载热体的温度基本保持恒定。

以导热油为载体的反应装置如图3-10所示。该装置主要适用于反应温度在473～623K的反应体系。

以熔盐为载热体的反应装置示例如图3-11所示。该装置主要适用于反应温度在573～773K的反应体系。

以熔盐为载热体的固定床反应装置

图 3-10　以导热油作载热体的
固定床反应装置

1—列管上花板；2,3—折流板；4—反应列管；5—折流板固定棒；
6—人孔；7—列管下花板；8—载热体冷却器

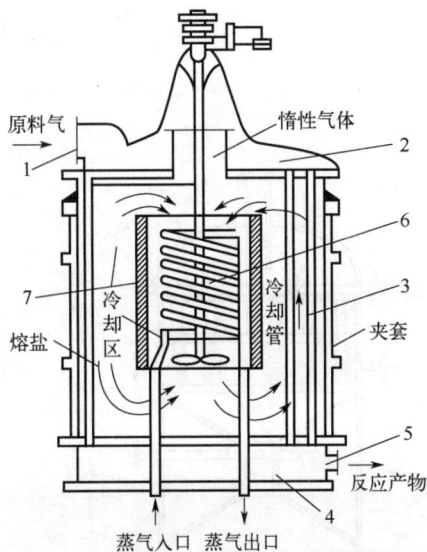

图 3-11　以熔盐作载热体的固定床反应装置
（萘氧化反应器）

1—原料气进口；2—上头盖；3—催化剂列管；4—下头盖；
5—反应气出口；6—搅拌器；7—笼式冷却器

图3-11为萘氧化反应器，属于内部循环式换热体系。它是以熔盐为热载体，通过桨式搅拌器使熔盐在管外作强制循环流动，而熔盐吸收的反应热再由空气移走。这类反应器的结构比较复杂，丙烯氨氧化制备丙烯腈的生产过程也是使用此类反应器。

以高温烟道气为载热体的反应装置如图3-12所示。该装置主要适用于反应温度在873～973K的反应体系。

图3-12（a）为乙苯脱氢反应器，属气体换热式。它采用高温烟道气加热，可省去金属圆筒外壳，直接把管子安装在耐火砖砌的环壁中。当用液态载热体无法满足高温反应要求时，可用流动性好且温度高的烟道气作为热载体。

图3-12（b）为一款实用新型专利：生物油水蒸气催化重整制氢固定床反应器。反应器外壳的顶部设有生物油进口管，底部设有重整产物出口管；反应器的内部从上往下依次设有生物油预热区、重整反应区及热量回收区。其中生物油预热区内设有低温烟道气加热室，加热室内设有生物油降膜换热管组件，下方设有油气旋流混合结构。重整反应区内设有高温烟道气加热室，加热室内设有反应管束，加热室上方设有载气分布器。热量回收区内设有水蒸

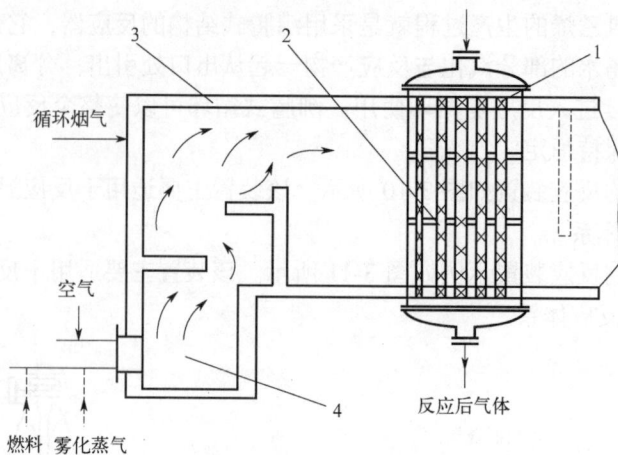

(a) 乙苯脱氢反应器

1—催化剂列管；2—圆缺挡板；3—加热炉；4—喷嘴

(b) 催化重整制氢固定床反应器

图 3-12　以烟道气为载体的固定床反应装置

1—反应器外壳；2—生物油进口管；3—重整产物出口管；4—生物油预热区；5—重整反应区；6—热量回收区；7—低温烟道气加
热室；8—低温烟道气进口管；9—低温烟道气出口管；10—水蒸气进口管；11—高温烟道气加热室；12—高温烟道气进口管；
13—高温烟道气出口管；14—载气进口管；15—水蒸气发生管；16—水进口管；17—水蒸气出口管；18—上管板；19—下管板；
20—成膜管；21—插管；22—布液板；23—布液孔；24—成膜间隙；25—进液通道；26—换热翅片；27—缩口管；28—混合喉管；
29—扩散管；30—水蒸气旋喷口；31—环形管；32—连接管；33—上固定孔板；34—下固定孔板；35—列管；36—催化剂；
37—进气总管；38—出气支管；39—出气口

气发生管，水蒸气发生管的进口连接有水进口管，出口连接有水蒸气出口管，水蒸气出口管与水蒸气进口管通过管路相连。本发明结构紧凑，能缓解积炭堵塞，能量利用率高，制氢成本低。

对于强放热的反应如氧化反应，在列管式固定床反应器内轴向和径向都有温差。如催化剂的导热性能良好，而气体的流速又较快，则径向温差比较小，床层轴向则存在温度分布，而温度分布的情况取决于床层轴向各点的放热速率和管外载热体的移热速率。经实验结果显示，床层内沿轴向温度分布都有一最高温度，称之为热点，如图 3-13 所示。

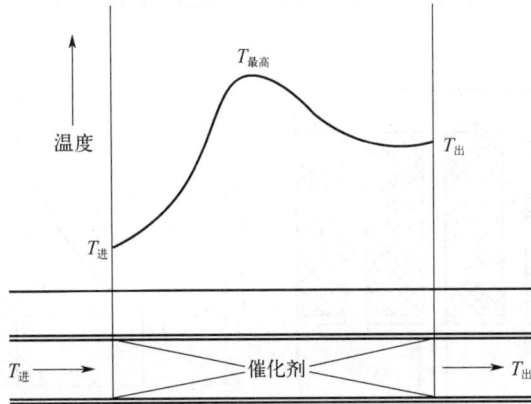

图 3-13　列管式固定床反应器轴向温度分布

控制热点温度是使反应能顺利进行的关键。热点温度过高，使反应选择性降低，催化剂变劣，甚至使反应失去稳定性而产生飞温，此时，对于反应的选择性、催化剂的活性和寿命、设备的强度等均极不利。热点的位置及高度与反应条件的控制、传热和催化剂的活性有关。随着催化剂的逐渐老化，热点温度逐渐下降，其高度也逐渐降低。

工业上降低热点温度所采取的措施有：

① 在原料气中带入微量抑制剂，使催化剂部分毒化。

② 在原料气入口处附近的反应管上层放置一定高度为惰性载体稀释的催化剂，或放置一定高度已部分老化的催化剂。

这两点措施目的是降低入口处附近的反应速率，以降低放热速率，使与移热速率尽可能平衡。

③ 采用分段冷却法，改变移热速率，使与放热速率尽可能平衡。

由于有些反应具有爆炸危险性，在设计反应器时必须考虑防爆装置，如设置安全阀、防爆膜等。操作时和流化床反应器不同，原料必须充分混合后再进入反应器，原料组成受爆炸极限的严格限制，有时为了安全须加水蒸气或氮气作为稀释剂。

（2）自热式固定床反应器　在固定床反应器中，换热介质为原料气，并通过管壁与反应物料进行换热以维持反应温度的反应器，称为自身换热式（或称自热式）固定床反应器。自身换热式固定床反应器通常只适用于热效应不大的放热反应以及高压反应过程，这种反应器本身能达到热量平衡，不需外加换热介质来加热和冷却反应器床层。

自热式固定床反应器的形式很多。一般是在圆筒内配置许多与轴向平行的冷管，管内通过冷原料气，管外装填催化剂，所以又将这类反应器称为管壳式固定床反应器。按冷管的形式不同，又可分为单管、双套管、三套管和 U 形管，按管内外流体的流向还有并流和逆流之分。

如图 3-14 所示为单管逆流式固定床反应器。其中 T_i 为冷管内的气体温度，T_b 为催化剂层的轴向温度。冷管内冷气体自下而上流动时，由于吸收了反应热，温度一直在升高，冷管上端气体温度即为催化床入口气体温度（$T_{i0}=T_{b0}$）。催化剂上部处于反应前期，反应速率大，单位体积床层反应所放出的热量很大，且床层上部冷管内气体温度接近催化床温度 T_b，上部传热温差小，因此，床层上部的温度升高很快。催化床下部处于反应后期，反应速率减小，床层反应所放出的热量小，且下部冷管内气体温度低，传热温差大，因此，固定床床层下部温度下降很快，不利于化学反应的进行。为了改进这种不利情况，以下介绍其余几种自热式固定床反应器。

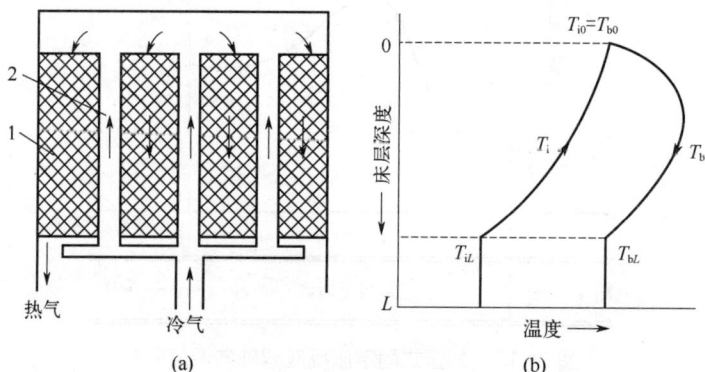

图 3-14　单管逆流式固定床反应器（a）及温度分布（b）示意

1—催化剂层；2—内冷管

如图 3-15 所示为双套管并流式固定床反应器，冷管是同心的双重套管。其中 T_b 为催化剂层的轴向温度，T_a 为内外冷管环隙内（或单冷管管内）的气体温度，T_i 为内冷管内的气体温度。内管内的原料气经内外冷管环隙内的原料气加热后，温度逐渐上升。内外冷管环隙内

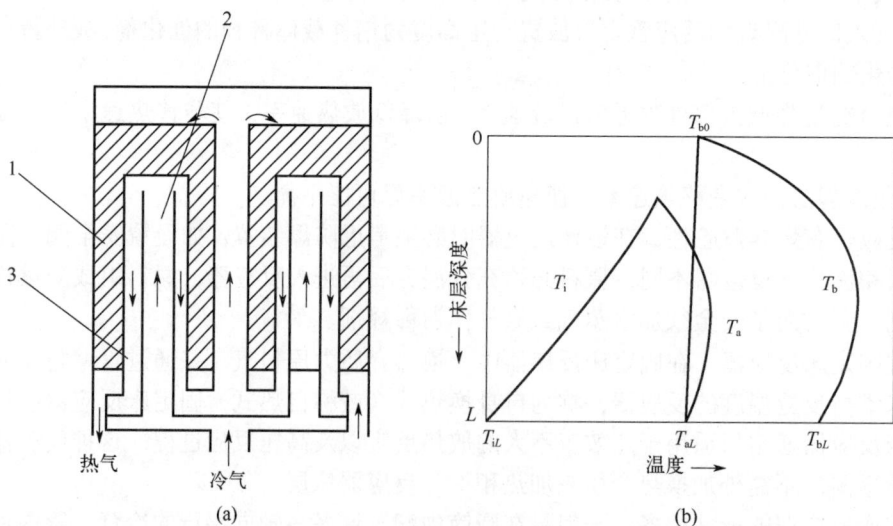

双套管并流式
固定床反应器

图 3-15　双套管并流式固定床反应器（a）及温度分布（b）示意

1—催化剂层；2—内冷管；3—外冷管

的原料气经内管内原料气的冷却和床层加热的双重作用，温度先升高后有微弱下降。最后经分气盒及中心管翻向固定床的床层顶端，经中心管时，气体温度略有升高。原料气经固定床层顶部绝热段，进入冷却段，被冷管环隙中气体冷却，环隙中气体则被内冷管内的气体冷却。

如图 3-16 为三套管并流式固定床反应器，该结构是双套管并流式的改进，使反应器床层的温度分布更加均匀，在双套管的内冷管内衬一根薄壁内衬管，内衬管与内冷管下端满焊，使内冷管与内衬管间形成一层很薄的气体不流动的"滞气层"，由于滞气层的热导率很小，因此可以起到良好的隔热作用，冷气体自下而上流经内衬管时温度升高很小，可以略去不计。这样，冷气体只有流经内外冷管间环隙时才受热，内衬管仅起气体通道的作用。图 3-16（b）中 T_b 为催化剂层的轴向温度，T_a 为内外冷管环隙内（或单冷管管内）的气体温度，T_i 为内冷管内的气体温度。若略去气体流经内衬管及中心管的温升，在三套管并流式固定床反应器的内、外冷管间环隙最上端处，原料气温度等于床层外换热器的出口处气体温度，而环隙最下端气体温度等于进入固定床床层的原料气温度。

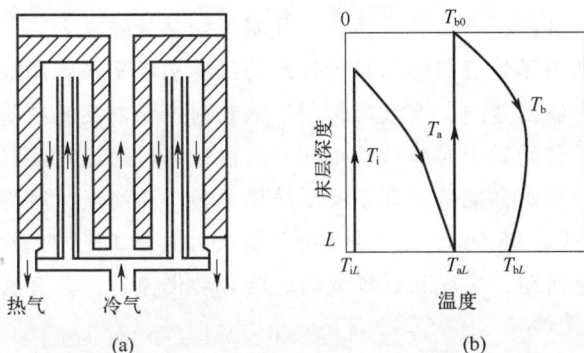

图 3-16 三套管并流式固定床反应器（a）及温度分布（b）示意

总之，双套管式催化剂的冷管内加内衬管改为三套管后，由于催化床内温度分布比较合理，空时收率有所提高。但是，物料流经三套管固定床反应器的压降也要比其他类型的套管式固定床大。

如图 3-17 为一项实用新型专利：一种水冷式氨合成塔。该合成塔目的在于解决现有技术在合成氨过程中，存在的热能浪费技术问题。该氨合成塔的主体内设有催化剂，一侧沿塔主体的高度方向设置分布管，分布管上具有若干排气孔；塔主体内部的另一侧与分布管相对设置集气管，集气管上具有若干与所述排气孔对应的集气孔；塔主体内中部设置冷却管，冷却管、集气管和分布管的进、出端口均从塔主体的下方穿过，排气孔和集气孔均正对冷却管。

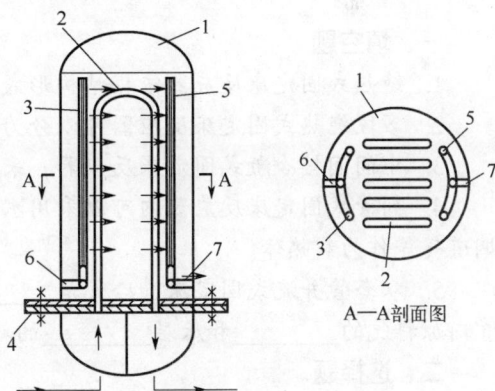

图 3-17 水冷式氨合成塔
1—塔主体；2—冷却管；3—分布管；4—管板；5—集气管；
6—分布横管；7—集气横管

🔑 任务拓展

» 新工艺

发明专利：一种基于固定床微反应器连续高效合成间苯二胺的方法

专利摘要：本发明涉及间苯二胺合成技术领域，具体涉及一种基于固定床微反应器连续高效合成间苯二胺的方法。

包括步骤：①以间二硝基苯为原料，将其溶解于溶剂中作为待加氢底物溶液。②将待加氢底物溶液与氢气加入微混合器内进行混合，形成具有良好气液微分散状态的气液混合物，然后加入填有固体颗粒催化剂的微填充床反应器中进行反应；反应的温度为 40~160℃，压力为 1~5MPa；气液混合物在微填充床反应器内的停留时间为 10~120s。③反应结束后得到的气液混合物进行气液分离，液体产物进入后续的分离纯化系统。该方法操作方便、放热可控、反应周期短、环保安全，且所得产品纯度高，偶氮副产物含量较少。

专利创新：本发明方法利用了填有固体颗粒催化剂的微填充床反应器高效的传质性能，通过强化加氢反应过程中的气液固传质，有效地抑制了偶氮副产物以及间硝基苯胺的产生，并且反应停留时间由反应釜所需的数小时降低至 2min 以内；同时通过对反应停留时间分布和反应温度、反应压力的良好控制，显著提升了反应转化率和产品纯度，所得反应转化率接近 100%，间苯二胺产率最高可达 98.5%。该方法可有效解决加氢釜工艺中的生产效率低，产品纯度差以及装置操作复杂等问题，实现反应过程的连续自动化操作，具有收率高和安全性好等优点。

❓ 任务检测

一、填空题

1. 绝热式固定床反应器依据结构形式可分为：_____和_____。

2. 多段绝热式固定床反应器可以分为_____和_____。

3. 中间间接冷激式固定床反应器，采用的冷激物料可以是_____和_____。

4. 列管式固定床反应器内可以采用水、_____、_____、_____、_____、烟道气等作为载热体。

5. 双套管并流式固定床，冷管是_____的双重套管，内外冷管环隙内的原料气经内管内原料气的_____和床层_____的双重作用，温度先_____后有微弱下降。

二、选择题

1. 固定床反应器是指（　　）。

A. 原料气从床层上方经分布器进入固定不动床层进行反应的反应器

B. 原料气从床层下方经分布器进入固定不动床层进行反应的反应器

C. 床层内催化剂可随流体自由运动

D. 以上描述均不正确

2. 乙苯脱氢制苯乙烯，氨合成等都采用（　　）催化反应器。

A. 固定床　　　　　B. 流化床　　　　　C. 釜式　　　　　D. 管式

3. 对于如下特征的气固相催化反应，（　　）应选用固定床反应器。

A. 反应热效应大　　　　　　　　B. 反应转化率要求不高

C. 反应对温度敏感　　　　　　　D. 反应使用贵金属催化剂

4. 下列描述中，（　　）不是固定床反应器的优点。

A. 催化剂不易磨损　　　　　　　B. 可在高温高压下操作

C. 床层内流体流动可近似为理想置换流动　　D. 床层温度均匀

5. 单段绝热式固定床反应器不适用于（　　）的场合。

A. 单程转化率要求低　　　　　　B. 单程转化率要求高

C. 温度波动范围较宽　　　　　　D. 反应热效应不大

6. 甲醇以银为催化剂用空气氧化制甲醛时，可采用（　　）。

A. 釜式反应器　　B. 管式反应器　　C. 薄层固定床反应器　　D. 流化床反应器

7. （　　）某一部位的最高温度，称为热点温度。

A. 反应器内　　B. 催化剂床层内　　C. 升压过程　　D. 升温过程

8. 薄层固定床反应器主要用于（　　）。

A. 快速反应　　B. 强放热反应　　C. 可逆平衡反应　　D. 可逆放热反应

9. 既适用于放热反应，也适用于吸热反应的典型固定床反应器类型是（　　）。

A. 列管结构对外换热式固定床反应器　　B. 多段绝热式固定床反应器

C. 自热式固定床反应器　　　　　　　　D. 单段绝热式固定床反应器

10. 合成氨生产中的加压变换炉是（　　）固定床催化反应器。

A. 单段绝热式　　B. 多段绝热式　　C. 自热式　　D. 对外换热式

11. 列管式固定床反应器操作温度为150℃时，可以采用（　　）作为载热体。

A. 水　　　　B. 加压饱和水蒸气　C. 导热油　　　D. 熔盐

12. 自热式固定床反应器适用于（　　）反应。

A. 反应热效应大　　B. 反应热效应小　　C. 温度要求均一　　D. 单程转化率高

13. 原料冷激式固定床反应器，其特点是（　　）。

A. 床层内有热量交换，换热介质为冷原料

B. 床层内无热量交换，在段间采用原料直接进行冷激，达到降温效果

C. 床层内有热量交换，换热介质为水蒸气

D. 床层内无热量交换，在段间采用水蒸气直接进行冷激，达到降温效果

14. 下列关于中间间接换热式固定床反应器的说法错误的是（　　）。

A. 属于多段绝热式固定床反应器

B. 属于换热式固定床反应器

C. 可以采用段间安装换热盘管实现换热

D. 可以在段间安装换热器实现换热

15. 下列不属于列管式固定床反应器换热介质的是（　　）。

A. 加压水　　　B. 熔盐　　　C. 电加热　　　D. 烟道气

三、判断题

1. 固定床反应器内气体的流动可近似为理想置换流动。（　　）

2. 绝热式固定床反应器床层与外界不发生热交换。（　　）

3. 对于强放热反应，在列管式固定床反应器的轴向会出现最高温度点，称之为"热点"。

（　　）

4. 单段绝热床反应器适用于反应热效应较大、允许反应温度变化较大的场合，如乙苯脱氢制苯乙烯。（　　）

5. 对于列管式固定床反应器当反应温度为280℃时可选用导热油作热载体。（　　）

6. "飞温"可使床层内催化剂的选择性、使用寿命、设备强度等性能受到严重的危害。

（　　）

7. 固定床反应器的传热速率比流化床反应器的传热速率快。（　　）

8. 固定床催化剂床层温度必须严格控制在同一温度，以保证反应有较高的收率。

（　　）

9. 列管式固定床反应器在管内装有一定数量的固体催化剂，气体一般自下而上从催化剂颗粒之间的缝隙内通过。（　　）

10. 列管式固定床反应器内温度分布很均匀，因为其换热效果良好。（　　）

11. 固定床反应器可适用于高温高压反应。（　　）

12. 轴向绝热式固定床反应器内只有轴向存在温度变化，径向温度不变化。（　　）

13. 径向固定床反应器优点在于可以采用细粒催化剂。（　　）

14. 列管式固定床反应器是一种对外换热式固定床反应器，换热效果良好。（　　）

15. 自热式固定床反应器可适用于高压操作。（　　）

四、简答题

1. 工业上，如何有效控制列管式固定床反应器热点温度？

2. 固定床反应器有哪些优点？适用于哪些场合中？

任务2

设计固定床反应器

任务描述

依据设计实例、微课视频等教学资源，认知固定床反应器传质传热机理，理解床层设计原理和内容，能够独立完成固定床反应器的分析设计。

任务驱动

1. 固定床反应器内传质传热的主要影响因素是什么？

2. 固定床反应器内填充催化剂应注意哪些事项？

3. 固定床反应器设计的主要思路是什么？

⚙ 任务内容

```
                        ┌─────────────────┐
                        │   认识固体催化剂   │
                        └─────────────────┘
    ┌───────────┬───────────┼──────────────┬──────────────┐
┌────────┐ ┌──────────┐ ┌──────────┐ ┌────────────┐ ┌──────────────┐
│催化作用分析│ │固体催化剂组成│ │催化剂性能分析│ │催化剂失活与再生│ │如何正确装填催化剂│
└────────┘ └──────────┘ └──────────┘ └────────────┘ └──────────────┘
```

催化作用分析
— 催化剂对反应的影响
— 催化作用特征

固体催化剂组成
— 活性组分 ─┐
— 助催化剂   [决定]
— 载体   [结构型]
— 助剂

催化剂性能分析
— 活性
— 选择性
— 使用寿命
— 机械强度与稳定性
— 物理性状

[比表面积增大,活性增大]

多孔,比表面积大

[增强选择性]

催化剂失活与再生
— 催化剂失活原因分析
— 催化剂再生方法

如何正确装填催化剂
— 催化剂装填注意事项
— 固定床反应器催化剂装填案例

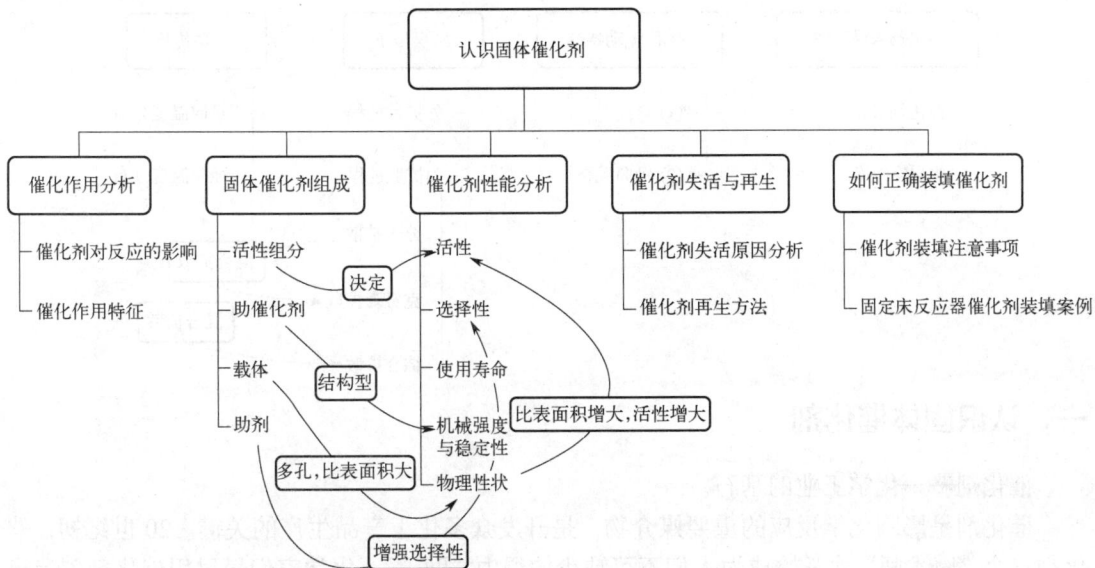

气固相催化反应动力学基础

┌──────────────────┬──────────────────┐

气固相催化反应宏观步骤
— 反应物分子从气相主体向催化剂外表面扩散
— 反应物分子从催化剂外表面向催化剂内表面扩散
— 反应物分子在催化剂表面上吸附
— 反应物分子在催化剂表面上进行表面化学反应
— 生成物分子从催化剂内表面脱附
— 生成物分子从催化剂内表面向外表面扩散
— 生成物分子从催化剂外表面向气相主体扩散

气固相反应本征动力学
— 化学吸附及吸附速率
— 脱附及脱附速率
— 表面化学反应速率

[豪根-瓦森假设]

根据豪根-瓦森假设,联列三步得出本征动力学方程

```
                    ┌─────────────────────────────┐
                    │  固定床反应器内流体流动特性分析  │
                    └─────────────────────────────┘
        ┌──────────────┬──────────────┬──────────────┐
┌─────────────┐ ┌─────────────┐ ┌─────────────┐ ┌─────────────┐
│ 催化剂床层特性 │ │ 流体流动特性 │ │  床层传质   │ │  床层传热   │
└─────────────┘ └─────────────┘ └─────────────┘ └─────────────┘
  ├ 催化剂形状       ├ ① 径向混合      ├ 外扩散过程      ├ 轴向温度分布
  └ 床层空隙率       └ ② 轴向混合      └ 内扩散过程      └ 径向温度分布
                                          ├ 分子扩散 ───┐ ┌─────────┐
                                          │           └─│ 混合扩散 │
                                          ├ 克努森扩散 ◄──┘ └─────────┘
                                          │           ┌─────────┐
                                          │         ◄─│ 混合扩散 │
                                          └ 综合扩散 ◄──┘ └─────────┘
```

一、认识固体催化剂

催化剂——化学工业的基石。

催化剂是影响化学反应的重要媒介物，是开发众多化工产品生产的关键。20 世纪初，催化剂这个"魔术师"才开始成为人们不可缺少的得力"助手"。化学家们最早用催化剂创造出将空气中的氮和氢气合成氨的奇迹，并实现了合成氨工业化。1926 年，人们利用催化剂将一氧化碳加氢成功地合成了人造液体燃料。之后又用催化剂合成了甲醛、乙醛、染料、橡胶等高分子聚合物。几乎一切新的聚合物，都是新发现的催化剂作用下的产物。因此可以说，没有催化剂，就没有现代的化学工业。据估计，现代燃料工业和化学工业的生产，80%以上采用催化过程。许多重要的石油化工过程，如不用催化剂时，其化学反应速率非常缓慢，或者根本无法进行工业生产。而采用催化方法后可加速化学反应，广泛开发自然资源，促进技术革新，大幅度降低产品成本，提高产品质量，并且可以合成用其他方法不能得到的产品。

随着世界工业的发展，保护人类赖以生存的大气、水源和土壤，防止环境污染是一项刻不容缓的任务。这就要求尽快地改造引起环境污染的现有工艺，并研究无污染物排出的绿色化工新工艺，以及大力开发有效治理废渣、废水和废气污染的过程和催化剂。在这方面，催化剂也起着越来越重要的作用，具有极大的社会效益，并且还将对人类社会的可持续发展做出重大的贡献。

1. 催化作用及催化剂

（1）定义　根据国际纯粹与应用化学联合会（IUPCA）于 1981 年提出的定义，催化剂（触媒）是一种物质，它能够加速化学反应的速率而不改变该反应的标准自由焓的变化。这种作用称为催化作用。

催化剂的定义
与特性

当催化剂与反应物处于同一相，没有相界面存在时，催化反应在相内进行，其催化系统称为均相催化。当催化剂与反应物处于不同相中，催化反应在相界面上进行的催化系统称为非均相催化。

催化反应中催化剂通常是加速反应，例如铁催化剂可使氮和氢转变为氨的反应速度明显加快，使合成氨工业成为可能。若其作用是使反应减速，则称负催化剂，如少量醇、酚或蔗

糖可抑制亚硫酸钠溶液被溶于水中的氧所氧化。催化剂可以是气态物质（如氧化氮）、液态物质（如酸、碱、盐溶液）或固态物质（如金属、金属氧化物），还有些以胶体状态存在（如生物体内的酶）。

（2）催化原理　在催化反应中，催化剂与反应物发生化学作用，改变了反应途径，从而降低了反应的活化能，这是催化剂得以提高反应速率的原因。如化学反应 A+B $\longrightarrow$ AB，所需活化能为 E，加入催化剂 K 后，反应分两步进行，所需活化能分别均小于 E，如图 3-18 所示。

根据阿伦尼乌斯公式

$$k = A_0 \exp\left(-\frac{E}{RT}\right)$$

由于催化剂参与反应使反应活化能 E 值减小，从而使反应速率 k 显著提高。但也有某些反应，催化剂参与反应后，活化能 E 值改变不大，但指前因子 A_0 值明显增大（或解释为活化熵增大），也导致反应速率加快。

对于 $N_2 + 3H_2 \rightleftharpoons 2NH_3$ 反应，无催化剂存在时，在 500℃、常压条件下，反应活化能高，约为 334kJ/mol。此条件下反应速度极慢，基本不能觉察出氨的生成。

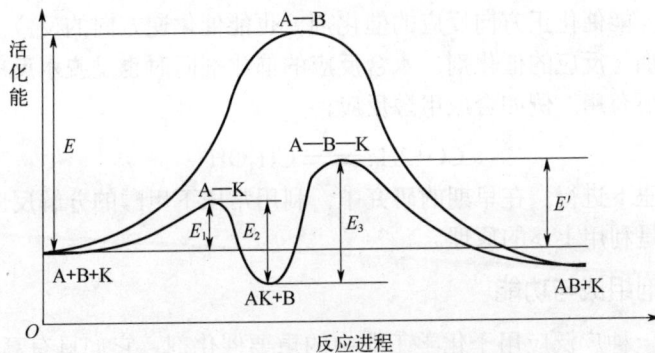

图 3-18　催化剂对反应活化能的影响

有催化剂存在下，在催化剂表面发生了如下所示的一系列表面作用过程（σ 为催化活性中心），最终生成了氨分子。催化反应的速率控制步骤是氮解离步骤，该步的活化能约为 70kJ/mol。

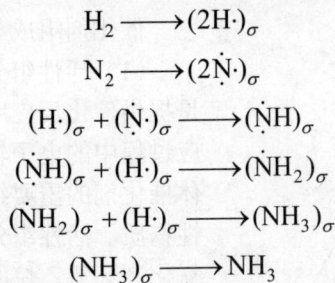

$$H_2 \longrightarrow (2H\cdot)_\sigma$$

$$N_2 \longrightarrow (2\dot{N}\cdot)_\sigma$$

$$(H\cdot)_\sigma + (\dot{N}\cdot)_\sigma \longrightarrow (\dot{N}H)_\sigma$$

$$(\dot{N}H)_\sigma + (H\cdot)_\sigma \longrightarrow (\dot{N}H_2)_\sigma$$

$$(\dot{N}H_2)_\sigma + (H\cdot)_\sigma \longrightarrow (NH_3)_\sigma$$

$$(NH_3)_\sigma \longrightarrow NH_3$$

（3）基本特征

① 催化剂只能加速热力学上可以进行的反应，而不能加速热力学上无法进行的反应。

在开发一种新的化学反应的催化剂时，首先要对该反应体系进行热力学分析，看在给定的条件下是否属于热力学上可行的反应。

② 催化剂能够加速化学反应速率，但它本身并不进入化学反应的计量。

催化剂能够加快化学反应速率，这主要是因为它可以改变化学反应历程，降低反应活化能。反应开始时参与反应的催化剂在反应结束时，会被循环释放出来，因此可以被再次使用，所以一定量的催化剂可以促进大量反应物起反应，生成大量的产物。

③ 催化剂对反应具有选择性，即催化剂对反应类型、反应方向和产物的结构具有选择性。

同一个催化剂对甲反应有效，对乙反应未必有效。例如，SiO_2-AlO_3催化剂对酸碱催化反应是有效的，但对氨合成反应无效，这就是催化剂对反应类型的选择。

不同的催化剂，可以使反应物生成不同的产品。因为从同一反应物出发，在热力学上可能有不同的反应方向，生成不同的产物，而不同的催化剂可以加速不同的反应方向。另外，有时不同的催化剂，可以使相同的反应物生成相同产物，但是所生成物质结构性能有差异。

④ 催化剂只能改变化学反应的速度，而不能改变化学平衡的位置。

化学平衡是由热力学决定的，即在一定的条件下，化学反应产物的平衡浓度受热力学限制，只决定于体系的起始、终了状态，而与过程无关，因而催化剂只能缩短达到平衡所需的时间，而不能移动平衡的位置。

⑤ 催化剂不改变化学平衡，意味着既能加速正反应速率，也能同等程度地加速逆反应速率。

对于可逆反应，能催化正方向反应的催化剂，也能催化逆方向的反应。例如，脱氢反应的催化剂同时也是加氢反应的催化剂，水合反应的催化剂同时也是脱水反应的催化剂。这条规则对选择催化剂很有用。例如合成甲醇反应：

$$CO+2H_2 \rightleftharpoons CH_3OH$$

该反应需在高压下进行。在早期的研究中，利用常压下甲醇的分解反应来初步筛选合成甲醇的催化剂，就是利用上述的原理。

2. 固体催化剂组成与功能

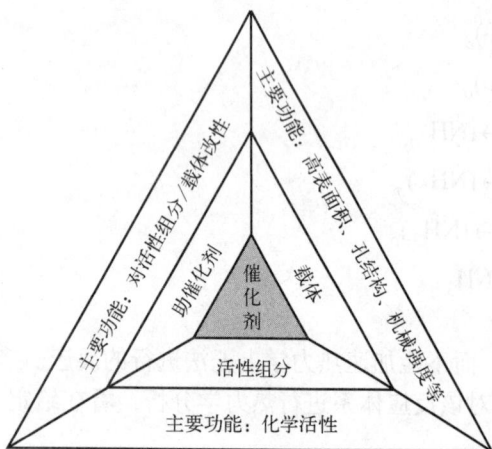

固体催化剂是一种广泛应用于化学工业中的重要催化剂。它们具有高效、经济、环保等优点，被广泛应用于石油加工、化学合成、环境保护等领域。固体催化剂通常不是单一的物质，而是由多种物质组成。绝大多数工业催化剂有三类可以区分的组分，即活性组分、助催化剂、载体，为进一步改善催化剂性能，还需加入相应助剂。

固体催化剂组成

催化剂组成与功能关系如图 3-19 所示。

（1）活性组分（或主催化剂） 其主要作用是提供催化反应所需的表面活性位点，并参与反应过程中的电子转移和中间体形成等步骤，是固体催化剂的重要组成部分，是起催化作用的根本性物质。活性组分有时由一种物质组成，如乙烯氧化制环氧乙烷的银催化剂；有时则由多种物质组成，如丙烯氨氧化制丙烯腈的钼-铋催化剂。

活性组分通常由金属、氧化物构成。其中金属是最常见的固体催化剂活性组分之一，常用的金属包括铂（Pt）、钯（Pd）、铜（Cu）等。这些金属具有良好的催化活性和选择性，在氢气处理、

图 3-19 催化剂组成与功能关系

加氢裂解等反应中得到广泛应用。而氧化物也是常用的固体催化剂活性组分之一，常见的氧化物包括二氧化钛（TiO_2）、氧化铝（Al_2O_3）等。这些材料具有良好的酸碱性和氧化还原性质，在催化裂化、氧化反应等反应中得到广泛应用。

（2）助催化剂　一些本身对某一反应没有活性或活性很小，但添加少量于催化剂中（一般小于催化剂总量的 10%）却可以显著改善催化剂活性、选择性与稳定性和寿命的物质，称为助催化剂。它是通过改变催化剂的化学组成、化学结构、离子价态、酸碱性、晶格结构、表面结构、孔结构、分散状态、机械强度等来提高催化剂的性能。按作用机理不同，助催化剂可分为结构型助催化剂、调变型助催化剂和毒化型助催化剂。

① 结构型助催化剂。其作用是增大表面，防止烧结，提高主催化剂的结构稳定性。

② 调变型助催化剂。其作用是改变主催化剂的化学组成、电子结构、表面性质或晶型结构，从而提高催化剂的活性和选择性。

③ 毒化型助催化剂。其作用是使某些引起副反应的活性中心中毒，以提高催化剂的选择性。

助催化剂可以是单质，也可以是化合物，目前，主要是碱土金属、碱金属及其化合物，非金属及其化合物。

例如用于裂解反应的 Al_2O_3 的催化剂可以选用 KO、Fe_2O_3、SiO_2 为助催化剂。

（3）载体　载体是催化剂活性组分的分散剂、黏合剂和支撑物，是负载活性组分的骨架。例如，乙烯氧化制环氧乙烷催化剂中的 Ag 就是负载在载体"$\alpha\text{-}Al_2O_3$"上。

载体的作用与助催化剂的作用在很多方面有类似之处，不同的是载体量大，助催化剂量小；前者作用较缓和，后者较明显。另外，由于载体量大，可赋予催化剂以基本的物理结构与性能，如孔结构、比表面、宏观外形、机械强度等。此外，对主催化剂和助催化剂起分散作用，尤其对贵金属既可减少其用量，又可提高其活性，降低催化剂成本。对高效催化剂，活性组分与载体的选择都非常重要。

载体的种类很多，根据其成分性质可以分为无机氧化物载体和有机高分子载体。

无机氧化物载体是最常见的载体类型之一，常用的材料包括二氧化硅（SiO_2）、氧化铝（Al_2O_3）、氧化钛（TiO_2）等。这些材料具有高比表面积和较好的热稳定性，能够提供良好的承载能力和酸碱特性。

有机高分子材料也可以作为固体催化剂的载体，常见的有聚苯乙烯（PS）、聚丙烯酸（PAA）等。这些材料具有较好的机械强度和耐化学性能，可以通过改变其结构和官能团来调控其酸碱特性。

（4）助剂　助剂可以改善载体和活性组分之间的相互作用，提高催化剂的稳定性和选择性。常见的助剂包括促进剂、稳定剂、抗毒剂等。

① 促进剂可以提高催化剂的活性和选择性，并改善其稳定性。常见的促进剂包括锰（Mn）、铁（Fe）等金属元素，它们可以与载体和活性组分形成协同作用，提高催化效率。

② 稳定剂可以增强催化剂的热稳定性和耐化学性能，延长其使用寿命。常见的稳定剂包括氧化铝（Al_2O_3）、氧化钇（Y_2O_3）等，它们可以与载体和活性组分形成稳定的复合物，提高催化剂的稳定性。

③ 抗毒剂可以降低催化剂受到有害物质污染的程度，保持其催化活性和选择性。常见的抗毒剂包括锰（Mn）、铁（Fe）等金属元素，它们可以与有害物质形成复合物，减少其对催化剂的影响。

3. 催化剂性能与指标

催化剂的性能主要包括活性、选择性和寿命。对催化剂性能影响最大的物理性质主要是比表面积、孔体积和孔体积分布。一种良好的催化剂不仅能选择地催化所要求的反应，同时还必须具有一定的机械强度；有适当的形状，以使流体阻力减小并能均匀地通过；在长期使用后仍能保持其活性和力学性能。对理想催化剂的性能要求如图 3-20 所示。

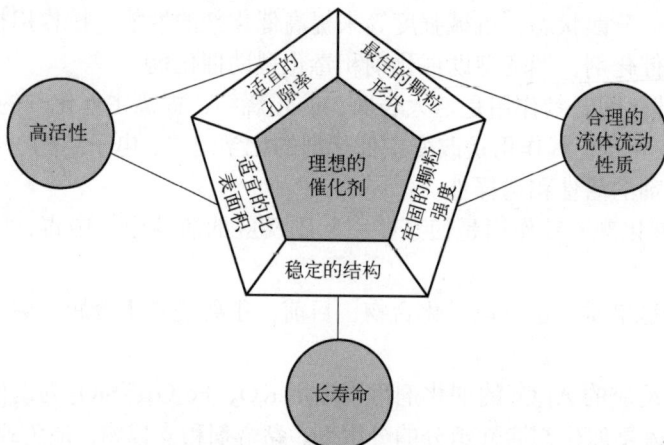

图 3-20　理想催化剂性能要求

（1）活性　催化剂提高化学反应速率能力的一种定量表征。它是催化剂在一定工艺条件下催化性能的主要指标，直接关系到催化剂的制备、选择及使用。催化剂的活性不仅取决于催化剂的化学性质，还取决于催化剂的物理性质。工业催化剂的活性可以用下面几种方法表示。

① 转化率。用特定条件下（反应时间、反应温度和反应物料配比等条件一定）某一反应物的转化率表示催化剂活性，转化率高则催化活性高，此种表示方法比较直观，但不够确切。

② 空时收率。空时收率是指单位时间内单位催化剂（单位体积或单位质量）能生成目的产物的数量，常表示为：kg(目的产物)/[m³(催化剂)·h]或 kg(目的产物)/[kg(催化剂)·h]。催化剂空时收率高，说明催化剂对于反应的促进作用和空间利用率都比较好，是一种理想的催化剂。

（2）选择性　指催化剂对反应类型、复杂反应的各个反应方向和产物结构的选择催化作用。它是催化剂的又一个重要指标。选择性可由式（3-1）计算：

$$选择性 = \frac{生成目的产物所消耗的原料量}{参加反应所转化掉的原料量} \times 100\% \qquad (3-1)$$

（3）使用寿命　指催化剂在反应条件下具有活性的使用时间，或活性下降经再生而又恢复的累计使用时间。催化剂寿命愈长，使用价值愈大。所以高活性、高选择性的催化剂还需要有长的使用寿命。

催化剂的活性随运转时间而变化。各类催化剂都有它自己的"寿命曲线"，即活性随时间变化的曲线，可分为三个时间段，如图 3-21 所示。

① 成熟期。在一般情况下，当催化剂开始使用时，其活性逐渐有所升高，可以看成是活化过程的延续，直至达到稳定的活性，即催化剂已经成熟。

② 稳定期。催化剂活性在一段时间内基本上保持稳定。这段时间的长短与使用的催化剂种类有关，可以从很短的几分钟到几年，这个稳定期越长越好。

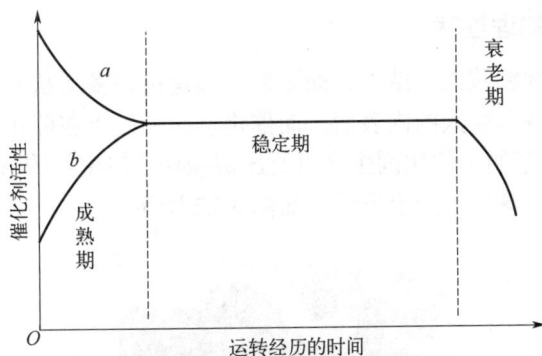

图 3-21 催化剂活性随时间变化曲线

a—起始活性很高，很快下降达到老化稳定；
b—起始活性很低，经一段诱导达到老化稳定

③ 衰老期。随着反应时间的增长，催化剂的活性逐渐下降，即开始衰老，直到催化剂的活性降低到不能再使用，此时必须再生，重新使其活化。如果再生无效，就要更换新的催化剂。

（4）机械强度与稳定性　催化剂的机械强度是指催化剂颗粒在力作用下所能承受的应力程度，即其抵抗破碎的能力。在气固相反应装置中大量原料气通过催化剂层，有时还需加压，可能造成催化剂挤压破碎；而催化剂在装卸、填装和使用时都要承受碰撞和摩擦，可能造成催化剂碰撞破碎。出现这种情况时，反应器内气体流动阻力增加，甚至可能将催化剂带走，造成催化剂的损失；更严重的还会堵塞设备和管道，被迫停车，甚至造成事故。

机械强度是催化剂活性、选择性和使用寿命之后的又一个评价催化剂质量的重要指标。工业上表示催化剂机械强度的方法也很多，并随反应器的要求而定。固定床反应器主要考虑压碎强度，流化床反应器则主要考虑磨损强度。影响催化剂机械强度的因素也很多，主要有催化剂的化学组成、物理结构、制备成型方法及使用条件等。

催化剂的稳定性是指在催化反应过程中，催化剂保持活性、选择性、抗毒性、热稳定性等性能和结构不变的能力。催化剂稳定性包括化学稳定性、耐热稳定性、抗毒稳定性、机械稳定性四个方面。

① 化学稳定性。催化剂的化学组成与化学状态在催化过程中稳定，活性组分与助剂不发生反应或流失。在特定环境下，要求催化剂能够耐碱、耐酸或耐强氧化性等。

② 耐热稳定性。催化剂在催化过程中不发生烧结、微晶长大和晶相转变等变化。衡量催化剂的热稳定性，是将使用温度逐渐升温，记录催化剂能忍受多高的温度和维持多长时间而活性不变，耐热温度越高、时间越长，则催化剂的耐热稳定性越高。

③ 抗毒稳定性。催化剂抗吸附活性毒物失活的能力称为抗毒稳定性，这些毒物泛指含硫、磷、卤素和砷等化合物，可能是原料中的杂质，也可能是反应中产生的副产物或中间化合物。各种催化剂对各种有害杂质有着不同的抗毒性，同一种催化剂对同一种杂质在不同的反应条件下也有不同的抗毒能力。

④ 机械稳定性。催化剂抗摩擦、冲击和重力作用的能力称为机械稳定性，其决定了催化剂使用过程中的破碎和磨损。机械稳定性高的催化剂能够经受得住颗粒与颗粒之间、颗粒与流体之间以及颗粒与器壁之间的摩擦。

4. 固体催化剂的物理性状

绝大多数固体催化剂颗粒为孔结构，即颗粒内部是由许多形状不规则、互相贯通的孔道组成，因此颗粒内部存在着巨大的内表面，而催化反应就发生在催化剂的表面上。

① 形状与尺寸。为了便于催化剂生产以及床层操作，催化剂的形状有多种，如球形、圆柱形、条形、蜂窝形、梅花形、无定形等，如图 3-22 所示。

图 3-22 固体催化剂形状

球形颗粒可直接用直径来表示其大小，其余催化剂颗粒大小应根据其形状特征给出其尺寸，如锭状颗粒应指出其直径与高度（如 $D \times h = 5mm \times 5mm$）。

同一类催化剂，由于应用场合不同，常要求不同的尺寸规格，形成一系列的牌号。流化床用的微球或粉末催化剂，其尺寸多数为微米级，应指出其粒度分布。

② 比表面积 S_g，是指单位质量催化剂所具有的表面积，单位 m^2/kg 或 m^2/g。比表面积与孔径大小有关，孔径越小，比表面积越大。

③ 孔容积 V_g，是指每克催化剂中孔隙的容积，单位 cm^3/g。多孔性催化剂的孔容积多数在 $0.1 \sim 1.0 cm^3/g$ 范围内。

各种载体的比表面积和孔容积见表 3-1。

表 3-1 各种载体的比表面积和孔容积

载体		比表面积/（m^2/g）	孔容积/（m^3/g）
高比表面积	活性炭	900～1100	0.3～2.0
	硅胶	400～800	0.4～4.0
	$Al_2O_3 \cdot SiO_2$	350～600	0.5～0.9
	Al_2O_3	100～200	0.2～0.3
	黏土、膨润土	150～280	0.3～0.5
	矾土	150	约 0.25
中等比表面积	氧化镁	30～50	0.3
	硅藻土	2～30	0.5～6.1
	石棉	1～16	—
低比表面积	钢铝石	0.1～1	0.08
	碳化硅	<1	0.40

④ 孔隙率 θ，是指催化剂孔隙体积与催化剂颗粒体积之比，cm^3（孔隙体积）/cm^3（颗粒体积）。

⑤ 空隙率 ε，是指颗粒之间的空隙体积与床层体积之比，cm^3（空隙体积）/cm^3（床层体积）。

⑥ 真密度 ρ_p，又称骨架密度，即催化剂颗粒中的固体实体的密度，g/cm^3。

⑦ 表观密度 ρ_s，又称假密度或颗粒密度，即包括催化剂颗粒中的孔隙体积时该颗粒的密度，g/cm^3（颗粒）。

⑧ 堆积密度 ρ_b，又称填充密度，是对催化剂床层而言，即当催化剂自由地填入反应器中时每单位体积反应器中催化剂的质量，kg/m^3（床层）。

注意：

① 催化剂比表面积直接影响催化活性、选择性，一般比表面积越大，催化剂活性、选择性也越高；

② 催化剂的形状、大小直接影响反应器内流体流动状态；

③ 催化剂大小和密度、床层空隙率直接影响流化床反应器内流体流化状态；

④ 颗粒孔隙率、床层空隙率直接影响反应器内传质过程；

⑤ 堆积密度直接影响反应器的利用率。

5. 催化剂的失活与再生

（1）**失活**　催化剂失活是指在使用过程中催化剂的反应活性随运转时间而下降的现象。所有催化剂在使用过程中其活性均会随着使用时间的延长而不断降低，在使用过程中缓慢地失活是正常的、允许的，但是催化剂活性的迅速下降将会导致工艺过程在经济上失去生命力。催化剂的失活原因是多种多样的，主要包括化学原因、受热原因及机械作用。

催化剂失活

① 结焦或称积炭，是指催化剂表面上生成含碳沉积物的过程。以有机物为原料，以固体为催化剂的多相催化反应过程几乎都可能发生结焦。发生结焦时，含碳沉积物将覆盖于催化剂表面，减少催化剂的表面积，同时会覆盖和包埋活性组分，使活性降低。结焦严重时含碳物质或其它物质会在催化剂孔中沉积，造成孔径减小，使反应物分子不能扩散进入孔中，这种现象称为堵塞。所以常把堵塞归并为结焦中毒，结焦失活是催化剂失活中最普遍和常见的失活形式，如图 3-23 所示为二段转化炉内结焦失活的催化剂。

图 3-23　二段转化炉内卸出结焦的催化剂

造成结焦失活的主要原因如下。

a. 酸结焦：该结焦过程主要是烃类原料在固体酸催化剂上或固体催化剂的酸性部位上通过酸催化聚合反应生成碳质物质。

b. 脱氢结焦：烃类原料在金属和金属氧化物的脱氢部位上分解生成炭或含碳原子团，形成结焦。

c. 离解结焦：该过程主要是一氧化碳或二氧化碳在催化剂的解离部位上解离生成炭，产生结焦。

结焦失活是可逆过程，附着在催化剂表面的含碳沉积物可与水蒸气或氢气作用，经气化除去。在气化再生过程中需密切关注再生温度与时间，防止发生催化剂的烧结。

② 中毒。催化剂所接触的流体中的少量杂质吸附在催化剂的活性位上，使催化剂的活性、选择性显著下降甚至消失，称之为中毒。使催化剂中毒的物质称为毒物。既然中毒是由于毒物和催化剂活性组分之间发生了某种相互作用，则可以根据这种相互作用的性质和强弱程度将毒物分成三类。

a. 暂时中毒也称为可逆中毒，主要是指毒物在活性中心上吸附或化合时，生成的键强度相对较弱，可以采取适当的方法除去毒物，使催化剂活性恢复而不会影响催化剂的性质。例如用于 CO 和萘氧化反应的催化剂遇氧化性毒物中毒后，可将它们加热至 800℃而使其活性恢复。

b. 永久中毒也称为不可逆中毒，主要是指毒物与催化剂活性组分相互作用，形成很强的化学键，难以用一般的方法将毒物除去以使催化剂活性恢复，这种中毒叫作不可逆中毒或永久中毒。如甲醇合成反应的铜基催化剂在发生硫化物中毒时，活性中心与硫作用形成硫化物，活性中心被永久占据，不能再生恢复。

c. 选择性中毒，指催化剂中毒之后可能失去对某一反应的催化能力，但对别的反应仍有催化活性，可提高催化剂的选择性。在连串反应中，如果毒物仅使导致后继反应的活性位中毒，则可使反应停留在中间阶段，获得高产率的中间产物。

在中毒的情形中，有一种较为常见的是金属污染。由于原油或煤直接液化的液体中含有微量金属化合物，在重油催化裂化过程很容易使催化剂中毒。其主要毒物是钠、钒和镍。其中钠对催化剂的毒害最大，它能中和催化剂上的活性中心，与分子筛催化剂上的氢和稀土作用，使催化剂活性中心永久损失，还会与载体形成低熔点共融物，增加催化剂对热烧结的敏感性，降低催化剂的热稳定性。钠还会使一氧化碳助燃剂中毒失效，并且钠的作用与再生温度有关。镍沉积在催化剂表面上，有催化脱氧作用，使氢气及焦炭产率增加。它只是部分地破坏催化剂的酸性中心，因此对催化剂活性影响不大。钒与镍不同，它在催化剂表面存留不牢，大部分将转移至内部，并与其相互作用，形成低熔点共融物。由于熔融破坏了分子筛的结构，使催化剂比表面积下降，活性和选择性也明显下降。因此催化剂金属污染的主要危害表现在：金属化合物可分解成高度分散的金属并沉积在催化剂表面，封闭催化剂表面部位和孔，使其活性下降；同时金属杂质自身具有一些催化活性，可能导致副反应的发生，使催化剂的选择性降低。在工业生产过程中，需采用化学法或吸附法除去原料中的金属化合物，或加入添加剂（锑的化合物），与金属杂质形成合金，使之钝化，防止金属污染。

③ 烧结。烧结是指粉状或粒状物料加热至一定温度范围时固结的过程。

催化剂发生烧结后，其微晶长大，孔减少，孔径分布发生变化，表面积减少，活性位数减少，催化剂活性降低。如图 3-24 所示。

图 3-24　烧结失活的催化剂

就其烧结原因而言，从热力学的角度分析，烧结由高度分散的活性组分微晶和结构缺陷转变为更稳定的状态，烧结过程自由能降低、表面能降低，是可自发进行的过程。因此在高温下所有的催化剂都将逐渐发生不可逆的结构变化，只是这种变化的快慢程度随着催化剂不同而异。

④ 其他原因。主要包括生成低活性化合物，如 V_2O_5-TiO_2 催化剂生成固溶体、Ni/Al_2O_3 催化剂生成尖晶石；相转变和相分离，如活性载体 γ-Al_2O_3 转变成低活性的 α-Al_2O_3；活性组分被包埋；反应气氛与活性组分生成挥发性物质或可升华的物质，活性组分挥发；催化剂在使用过程中应力的作用和组成、结构、孔结构的变化引起机械强度下降，颗粒破碎；固体杂质碎屑在催化剂颗粒上沉积，遮盖表面，堵塞孔道，甚至导致颗粒黏结。

（2）再生 催化剂的再生是在催化活性下降后，通过适当的处理使其活性得到恢复的操作。催化剂能否再生及其再生的方法，要根据催化剂失活的原因来决定。催化剂的再生是对于催化剂的暂时性中毒或物理中毒如微孔结构阻塞等进行再生，如果催化剂受到永久中毒或结构毒化，就难以进行再生。

工业上常用的再生方法有以下几种。

① 蒸汽处理。利用蒸汽介质对催化床层进行吹扫，除去催化剂表面的积炭物质。如轻油蒸汽转化制合成气的镍基催化剂，当处理积炭时，加大水蒸气或停止加油，单独使用水蒸气吹洗催化剂床层，直至所有的积炭全部清除为止。

② 空气处理。当催化剂表面吸附了碳或碳氢化合物，阻塞了微孔结构时，可通入空气进行燃烧或氧化，使催化剂表面的炭或碳氢化合物与氧反应，将炭转化为二氧化碳放出。

③ 还原处理。通入氢气或不含毒物的还原性气体进行还原处理。加氢的方法也是除去催化剂中含焦油状物质的一种有效途径。

④ 用酸或碱溶液处理。如加氢用的骨架催化剂被毒化后，通常采用酸或碱以除去毒物。

二、气固相催化反应动力学基础

由于气固相反应器绝大多数是用于固体催化反应，所以在进行气固相催化反应器设计计算前应了解催化剂及气固相反应动力学基础知识。

1. 气固相催化反应过程

一般而言，气固相催化反应必然发生在气固相接触的相界面处。由于固体催化剂一般是多孔结构，内部的表面积大，化学反应主要在这些表面上进行。

当气体通过固体颗粒时，气体在颗粒表面将形成一层相对静止的层流边界层（气膜），欲使流体主体中反应组分达到固体表面，必须穿过边界层。

气固相催化反应过程经历以下七个步骤，如图 3-25 所示。

① 反应组分从流体主体向固体催化剂外表面传递；
② 反应组分从催化剂外表面向催化剂内表面传递；
③ 反应组分在催化剂表面的活性中心上吸附；
④ 在催化剂表面上进行化学反应；
⑤ 反应产物在催化剂表面上解吸；
⑥ 反应产物从催化剂内表面向外表面传递；
⑦ 反应产物从催化剂的外表面向流体主体传递。

气固相催化反应
宏观步骤

以上七个步骤中，①和⑦是气相主体通过气膜，与颗粒外表面进行物质传递，称为外扩散过程；②和⑥是颗粒内的传质，称为内扩散过程；③④⑤是在颗粒表面上进行化学吸附、化学反应、化学解吸的过程，统称为化学动力学过程。

如图 3-26 所示为气固相催化反应步骤图。

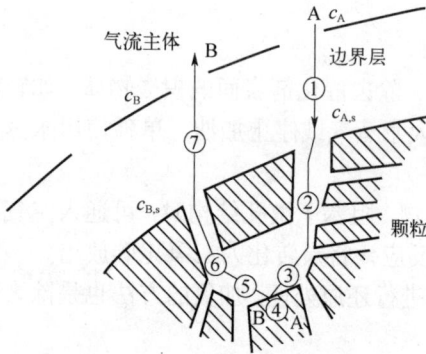

图 3-25　气固相反应过程

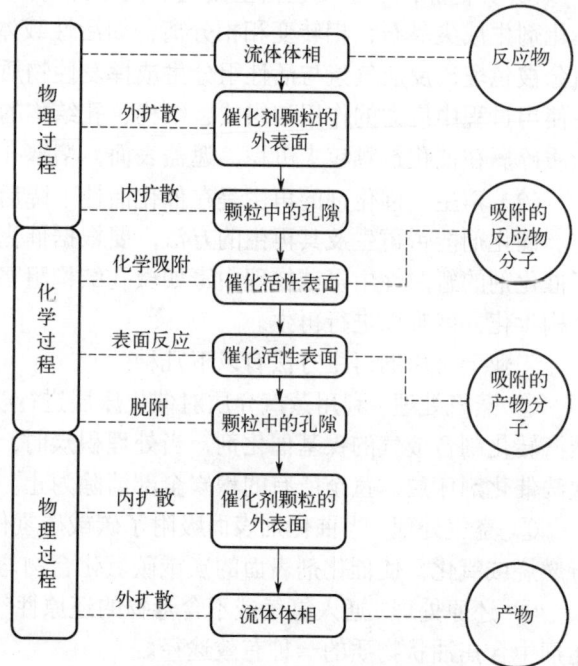

图 3-26　气固相催化反应步骤图

综上所述，气固相催化反应是一个多步骤过程。如果其中某一步骤的反应速率与其他各步的反应速率相比要慢得多，以致整个反应速率取决于这一步的反应速率，该步骤就称为反应速率控制步骤。当反应过程达到定常态时，各步骤的反应速率应该相等，且过程的速率等于控制步骤的速率。这一点对于分析和解决实际问题非常重要。

2. 气固相催化反应本征动力学

气固相催化反应本征动力学是研究固体催化剂及与其相接触的气体之间的化学反应动力学，该动力学方程排除了流体在固体表面处的外扩散及流体在固体孔隙中的内扩散的影响。

一切化学反应都涉及反应分子的电子结构重排。在气固相催化反应中，催化剂参与了这种重排。反应物分子以化学吸附的方式与催化剂相结合，形成吸附络合物即反应中间物，通常它进一步与相邻的其他反应物形成的络合物进行反应生成产物，最后反应产物再从吸附表面上脱附出来。

综上所述，气固相催化反应的本征动力学步骤大致可分为下述三步：

① 气相分子在固体催化剂上的化学吸附，形成吸附络合物；
② 吸附络合物之间相互反应生成产物络合物；
③ 产物络合物由固体表面处脱附出来。

按其机理来区分，步骤①和③属于化学吸附与化学脱附过程，步骤②为表面化学反应动力学过程。

（1）气固相催化反应速率的表示　表面化学反应过程中，根据化学反应速率的定义式中的反应区域不同，气固相催化反应速率表达式有以下几种。

① 选用催化剂颗粒体积，反应速率为：

$$-r_A = -\frac{1}{V_S}\frac{dn_A}{dt} \tag{3-2}$$

式中，V_S 为催化剂体积，m^3；r_A 为反应速率，$kmol/[m^3(催化剂)\cdot h]$。

② 选用催化剂质量，反应速率为：

$$-r_A = -\frac{1}{m_S}\frac{dn_A}{dt} \tag{3-3}$$

式中，m_S 为催化剂质量，kg；r_A 为反应速率，$kmol/[kg(催化剂)\cdot h]$。

③ 选用催化剂比表面积，反应速率为：

$$-r_A = -\frac{1}{S_V}\frac{dn_A}{dt} \tag{3-4}$$

式中，S_V 为单位质量（或体积）催化剂的表面积，m^2/g；r_A 为反应速率，$kmol\cdot g/(m^2\cdot h)$。

由此可见，即使描述同一反应过程，反应区域的选择不同，反应速率的数值大小和单位均可不同。

（2）化学吸附与脱附　催化作用的部分奥秘无疑是在于所谓的化学吸附现象，化学吸附被认为是由于电子的共用或转移而发生相互作用的分子与固体间电子重排。气体分子与固体之间的相互作用力具有化学键的特征，与固体物质和气体分子间仅借助于范德瓦耳斯力的物理吸附明显不同，前者在吸附过程中有电子的转移和重排，而后者不发生此类现象。二者的区别见表3-2。

表 3-2　物理吸附与化学吸附的对比

项目	物理吸附	化学吸附
吸附剂	一切固体	某些固体
吸附物	低于临界点的一切气体	某些化学上起反应的气体
吸附热	<8kJ/mol，与冷凝热数量级相当	>40kJ/mol，与反应热数量级相当，但有例外
吸附速率及活化能	非常快，活化能低，<4kJ/mol	非活化吸附活化能低，活化吸附活化能高，>40kJ/mol
覆盖情况	多层吸附	单层吸附或不满一层
可逆性	高度可逆	常常是不可逆
选择性	无，可在全部表面上吸附	有，只有表面上一部分发生吸附

总而言之，化学吸附可被看作为吸附剂与被吸附物之间发生了化学反应。

（3）化学吸附速率的一般表达式　由于化学吸附只能发生于固体表面那些能与气相分子起反应的原子上，通常把该类原子称为活性中心，用符号"σ"表示。由于化学吸附类似于化学反应，因此气相中 A 组分在活性中心上的吸附用如下吸附式表示：

$$A+\sigma \longrightarrow A\sigma \tag{3-5}$$

组分 A 的吸附率 θ_A 为固体表面被 A 组分覆盖的活性中心数与总活性中心数之比，即：

$$\theta_A = \frac{被A组分覆盖的活性中心数}{总的活性中心数} \tag{3-6}$$

空位率即：

$$\theta_V = \frac{\text{未被覆盖的活性中心数}}{\text{总的活性中心数}} \tag{3-7}$$

设 θ_i 为 i 组分的覆盖率，可得：

$$\sum \theta_i + \theta_V = 1 \tag{3-8}$$

对于吸附过程吸附速率可表达为：

$$r_a = k_{a0} \exp\left(-\frac{E_a}{RT}\right) p_A \theta_V \tag{3-9}$$

式中，r_a 为吸附速率；E_a 为吸附活化能；p_A 为 A 组分在气相中的分压；θ_V 为空位率；k_{a0} 为吸附的指前因子；R 为摩尔气体常数；T 为温度。

吸附过程是可逆的，一般脱附式可以写成：

$$A\sigma \longrightarrow A + \sigma \tag{3-10}$$

脱附速率表达式为：

$$r_d = k_{d0} \exp\left(-\frac{E_d}{RT}\right) \theta_A \tag{3-11}$$

式中，r_d 为脱附速率；k_{d0} 为脱附的指前因子；E_d 为脱附活化能；θ_A 为 A 组分的覆盖率。吸附的表观速率 r 为吸附速率与脱附速率之差。

$$r = r_a - r_d \tag{3-12}$$

$$r = k_{a0} \exp\left(-\frac{E_a}{RT}\right) p_A \theta_V - k_{d0} \exp\left(-\frac{E_d}{RT}\right) \theta_A \tag{3-13}$$

当吸附达到平衡时，吸附表观速率为零，即：

$$r_a = r_d \tag{3-14}$$

$$k_{a0} \exp\left(-\frac{E_a}{RT}\right) p_A \theta_V = k_{d0} \exp\left(-\frac{E_d}{RT}\right) \theta_A \tag{3-15}$$

可得：

$$K_A = \frac{k_{a0}}{k_{d0}}\left(\frac{E_d - E_a}{RT}\right) = \frac{k_{a0}}{k_{d0}} \exp\left(\frac{q}{RT}\right) = \frac{\theta_A}{p_A \theta_V} \tag{3-16}$$

上式即为吸附平衡方程。

朗缪尔吸附模型是由美国化学家欧文·朗缪尔提出的用于描述固体表面对气体分子吸附的模型。

朗缪尔吸附模型假设吸附过程满足下列条件：①催化剂表面上活性中心分布是均匀的，即催化剂表面各处的吸附能力是均一的；②吸附活化能和脱附活化能与表面吸附的程度无关；③每个活性中心仅能吸附一个气相分子（单层吸附）；④被吸附分子间互不影响，也不影响空位对气相分子的吸附（吸附分子之间无作用力）。

上述各个假定与实际情况显然是有差异的，朗缪尔模型实际上是一种理想情况，因此该模型也称为理想吸附模型。

① 若固体吸附剂仅吸附 A 组分，此时吸附式为：

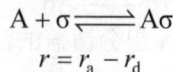

$$A + \sigma \rightleftharpoons A\sigma$$

$$r = r_a - r_d$$

吸附速率 $$r_a = k_a p_A \theta_V = k_{a0} \exp\left(-\frac{E_a}{RT}\right) p_A \theta_V \qquad (3-17)$$

脱附速率 $$r_d = k_d \theta_A = k_{d0} \exp\left(-\frac{E_a}{RT}\right)\theta_A \qquad (3-18)$$

吸附表观速率 $$r = k_{a0} \exp\left(-\frac{E_a}{RT}\right) p_A \theta_V - k_{d0} \exp\left(-\frac{E_a}{RT}\right)\theta_A \qquad (3-19)$$

当达到吸附平衡时：

$$k_a p_A(1-\theta_A) = k_d \theta_A \qquad (3-20)$$

令 $K_A = \dfrac{k_a}{k_d}$ ，称吸附平衡常数，可得：

$$\theta_A = \frac{K_A p_A}{1 + K_A p_A} \qquad (3-21)$$

称为朗缪尔吸附等温式。

② 若 A 组分在吸附时发生解离，如 $O_2 \rightleftharpoons 2O$ ，则吸附式为：

$$A_2 + 2\sigma \rightleftharpoons 2A\sigma$$

吸附速率 $$r_a = k_a p_A \theta_V^2$$

脱附速率 $$r_d = k_d \theta_A^2$$

吸附表观速率 $$r = k_a p_A \theta_V^2 - k_d \theta_A^2$$

吸附达到平衡时，吸附等温式为：

$$\theta_A = \frac{\sqrt{K_A p_A}}{1 + \sqrt{K_A p_A}} \qquad (3-22)$$

③ 若固体吸附剂不仅吸附 A 组分，而且还吸附 B 组分。

吸附剂与 A 组分的吸附关系如下：

吸附式 $$A + \sigma \rightleftharpoons A\sigma$$

吸附速率 $$r_{aA} = k_{aA} p_A \theta_V$$

脱附速率 $$r_{dA} = k_{dA} \theta_A$$

吸附表观速率 $$r_A = k_{aA} p_A \theta_V - k_{dA} \theta_A$$

吸附平衡时 $$K_A p_A \theta_V = \theta_A \qquad (3-23)$$

吸附剂对 B 组分的吸附关系为：

$$B + \sigma \rightleftharpoons B\sigma$$

吸附速率 $$r_{aB} = k_{aB} p_B \theta_V$$

脱附速率 $$r_{dB} = k_{dB} \theta_B$$

吸附表观速率 $$r_B = k_{aB} p_B \theta_V - k_{dB} \theta_B$$

吸附平衡时 $$K_B p_B \theta_V = \theta_B \qquad (3-24)$$

根据覆盖率定义 $$\theta_A + \theta_B + \theta_V = 1 \qquad (3-25)$$

联解式（3-23）、式（3-24）和式（3-25）可得：

$$\theta_V = \frac{1}{1 + K_A p_A + K_B p_B} \tag{3-26}$$

A、B 组分的朗缪尔吸附等温式分别为：

$$\theta_A = \frac{K_A p_A}{1 + K_A p_A + K_B p_B} \tag{3-27}$$

$$\theta_B = \frac{K_B p_B}{1 + K_A p_A + K_B p_B} \tag{3-28}$$

对于 n 个组分在同一吸附剂上被吸附时，表观吸附速率通式为：

$$r_i = k_{ai} p_i \theta_V - k_{di} \theta_i \tag{3-29}$$

吸附等温式为：

$$\theta_i = \frac{K_i p_i}{1 + \sum_{i=1}^{n} K_i p_i} \tag{3-30}$$

若其中有解离时，仅需将该组分的（$K_i p_i$）项改成（$\sqrt{K_i p_i}$）即可。

（4）表面化学反应　表面化学反应动力学主要研究被催化剂吸附的反应物分子之间反应生成产物过程的速率问题。该反应式通常可表示如下：

$$A\sigma + B\sigma + \cdots \rightleftharpoons R\sigma + S\sigma + \cdots$$

由于该反应为基元反应，其反应级数与化学计量数相等，因此表面化学反应的正反应速率为：

$$r_s = k_s \theta_A \theta_B \cdots \tag{3-31}$$

逆反应速率为：

$$r_s' = k_s' \theta_R \theta_S \cdots \tag{3-32}$$

则表面化学反应速率为：

$$r = r_s - r_s' = k_s \theta_A \theta_B \cdots - k_s' \theta_R \theta_S \cdots \tag{3-33}$$

当反应达到平衡时：

$$r = r_s - r_s' = 0$$

则表面化学反应平衡常数　　$$K_s = \frac{k_s}{k_s'} = \frac{\theta_R \theta_S \cdots}{\theta_A \theta_B \cdots} \tag{3-34}$$

（5）反应本征动力学　由反应物的吸附、表面化学反应、产物的脱附三步综合获得的反应速率关系式即为本征动力学方程。本征动力学方程的型式主要有双曲线型本征动力学方程和幂函数型本征动力学方程。

下面介绍双曲线型本征动力学方程。该方程是基于豪根-瓦森模型演算而得。

豪根-瓦森模型假设：①在吸附-反应-脱附三个步骤中必然存在一个控制步骤，该控制步骤的速率便是本征反应速率；②除了控制步骤外，其他步骤均处于平衡状态；③吸附和脱附过程属于理想过程，即吸附和脱附过程可用朗缪尔吸附模型加以描述。对于不同的控制步骤，采用豪根-瓦森模型进行处理可得相应的本征动力学方程。

现举例予以说明。

【例题 3-1】对于某一反应过程，其反应式为：

$$A \rightleftharpoons R$$

假定反应机理符合豪根-瓦森模型，试写出不同控制步骤导出的本征动力学方程。

解： 设想该反应的机理步骤为：

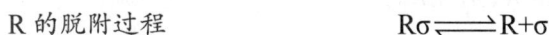

A 的吸附过程　　　　　　　　　　$A+\sigma \rightleftharpoons A\sigma$

表面反应过程　　　　　　　　　　$A\sigma \rightleftharpoons R\sigma$

R 的脱附过程　　　　　　　　　　$R\sigma \rightleftharpoons R+\sigma$

此时各步骤的表观速率方程为：

吸附过程速率 r_A　　　　　　$r_A = k_A p_A \theta_V - k'_A \theta_A$ 　　　　　（1）

表面反应速率 r_S　　　　　　$r_S = k_S \theta_A - k'_S \theta_R$ 　　　　　　（2）

脱附过程速率 r_R　　　　　　$r_R = k_R \theta_R - k'_R p_R \theta_V$ 　　　　　（3）

其中　　　　　　　　　　$\theta_A + \theta_R + \theta_V = 1$ 　　　　　　　　（4）

① 吸附过程控制。若 A 组分的吸附过程是控制步骤，则本征反应速率式为：

$$r = r_A = k_A p_A \theta_V - k'_A \theta_A \tag{5}$$

此时表面反应达到平衡（ $r_S = 0$ ），即：

$$K_S = \frac{\theta_R}{\theta_A} \tag{6}$$

R 的脱附达到平衡（ $r_R = 0$ ），即：

$$\theta_R = K_R p_R \theta_V \tag{7}$$

联式（4）、（6）、（7）可得：

$$\theta_V = \frac{1}{\left(\dfrac{1}{K_S}+1\right) K_R p_R + 1}$$

$$\theta_A = \frac{\dfrac{K_R}{K_S} p_R}{\left(\dfrac{1}{K_S}+1\right) K_R p_R + 1}$$

该过程的本征动力学方程为：

$$r = r_A = k_A \frac{p_A - \dfrac{K_R}{K_S K_A} p_R}{\left(\dfrac{1}{K_S}+1\right) K_R p_R + 1}$$

② 表面反应过程控制。若表面反应过程为控制步骤，则表面反应速率即是本征反应速率：

$$r = r_S = k_S \theta_A - k'_S \theta_R$$

此时吸附达到平衡，即：　　　　$K_A p_A \theta_V = \theta_A$ 　　　　　　（8）

R 的脱附达到平衡，即：　　　　$K_R p_R \theta_V = \theta_R$ 　　　　　　（9）

联式（4）、（8）、（9）可得：

$$\theta_V = \frac{1}{1 + K_A p_A + K_R p_R}$$

$$\theta_A = \frac{K_A p_A}{1 + K_A p_A + K_R p_R}$$

该过程的本征动力学方程为：

$$\theta_R = \frac{K_R p_R}{1 + K_A p_A + K_R p_R}$$

$$r = r_S = k_S \frac{K_A p_A - \frac{K_R}{K_S} p_R}{1 + K_A p_A + K_R p_R}$$

③ 解吸过程控制。若 R 的脱附过程为控制步骤，则：

$$r = r_R = k_R \theta_R - k_R' p_R \theta_V$$

吸附平衡式： $\qquad\qquad \theta_A = K_A p_A \theta_V$ （10）

表面反应平衡式：

$$K_S = \frac{\theta_R}{\theta_A} \qquad\qquad (11)$$

$$\theta_A + \theta_R + \theta_V = 1 \qquad\qquad (12)$$

联式（10）、（11）、（12）可得：

$$\theta_V = \frac{1}{1 + K_A p_A + K_S K_A p_A}$$

$$\theta_A = \frac{K_A p_A}{1 + K_A p_A + K_S K_A p_A}$$

$$\theta_R = \frac{K_S K_A p_A}{1 + K_A p_A + K_S K_A p_A}$$

可得： $\qquad\qquad r = r_R = k_R \dfrac{K_S K_A p_A - \dfrac{p_R}{K_R}}{1 + K_A p_A + K_S K_A p_A}$

气固相催化反应本征动力学方程的推导步骤可归纳为如下几点：

① 假定反应机理，即确定反应所经历的步骤。

② 确定速率控制步骤，该步骤的速率即为反应过程的速率。根据速率控制步骤的类型，写出该步骤的速率方程。

③ 非速率控制步骤均达到平衡。若为吸附或解吸步骤，列出朗缪尔吸附等温式，若为化学反应，则写出化学平衡式。

④ 利用所列平衡式与 $\sum \theta_i + \theta_V = 1$，将速率方程中各种表面浓度变换为气相组分分压的函数，即得所求的反应速率方程。

注：气固相催化反应本征动力学是讨论固体相上某一点与该点接触的气相之间进行化学反应的关联式，即排除了内、外扩散影响后的化学反应动力学。但是在反应气床层内的催化剂中，由于受内、外扩散的影响，颗粒内各处的温度和浓度不同，因而在颗粒内各处的实际反应速率并不相同，这样反应速率关联式应用起来相当繁杂和困难。如果把动力学方程表示成以催化剂颗粒体积为基准的平均反应速率与其影响因素之间的关联式，则应用起来方便得多。以颗粒催化剂体积为基准的平均反应速率称为宏观反应速率。

宏观反应速率不仅与本征反应速率有关，还与催化剂颗粒的大小、形状以及气体扩散过程有关。宏观速率与其影响因素之间的关系称为宏观动力学。对于气固相催化反应，宏观反应动力学的研究更具有实际和重要的意义。

三、固定床反应器内流体流动特性分析

在固定床反应器中，流体是从颗粒间的缝隙通过，并不断与颗粒碰撞发生转向流动，其流体流动状况直接影响到传热与传质过程。因此，了解与流动有关的催化剂床层的性质是非常重要的。

1. 催化剂床层特性

（1）催化剂颗粒直径与形状系数　为了便于催化剂生产以及床层操作，催化剂的形状有多种，如球形、圆柱形、环状、片状、无定形等，其中以球形与圆柱形更为常见。球形颗粒可直接用直径来表示其大小；而非球形颗粒，常用与球形颗粒作对比所得到的相当直径来表示其大小。颗粒的形状是用形状系数来表示。

① 体积当量直径。体积当量直径 d_V 是采用体积相同的球形颗粒直径来表示非球形颗粒直径，即：

$$d_V = \left(6\frac{V_p}{\pi} \right)^{\frac{1}{3}} = 1.241 V_p^{\frac{1}{3}} \tag{3-35}$$

式中　d_V——体积当量直径，mm；

　　　V_p——非球形颗粒的体积，mm^3。

② 面积当量直径 d_a 是采用外表面积相同的球形颗粒直径来表示非球形颗粒直径，即：

$$d_a = \left(\frac{A_p}{\pi} \right)^{\frac{1}{2}} = 0.564 A_p^{\frac{1}{2}} \tag{3-36}$$

式中　d_a——面积当量直径，mm；

　　　A_p——非球形颗粒的外表面积，mm^2。

③ 比表面积当量直径 d_S 是采用比表面积相同的球形颗粒直径来表示非球形颗粒直径。非球形颗粒直径比表面积为：

$$S_V = \frac{A_p}{V_p}$$

式中　S_V——非球形颗粒的比表面积，m^2/m^3。

则：

$$S_V = \frac{6}{d_S}$$

$$d_S = \frac{6}{S_V} = \frac{6V_p}{A_p} \tag{3-37}$$

式中　d_S——比表面积当量直径，mm。

注：对于固定床反应器，在研究流体力学时，常用体积当量直径；而在研究传热传质时，常用面积当量直径。

④ 平均直径。当床层是由大小不一的催化剂颗粒构成时，整个床层催化剂颗粒的平均直

径 d_p 可用调和平均法计算得到，即：

$$\frac{1}{d_p} = \sum_{i=1}^{n} \frac{x_i}{d_i} \tag{3-38}$$

式中　d_p——颗粒的平均直径，mm；

　　　x_i——各种筛分粒径所占的质量分数；

　　　d_i——质量分数为 x_i 的筛分颗粒的平均粒径，mm。

而各筛分颗粒的平均粒径 d_i 取上、下筛目尺寸的几何平均值。即：

$$d_i = \sqrt{d_i' d_i''}$$

式中　d_i', d_i''——同一筛分颗粒上、下筛目尺寸，mm。

标准筛的部分规格见表 3-3。

表 3-3　标准筛的部分规格

目数	20	40	60	80	100	120	140
孔径/（10^{-3}m）	0.920	0.442	0.272	0.196	0.152	0.121	0.105

⑤ 形状系数 φ_S。催化剂的形状系数 φ_S 用球形颗粒的外表面积与体积相同的非球形外表面积之比表示。

$$\varphi_S = \frac{A_a}{A_p} \tag{3-39}$$

式中　A_a——与非球形颗粒等体积的球形颗粒外表面积，m²。

形状系数 φ_S 反映了非球形颗粒与球形颗粒的差异程度。对球形颗粒来说，$\varphi_S = 1$；对非球形颗粒，$\varphi_S < 1$。

三种当量直径之间的关系可以通过形状系数来关联。即：

$$d_S = \varphi_S d_V = \varphi_S^{\frac{3}{2}} d_a \tag{3-40}$$

【例题 3-2】某圆柱形催化剂，直径 $d=5$mm，高 $h=10$mm，求该催化剂的当量直径 d_V, d_a, d_S 及形状系数 φ_S。

解：圆柱体催化剂的体积为 $V_p = \frac{\pi}{4} d^2 h$，面积为 $A_p = 2\pi r(h+r)$。

则面积当量直径为：

$$d_a = \left(\frac{A_p}{\pi} \right)^{\frac{1}{2}} = \left[\frac{2\pi r(h+r)}{\pi} \right]^{\frac{1}{2}}$$

$$= \left[2 \times \frac{5}{2} \times \left(10 + \frac{5}{2} \right) \right]^{\frac{1}{2}} = 7.91 (\text{mm})$$

比表面积当量直径为：

$$d_S = 6 \frac{V_p}{A_p} = \left[\frac{6 \times \frac{\pi}{4} d^2 h}{2\pi r(h+r)} \right] = \frac{6 \times \frac{\pi}{4} \times 5^2 \times 10}{2 \times \pi \times \frac{5}{2} \times \left(10 + \frac{5}{2} \right)} = 6 (\text{mm})$$

体积当量直径为：$d_V = \left(6\frac{V_p}{\pi}\right)^{\frac{1}{3}} = \left(6 \times \frac{\frac{\pi}{4}d^2 h}{\pi}\right)^{\frac{1}{3}} = \left(\frac{6 \times \frac{\pi}{4} \times 5^2 \times 10}{\pi}\right)^{\frac{1}{3}} = 7.21\text{(mm)}$

形状系数为：$\varphi_S = \dfrac{d_S}{d_V} = \dfrac{6}{7.21} = 0.832$

（2）床层空隙率　讨论流体在床层中行为时，床层空隙率是一个重要参数。空隙率是指单位床层体积内的空隙体积，用 ε_B 表示，即：

$$\varepsilon_B = \frac{空隙体积}{床层体积} = 1 - \frac{颗粒体积}{床层体积} = 1 - \frac{V_p}{V_B}$$

$$\varepsilon_B = 1 - \frac{颗粒质量\big/床层体积}{颗粒质量\big/颗粒体积} = 1 - \frac{颗粒堆积密度}{颗粒密度} = 1 - \frac{\rho_B}{\rho_p}$$

式中　ε_B——床层空隙率；

ρ_p——催化剂颗粒密度，kg/m^3；

ρ_B——催化剂床层堆积密度，kg/m^3。

床层空隙率是催化剂床层的一个重要参数，它与颗粒大小、形状、充填方式、表面粗糙度、粒径分布等有关，对床层流体流动、传热、传质影响较大，也是影响床层压降的主要因素。

试验结果表明：床层空隙率不仅与颗粒尺寸和形状有关，还与床层直径有关。在壁面附近处空隙率大，而且空隙率的变化也大。离器壁越远，变化逐渐减小，最后趋于一个定值。如图 3-27 所示。

空隙率的分布将直接影响流体流速的分布，图 3-28 为流体在床层径向流速分布曲线。床层空隙率不均匀，引起流速不同，使流体与颗粒间传热、传质行为不同，流体的停留时间不同，最终会影响到化学反应的结果。

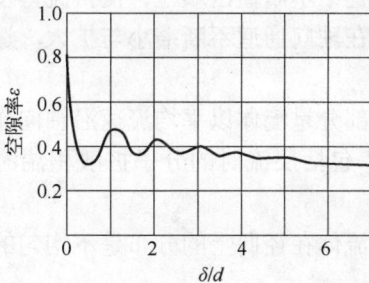

图 3-27　空隙率与床层径向位置的关系
δ—器壁间距；d—床层直径

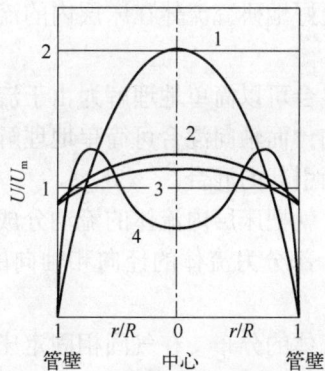

图 3-28　床层径向流速分布示意图
1—空管内层流；2—空管内湍流；3—填充层内液体流动；
4—填充层内气体流动（U_m 为平均流速）

沿壁效应：由于沿壁处空隙率不同而带来的对过程的影响称为沿壁效应。

为减少沿壁效应的影响，要求床层直径（d_t）至少为颗粒直径 d_p 的八倍，即 $d_t > 8d_p$。

如果不考虑壁效应，填充单一尺寸的球形颗粒的床层空隙率接近某一定值（0.35～0.4），该值与填充方式有关，与颗粒直径无关。

填充不同尺寸的颗粒，其空隙率小于均匀颗粒，粒径相差越大空隙率越低。

（3）固定床的当量直径　固定床的当量直径就是4倍的水力半径，即：

$$d_e = 4R_H = 4\frac{流道有效截面积}{流道润湿周边长} = \frac{4\varepsilon_B}{S_e} \qquad (3\text{-}41)$$

$$S_e = \frac{(1-\varepsilon_B)A_p}{V_p} = \frac{6(1-\varepsilon_B)}{d_S} \qquad (3\text{-}42)$$

则：

$$d_e = 4R_H = \frac{4\varepsilon_B}{S_e} = \frac{2}{3}\left(\frac{\varepsilon_B}{1-\varepsilon_B}\right)d_S \qquad (3\text{-}43)$$

式中　d_e——当量直径，m；

　　　R_H——水力半径，m；

　　　S_e——床层比表面积，m^2/m^3。

【例题 3-3】固定床反应器输送气体反应物的风机，其气流通道为矩形，边长分别为 a 和 b，求其当量直径 d_e。

解：将数据直接代入式（3-43），可计算出当量直径为：

$$d_e = 4R_H = 4 \times \frac{ab}{2(a+b)} = \frac{2ab}{a+b}$$

2. 固定床反应器内流体的流动特性

（1）流动特性　流体在固定床层中的流动较在空管中流动要复杂得多。在固定床中，流体在颗粒间的空隙中流动，流动通道是弯曲、变径、相互交错的，流体撞击颗粒后分流、混合、改变流向，增加了流体的扰动程度，因此较空管更容易形成湍流。

为了更好地研究流体在床层内的流动特性，通常需要从径向混合和轴向混合两个方面来考虑。

径向混合可以简单地理解为由于流体在流动过程中不断撞击颗粒，使得流体发生分流、变向造成的；而轴向混合可简单地理解为由于流体在轴向通道不断缩小与扩大，造成流体的流速变化而引起的混合。

这样，就把床层内流体的流动分成两部分：一部分是流体以平均流速沿轴向作理想置换流动；另一部分为流体的径向和轴向的混合扩散，包括层流时的分子扩散和湍流时的涡流扩散。

（2）气体的分布　在气固相固定床反应器中，流体在径向上的分布是不均匀的，主要原因如下。

① 由于空隙率分布不均匀，造成气流分布也不均匀。

② 流体流速的不均匀分布，造成物料在床层内停留时间不同。

③ 较大气速的气流进入反应器之初，具有相当大的动能，直接冲入床层，造成气流分布不均匀。

④ 催化剂颗粒在堆积过程中产生的沟流、短路等现象，破坏正常操作，最终影响到反应

结果。

提高床层内气体流速分布的均匀性对降低返混，提高反应器生产能力和反应选择性具有重要意义。

提高气体分布的均匀性，原则上有以下方法。

① 催化剂大小要均一，充填时注意保持各个部位密度均匀，保证催化剂床层各个部位阻力相同；

② 消除气流初始动能，使气流均匀流入反应器床层。在反应器的气流入口处设附加导流装置，如装设分布头、扩散锥或填入环形、栅板形、球形等惰性填料，如图 3-29 所示；或增设环形进料管或多口螺旋形进料装置等，如图 3-30 所示。

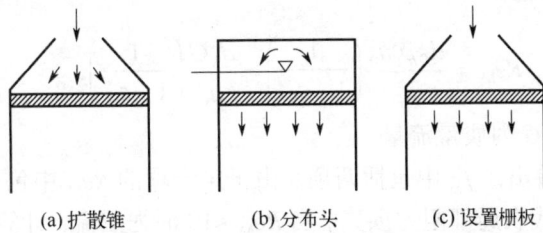

(a) 扩散锥   (b) 分布头   (c) 设置栅板

图 3-29 消除初始动能的方法示意图

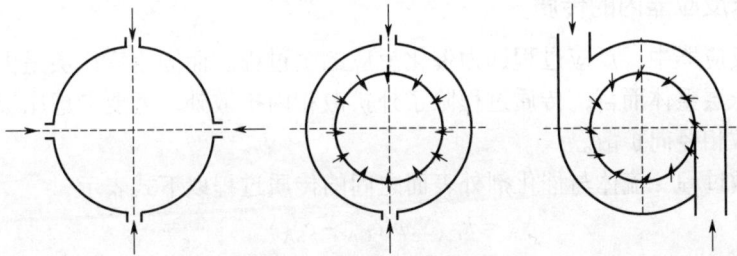

图 3-30 附加导流装置示意图

另外，还可采用适当的流向，利用自然对流来调整各处气流运动的推动力或采用改变管排列形式的方法，使气流分布更合理。

（3）床层压降 流体通过床层所产生的压降，主要来源于流体与颗粒表面间的摩擦阻力和流体在通道内的收缩、扩大与撞击颗粒、变向分流等引起的局部阻力。计算流体流过固定床压降的方法很多，但基本上都是利用流体在空管中流动的压降计算公式经修正而成的，最常用的是欧根（Ergun）公式。

流体在圆管中等温流动时的压降

$$\Delta p = f \frac{L}{d_t} \times \frac{\rho_f u_0^2}{2} \tag{3-44}$$

式中 Δp —— 压降，Pa；

L —— 管长，m；

d_t —— 管内径，m；

ρ_f —— 流体密度，kg/m³；

u_0 —— 流体平均流速，m/s；

f ——摩擦阻力系数。

对于固定床，流体在固定床中的流动的长度为 L'，即 $L' = f_L L$；气体在空隙中的流速为 u，即 $u = u_0 / \varepsilon_B$；采用床层当量直径，为 d_e，即：$d_e = \dfrac{2}{3}\left(\dfrac{\varepsilon_B}{1-\varepsilon_B}\right)d_S$，

经整理后得：

$$\Delta p = f_m \frac{\rho_f u_0^2}{d_S} \times \frac{L(1-\varepsilon_B)}{\varepsilon_B^3} \tag{3-45}$$

通过实验测定得到摩擦阻力系数修正值　　$f_m = \dfrac{150}{Re_M} + 1.75$ （3-46）

式中，Re_M 为修正的雷诺数。

$$Re_M = \frac{d_S \rho_f u_0}{\mu_f}\left(\frac{1}{1-\varepsilon_B}\right) = \frac{d_S G}{\mu_f}\left(\frac{1}{1-\varepsilon_B}\right) \tag{3-47}$$

式中，μ_f 为流体黏度；G 为质量流量。

从式（3-46）可以看出，f_m 中包括两项。由于第一项的 Re_M 中包含有黏度项，代表摩擦阻力损失，而第二项则代表局部阻力损失。当 $Re_M < 10$ 时为层流，计算压降时可省去第二项；当 $Re_M > 1000$ 时为充分湍流，计算压降时可省去第一项。空隙率是影响压降的重要因素。

3. 固定床反应器内的传质

在固定床反应器中，反应过程即为催化反应的全过程。而固定床床层是由许多固体颗粒所组成的。就床层整体而言，传质过程除了外扩散和内扩散外，还要考虑床层内流体的混合扩散即轴向扩散和径向扩散。

（1）外扩散过程　流体与催化剂外表面之间的传质过程以下式表示：

$$N_A = k_{CA} S_e \varphi(c_{GA} - c_{SA}) \tag{3-48}$$

式中　N_A ——组分 A 的传递速率，$kmol/(h \cdot m^3)$；

k_{CA} ——以浓度差为推动力的外扩散传质系数，m/h；

S_e ——催化剂床层比表面积，m^2/m^3；

c_{GA} ——组分 A 在气流主体中的浓度，$kmol/m^3$；

c_{SA} ——组分 A 在催化剂外表面处的浓度，$kmol/m^3$；

φ ——外表面积校正系数（球形颗粒：$\varphi = 1$；圆柱形、无定形 $\varphi = 0.9$，片状 $\varphi = 0.81$）。

对于气体，一般以分压表示，即：

$$N_A = k_{GA} S_e \varphi(p_{GA} - p_{SA}) \tag{3-49}$$

式中　k_{GA} ——以分压差为推动力的外扩散传质系数，$kmol/(h \cdot m^2 \cdot Pa)$；

p_{GA} ——组分 A 在气流主体中的分压，Pa；

p_{SA} ——组分 A 在催化剂外表面处的分压，Pa。

如气体可当作理想气体，则有：

$$k_{GA} = \frac{k_{CA}}{RT}$$

外扩散传质系数的大小，反映了主流体中的涡流扩散阻力和颗粒外表面层流膜中的分子扩散阻力的大小。它与扩散组分的性质、流体的性质、颗粒表面形状和流动状态等因素有关。

增大流速可以显著地提高外扩散传质系数。外扩散传质系数在床层内随位置而变，通常是对整个床层取同一平均值。

在工业生产过程中，固定床反应器一般都在较高流速下操作。主流体与催化剂外表面之间的压差很小，一般可以忽略不计，因此外扩散的影响也可以忽略。

（2）内扩散过程　多孔催化剂颗粒内的扩散现象非常复杂，扩散路径极不规则，当孔的大小不同时，气体分子扩散机理亦有所不同。

① 分子扩散。当孔径较大时，即颗粒内孔径 d_0 大于分子平均自由行程 λ 时，且 $d_0/\lambda > 100$ 时，扩散过程将不受孔径的影响，分子的扩散阻力主要是由于分子间碰撞所致，这种扩散就是通常所称的分子扩散或容积扩散。

② 克努森扩散。当孔径 d_0 小于分子平均自由行程 λ 时，且 $d_0/\lambda < 0.1$ 时，碰撞主要发生在气体分子与孔壁之间，而分子之间的相互碰撞则影响甚微，这种扩散为克努森扩散。

③ 综合扩散。在给定的孔道中某一浓度范围内，上述两种扩散都同时存在，即 $0.1 < d_0/\lambda < 100$ 时，分子与分子间碰撞以及分子与孔壁间碰撞形成的扩散阻力均不可忽略，这种扩散称为综合扩散。

催化剂微孔内的扩散过程对反应速率有很大的影响。反应物进入微孔后，边扩散边反应，在此过程中，如果扩散速率小于表面反应速率，沿扩散方向反应物浓度逐渐降低，以致反应速率也随之下降。

内扩散对反应速率的影响可由催化剂有效系数 η 进行定量说明。

$$\eta = \frac{\text{实际催化反应速率}}{\text{催化剂内表面与外表面温度、浓度相同时的反应速率}} = \frac{r_{\mathrm{p}}}{r_{\mathrm{S}}}$$

催化剂有效系数 η 是通过实验测定的，测定过程为：①测定催化剂颗粒实际反应速率 r_{p}；②将催化剂颗粒逐次压碎，使其内表面暴露出来，然后在相同条件下测定反应速率 r_{S}，两者之比即为 η。

当 $\eta \approx 1$ 时，反应过程为动力学控制，即内扩散对化学反应速率的影响可以忽略；当 $\eta < 1$ 时，反应过程为内扩散控制。

内扩散不仅影响反应速率，而且影响反应的选择性。如平行反应中，对于反应速率快、级数高的反应，内扩散阻力的存在将降低其选择性。又如连串反应以中间产物为目的产物时，深入微孔中去的扩散将增加中间产物进一步反应的机会而降低其选择性。

固定床反应器内常用的是直径 $\phi(3\sim5)\mathrm{mm}$ 的大颗粒催化剂，一般难以消除内扩散的影响。实际生产中采用的催化剂，其有效系数为 $0.01\sim1$，因而工业生产上必须充分估计内扩散的影响，采取措施尽可能减少其影响。在反应器的设计计算中，则应采用考虑了内扩散影响因素在内的宏观动力学方程。判明了内扩散的影响，就可以选用工业上适宜的催化剂颗粒尺寸。

注：①在反应过程中必须采用细粒催化剂时，可以考虑改用径向固定床反应器或直接选用流化床反应器。②通过改变催化剂结构消除内扩散影响。如把活性组分浸渍或喷涂在颗粒外层的表面薄层催化剂；制造双孔分布型催化剂，把具有小孔但消除了内扩散影响的细粒挤压成型为大孔的粗粒，既提供了足够的表面积，又减少了扩散阻力。

（3）床层内流体的混合扩散　固定床内的混合扩散包括径向和轴向混合扩散。轴向扩散过程可以近似为理想置换流动模型，但由于在反应器内存在固体颗粒，对于流体的轴向扩散会带来一定的影响。尤其是颗粒的粒度分布影响较大。因此在描述轴向扩散的影响时，催化剂颗粒的粒径分布是一重要的指标。通常由于大部分固定床反应器床层高度与颗粒直径的比值远大于 50，因此，轴向扩散的影响可以忽略不计。但对于床层很薄的反应器，轴向扩散的影响是不可以忽略的。

流体在固定床反应器中的流动是通过床层中催化剂的颗粒空隙进行的。由于床层空隙率的分布不均匀，使得流体在流动时撞击催化剂固体颗粒而产生了分散，或为躲开固体颗粒而改变流向，造成了在床层径向上存在浓度差和温度差，形成径向扩散过程。同样，当床层直径与催化剂颗粒直径的比值很大时，径向扩散可以忽略。但一般情况下，要想通过改变床层直径与催化剂颗粒直径的比值使径向浓度分布均匀是十分困难的。

注：要改善固定床反应器的传质状况，提高反应收率，除了改变床层内流体的混合扩散即改变催化剂的粒度分布、床层空隙率的分布，提高流体流动的线速度，消除外扩散的影响外，主要是考虑如何消除或减小内扩散对反应的影响。

4. 固定床反应器内的传热

（1）固定床反应器床层内传热分析　在固定床反应器中，反应是在催化剂颗粒内进行的，因此固定床的传热实质上包括了颗粒内的传热、颗粒与流体之间的传热以及床层与器壁的传热等几个方面。固定床催化反应器内的催化剂往往是热的不良导体，而且固体颗粒较大，导热性能不好，因此床层传热性能很差，在床层形成甚为复杂的温度分布。在反应器中不仅轴向温度分布不均，而且径向也存在着显著的温度梯度。

以换热式固定床反应器中进行放热反应为例，床层径向温度分布的主要特征：①在床层中心处即 $r = 0$，温度 T_0 达最高；②在近壁处即 $r \leqslant R$，T_r 很低；③在管壁处即 $r=R$，T_w 最低。由于床层壁面处存在"壁效应"，较大的空隙率增加了边界层气膜的传热阻力，所以近壁处的温度 T_r 与管壁温度 T_w 相差也大。

由于床层内反应放出的热量绝大部分是通过器壁带走，床层的热量主要是以径向的形式从床层中部传递到器壁、再由器壁传给管外换热介质移走，床层内主要的传热方式有：

① 流体间辐射和导热；

② 颗粒接触处导热；

③ 颗粒表面流体膜内的导热；

④ 颗粒间的辐射传热；

⑤ 颗粒内部的导热；

⑥ 流体内的对流和混合扩散传热。

因此，床层内的传热过程既包括气体或固体颗粒中的传热，同时也包括气固相界面的传热，这样就使得床层的传热过程变得很复杂。在工程计算中，为了很方便地计算得到床层的温度分布，常将床层进行简化处理。一般情况下，可以把催化剂颗粒看成是等温体，忽略颗粒内部、颗粒在流体间和床层径向传热阻力，床层的传热阻力全部集中在管壁处。经这样处理后，固定床反应器床层的传热过程的计算就可简化成床层与器壁之间的传热计算。

（2）床层对器壁总给热系数　若床层是一个平均温度为 T_m 的等温体，则传热速率方程为：

$$dQ = \alpha_t (T_m - T_w) dF$$

式中　Q——传热速率，J/s；

α_t——床层对器壁总给热系数，J/(m$^2 \cdot$ s $\cdot$ K)；

  F——换热面积，m^2；

  T_m——床层平均温度，K；

  T_w——器壁温度，K。

  床层对器壁总给热系数 α_t 可以通过简便的实验关联式计算得到，如利瓦（Leva）提出的特征数方程。

床层被加热时：
$$\frac{\alpha_t d_t}{\lambda_f} = 0.813 Re^{0.9} \exp\left(-6\frac{d_p}{d_t}\right) \qquad (3-50)$$

床层被冷却时：
$$\frac{\alpha_t d_t}{\lambda_f} = 3.5 Re^{0.7} \exp\left(-4.6\frac{d_p}{d_t}\right) \qquad (3-51)$$

式中 λ_f——流体热导率，$J/(m \cdot s \cdot K)$；

  Re——雷诺数，$Re = \dfrac{d_p u \rho_f}{\mu_f}$；

  μ_f——流体黏度，$N \cdot s/m^2$；

  d_p——催化剂粒径，mm；

  d_t——列管内径，mm；

  ρ_f——流体密度，kg/m^3。

  通过上式可计算出床层对壁总给热系数，最后根据反应放热速率和传热速率方程很容易确定床层所需的换热面积。

  【例题 3-4】 乙苯脱氢生产苯乙烯是吸热反应过程，采用列管式固定床反应器，列管管径为 $\phi76mm \times 4mm$，管数为 90 根，催化剂粒径 d_p 为 8.51mm，气体热导率为 $8.956 \times 10^{-5}kJ/(m \cdot s \cdot K)$，黏度为 $0.0315 \times 10^{-3}kg/(m \cdot s)$，密度为 $0.53kg/m^3$，气体质量流速为 $1.167kg/(m^2 \cdot s)$。试计算床层对壁总传热系数。

  解：（1）求雷诺数 Re。

$$Re = \frac{d_p G}{\mu_f} = \frac{0.00851 \times 1.167}{0.0315 \times 10^{-3}} = 315.3$$

  （2）求床层对壁总传热系数，因为是吸热反应需要加热床层，故按式（3-50）计算。

$$\frac{\alpha_t d_t}{\lambda_f} = 0.813 Re^{0.9} \exp\left(-6\frac{d_p}{d_t}\right)$$

$$\alpha_t = 0.813 \times (315.3)^{0.9} \exp\left(-6 \times \frac{0.00851}{0.068}\right) \times \frac{8.956 \times 10^{-5}}{0.068} = 8.963 \times 10^{-2} kJ/(m^2 \cdot s \cdot K)$$

四、固定床反应器设计案例

  固定床反应器的主要计算任务包括催化剂用量、床层高度和直径、床层压降和传热面积等。固定床反应器的计算方法主要有经验法和数学模型法。下面主要介绍经验法计算过程。

  经验法的设计依据主要来自实验室、中间试验装置或工厂实际生产装置的数据。对中间试验和实验室研究阶段提供的主要工艺参数如温度、压力、转化率、选择性、催化剂空时、收率、催化剂负荷和催化剂用量等进行分析，找出其变化规律，从而可预测出工业化生产装置尺寸大小和催化剂用量等。

1. 催化剂用量的计算

经验法计算催化剂用量比较简单，常取实验或实际生产中催化剂或床层的重要操作参数作为设计依据直接计算得到。

（1）空间速度　指单位时间内通过单位体积催化剂的原料标准体积流量，单位为 s^{-1}。它是衡量固定床反应器生产能力的一个重要指标。

$$S_v = \frac{V_{ON}}{V_R}$$

式中，V_{ON} 为原料标准体积流量；V_R 为催化剂床层有效体积。

（2）空间时间（接触时间）　它是指在规定的反应条件下，气体反应物通过催化剂床层中自由空间所需要的时间，单位是 s。接触时间越短，表示同体积的催化剂在相同时间内处理的原料越多，是表示催化剂处理能力的参数之一。

$$\tau = \frac{V_R \varepsilon}{V_0} \tag{3-52}$$

式中　ε ——固定床反应器的床层空隙率；

$\quad\quad V_0$ ——气体的体积流量，m^3/s。

（3）空时收率　指反应物通过催化剂床层时，在单位时间内单位质量（或体积）催化剂下所获得的目的产物量。它是反映催化剂选择性和生产能力的一个重要指标。

$$S_w = \frac{W_G}{W_S} \tag{3-53}$$

式中　S_w ——催化剂的空时收率，$kg/(kg \cdot h)$ 或 $kg/(m^3 \cdot h)$；

$\quad\quad W_G$ ——目的产物的质量，kg/h；

$\quad\quad W_S$ ——催化剂的用量，kg 或 m^3。

（4）催化剂负荷　指在单位时间内单位质量（体积）催化剂由于反应而消耗的原料质量。这是反映催化剂生产能力的重要指标。

$$S_G = \frac{W_w}{W_S} \tag{3-54}$$

式中　S_G ——催化剂负荷，$kg/(kg \cdot h)$ 或 $kg/(m^3 \cdot h)$；

$\quad\quad W_w$ ——原料质量流量，kg/h；

$\quad\quad W_S$ ——催化剂的用量，kg 或 m^3。

（5）床层线速度与空床速度　床层的线速度是指在规定条件下，气体通过催化剂床层自由截面积的流速。

$$u = \frac{V_0}{A_R \varepsilon} \tag{3-55}$$

空床速度是在规定条件下，气体通过（空）床层截面积的流速。

$$u_0 = \frac{V_0}{A_R}$$

式中　u ——床层的线速度，m/s；

$\quad\quad u_0$ ——空床速度，m/s；

$\quad\quad A_R$ ——催化剂床层截面积，m^2。

注意：设计的反应器要与提供数据的装置具有相同的操作条件，如催化剂、反应物、压力、温度等。但通常不可能完全满足，只能估算。

2. 固定床反应器结构尺寸的计算

催化剂的用量确定后，催化剂床层的有效体积也就确定。很明显，床层高度越高，即床层截面积将变小，操作气速、流体阻力（动力）将增大；反之，床层高度降低必然引起截面积（直径）增大，对传热不利或易产生短路等现象发生。因此，床层的高度与直径通过对操作流速、压降（即动力消耗）、传热、床层均匀性等影响因素作综合评价来确定。

通常，床层的高度或直径的计算是根据固定床反应器某一重要操作参数范围或经验选取，然后校验其他操作参数是否合理，如床层压降不超过总压力的15%。床层高度与直径的计算步骤如下。

① 根据经验选取气体空床速度 u_0。

② 床层的截面积为

$$A_R = \frac{V_0}{u_0} \tag{3-56}$$

式中　A_R——床层的截面积，m^2。

③ 校验床层阻力降 Δp

$$\Delta p = f_m \frac{\rho_f u_0^2}{d_S} \times \frac{L(1-\varepsilon)}{\varepsilon^3} \tag{3-57}$$

其中

$$f_m = \frac{150}{Re_M} + 1.75$$

$$Re_M = \frac{d_S \rho_f u_0}{\mu_f}\left(\frac{1}{1-\varepsilon}\right)$$

校验床层压降。若压降低于总压力的15%，则选取的空床速度 u_0 有效，上述计算成立。

【例题 3-5】 已知固定床是选用230根 $\phi46mm \times 3mm$ 的反应管，催化剂填充高度 $L = 3.6m$，颗粒直径为 $d_S = 5mm$，流体黏度 $\mu_f = 0.0483 kg/(m \cdot h)$，流体密度 $\rho_f = 1.031 kg/m^3$，床层空隙率 $\varepsilon = 0.35$，质量流量 $G=488.7 kg/h$。试计算固定床床层压降。

解：管内流体的气速：

$$u_0 = \frac{G}{\frac{\pi}{4}d_t^2 \times n \times \rho_f} = \frac{488.7}{0.785 \times (0.046 - 0.003 \times 2)^2 \times 230 \times 3600 \times 1.031} = 0.456(m/s)$$

雷诺数

$$Re_M = \frac{d_S \rho_f u_0}{\mu_f}\left(\frac{1}{1-\varepsilon}\right) = \frac{d_S G}{\mu_f}\left(\frac{1}{1-\varepsilon}\right) = \frac{0.005 \times 0.456 \times 1.031 \times 3600}{0.0483} \times \frac{1}{1-0.35}$$

$$= 269.5$$

摩擦阻力系数

$$f_m = \frac{150}{Re_M} + 1.75 = \frac{150}{269.5} + 1.75 = 2.31$$

床层压降

$$\Delta p = f_m \frac{\rho_f u_0^2}{d_S} \frac{L(1-\varepsilon)}{\varepsilon^3} = 2.31 \times \frac{1.031 \times 0.456^2 \times 3.6 \times (1-0.35)}{0.005 \times 0.35^3} = 5405.6(Pa)$$

🔑 任务拓展

≫ 新设备

实用新型专利：一种低碳烷烃脱氢立式轴径向换热式固定床反应器

专利摘要：如图 3-31 所示。反应器外筒体套接于反应器内筒体外；反应器内筒体上部管道与位于反应器外筒体上端的进料口管道相连通，反应器内筒体下部管道与位于反应器外筒体下端的出料口管道相连通；反应器内筒体上部管道外设置有第一反应区催化剂床层，第一反应区催化剂床层与反应器外筒体的内壁之间设置有第一加热区；反应器内筒体下部管道外设置有第二反应区催化剂床层，第二反应区催化剂床层与反应器外筒体的内壁之间设置有第二加热区。

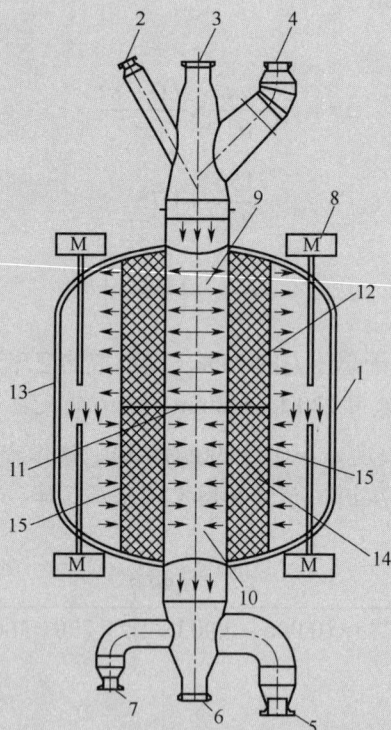

图 3-31　轴径向换热式固定床反应器

1—反应器外筒体；2—原料气进口；3—再生空气进口；4—吹扫及还原气进口；5—转化气出口；6—再生烟气出口；
7—吹扫及还原气出口；8—电加热管；9—内筒体上部管道；10—内筒体下部管道；11—中间隔板；12—第一反应区
催化剂床层；13—耐磨保温浇注料；14—第二反应区催化剂床层；15—床层催化剂压板

专利创新：本实用新型避免了操作床层温度随反应时间加长而下降的缺陷，提高低碳烯烃产品单程收率，增加反应器脱氢时间，提高了催化剂有效利用率和低碳烷烃转化率。

? 任务检测

一、填空题

1. 固定床反应器催化剂的用量可用_____、_____和_____指标计算。
2. 固定床反应器床层的传热过程主要包括_____和_____过程。
3. 固定床反应器可通过_____和_____方法使气体分布均匀。

二、判断题

1. 分子扩散阻力由气体分子间碰撞引起，克努森扩散阻力由气体分子与孔壁碰撞引起。（　　）

2. "飞温"可使床层内催化剂的活性和选择性、使用寿命、设备强度等性能受到严重的危害。（　　）

3. 换热式固定床反应器可分为中间换热式和冷激式两种。（　　）

4. 催化剂的有效扩散系数是球形颗粒的外表面与体积相同的非球形颗粒的外表面之比。（　　）

5. 消除气流初动能和使催化剂床层各部位阻力相同能使气体分布均匀。（　　）

6. 反映催化剂生产能力的重要指标是时空收率和催化剂负荷。（　　）

7. 催化剂床层高度越高，操作气速、流体阻力将越大。（　　）

8. 增加床层管径与颗粒直径比可降低壁效应，提高床层径向空隙率的均匀程度。（　　）

三、思考题

1. 何谓固定床反应器？其特点如何？
2. 固定床反应器分为几种类型？其结构有何特点？
3. 如何根据化学反应热效应的情况选择不同型式的固定床反应器？
4. 固定床催化反应器床层空隙率的大小与哪些因素有关？
5. 何谓催化剂的有效扩散系数？如何利用其判断反应过程属于哪种控制步骤？
6. 原料进口初始动能会给生产带来什么危害，采取什么措施可以消除？
7. 请解释空间速度、空时收率和催化剂负荷，并说明三者的区别？
8. 固定床反应器的温度如何分布，如何控制径向温度的分布？

四、计算题

1. 在固定床列管式反应器中进行丙烯氨氧化制丙烯腈的反应，管内径 d=25mm，床高 L=2.7mm，催化剂的平均粒径 d_p=3.5mm，形状系数近似取 1，床层的空隙率为 0.5，床层平均温度为 733K，原料气摩尔比为 $n(C_3H_6):n(NH_3):n(空气):n(H_2O)$=1:1.1:12.5:3.19，反应混合气的黏度为 $3.15×10^{-5}Pa·s$。每根反应管加入的丙烯量为 1.48mol/h，管内平均压力为 $1.428×10^5Pa$，反应视为等容过程，试计算床层的压降。

2. 在某固定床反应器内进行一氧化反应，其床层直径为 101.6mm，催化剂颗粒直径为 3.6mm，流体热导率为 $5.225×10^{-5}kJ/(m·s·K)$，流体密度为 $5.3kg/m^3$，黏度为 $3.4×10^{-5}Pa·s$，质量流速为 $2.65kg/(m^3·s)$，试求床层对壁的总给热系数。

📚 任务 3

固定床反应器运行及事故处理

✎ 任务描述

在加氢催化剂作用下，将裂解气中的乙炔加氢为乙烯，起到脱除乙炔的目的。以对外换热式固定床反应器为加氢设备，进行催化加氢工艺仿真操作。

✈ 任务驱动

1. 固定床反应器温度、压力、物料配比等工艺参数如何控制？
2. 各工艺参数变化对生产操作有什么样的影响？
3. 通过工艺参数的变化判断生产过程中出现的故障，分析原因，如何解决？

⚙ 任务内容

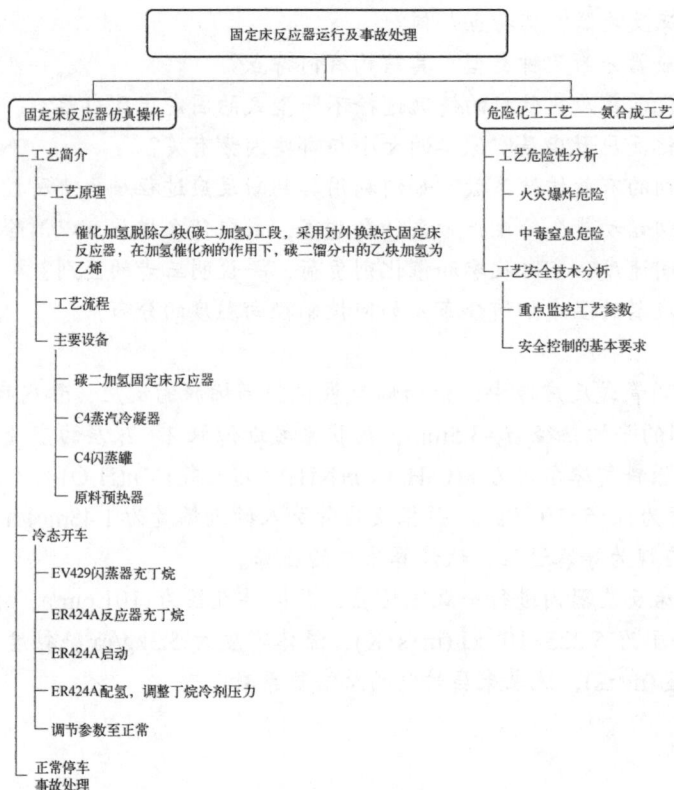

一、固定床反应器仿真操作

1. 工艺简介

（1）工艺原理　本仿真操作单元选用的是一种对外换热式固定床反应器，换热载体为丁烷。该单元源于乙烯生产过程催化加氢脱除乙炔工段。在乙烯生产装置中液态烃热裂解得到的裂解气中乙炔含 $1000\sim5000\,\mu L/L$，为了获得聚合级的乙烯、丙烯，须将乙炔脱除至要求指标，其中催化选择加氢是最主要的方法之一。

在加氢催化剂的作用下，C2 馏分中的乙炔加氢为乙烯，可发生如下反应：

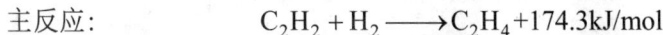

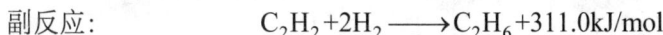

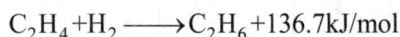

主反应：
$$C_2H_2 + H_2 \longrightarrow C_2H_4 + 174.3kJ/mol$$

副反应：
$$C_2H_2 + 2H_2 \longrightarrow C_2H_6 + 311.0kJ/mol$$

$$C_2H_4 + H_2 \longrightarrow C_2H_6 + 136.7kJ/mol$$

$$mC_2H_4 + nC_2H_2 \longrightarrow 低聚物（绿油）$$

高温时，还可能发生裂解反应：

$$C_2H_2 \longrightarrow 2C + H_2 + 227.8kJ/mol$$

从生产要求考虑，希望反应系统中最好只发生乙炔加氢生成乙烯的反应，这样既能脱除原料中的乙炔，又增产了乙烯。而乙炔加氢反应为连串反应，直到加氢生成乙烷，虽然可以脱除乙炔，但对乙烯的增产没有贡献。因此用此法脱除乙炔不如乙炔加氢生成乙烯的方式好。

为减少副反应的发生，乙炔加氢反应的催化剂选择性要好。影响催化剂反应性能的主要因素有反应温度，原料中炔烃、双烯烃的含量，氢炔比，空速，一氧化碳、二氧化碳、硫等杂质的浓度。

① 反应温度。一般地，提高反应温度，催化剂活性提高，但选择性降低。C2 加氢反应是较强的放热反应，高温不仅会降低催化剂的选择性，而且还会对安全生产造成威胁。该工艺选用钯型催化剂，催化剂使用温度为 $30\sim120℃$，当温度超过 $66℃$ 时，副反应速率加快，温度在 $44℃$ 左右时催化剂活性及选择性均最佳。

② 炔烃浓度。炔烃浓度对催化剂反应性能有着重要影响。加氢原料所含炔烃、双烯烃浓度高，反应放热量大，若不能及时移走热量，会使得催化剂床层温度较高，加剧副反应的进行，导致加氢目的产物乙烯损失，并造成催化剂的表面结焦的不良后果。

③ 氢炔比。乙炔加氢反应的理论氢炔比为 1.0，如氢炔比小于 1.0，说明乙炔未能脱除。当氢炔比超过 1.0 时，就意味着除了满足乙炔加氢生成乙烯需要的氢气外，有过剩的氢气出现，反应的选择性就会有所下降。一般采用的氢炔比为 $1.2\sim2.5$。本装置中控制 C2 馏分的流量是 56186.8t/h，氢气的流量是 200t/h。

④ 一氧化碳。原料气中的一氧化碳会使加氢催化剂中毒，影响催化剂的活性。在加氢原料气中一氧化碳的含量应小于 $5\mu L/L$。

（2）工艺流程　本工艺流程如图 3-32 所示。

反应原料有两股：一股为 $-15℃$ 左右的 C2 馏分，进料由流量控制器 FIC1425 控制；另一股为 $10℃$ 左右的 H_2 和 CH_4 的混合气（富氢），进料量由控制器 FIC1427 来控制，两股原料按一定比例在管线中混合，经原料气/反应气换热器（EH423）预热，再经原料预热器（EH424）预热至 38℃后进入固定床反应器（ER424A/B）。原料预热温度则由温度控制器 TIC1466 通过调节预热器 EH424 加热蒸汽（S3）的流量来控制。

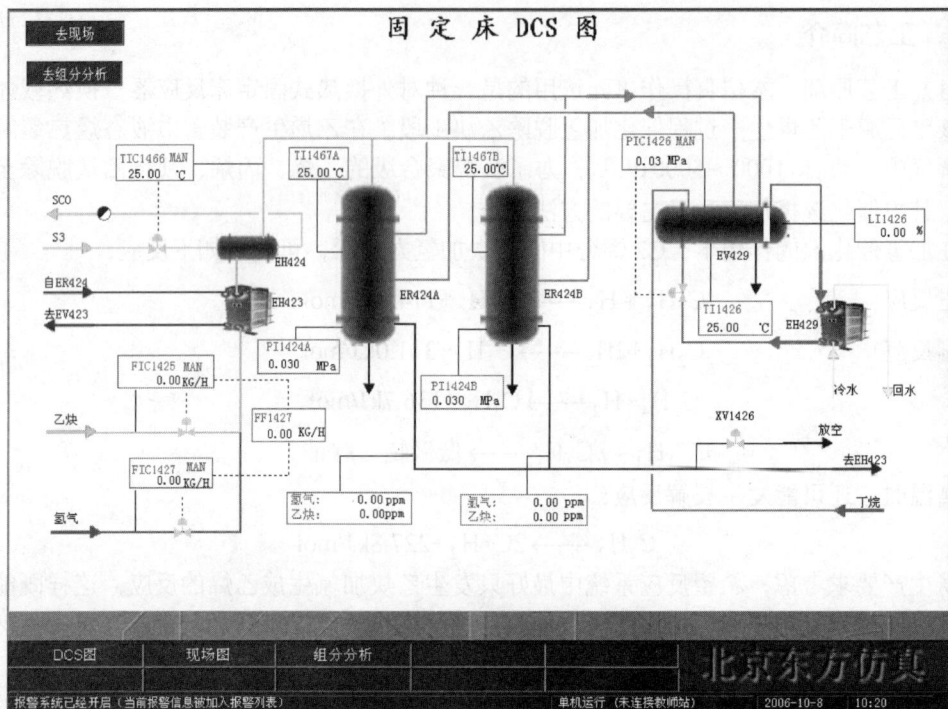

图 3-32　乙炔催化加氢工艺

1ppm=1μL/L

ER424A/B 中的反应原料在 2.523MPa、44℃的条件下反应，反应所放出的热量由反应器壳侧循环的加压 C4 冷剂蒸发带走，反应气送 EH423 冷却后，去系统外的下一工序进一步净化。C4 蒸气在水冷器 EH429 中由冷却水冷凝，而 C4 中冷剂的压力由压力控制器 PIC1426 通过调节 C4 蒸气冷凝回流量来控制在 0.4MPa，从而保证了 C4 中冷剂的温度为 38℃。

为了生产运行安全，该单元有一联锁，联锁源为：①现场手动紧急停车（紧急停车按钮）；②反应器温度高温报警（TI1467A/B>66℃）。联锁动作是：关闭氢气进料，FIC1427 设手动；关闭加热器 EH424 蒸汽进料，TIC1466 设手动；闪蒸器冷凝回流控制 PIC1426 设手动，开度100%；自动打开电磁阀 XV1426。

该联锁有一复位按钮。联锁发生后，在联锁复位前，应首先确定反应器温度已降回正常，同时处于手动状态的各控制点的设定应设成最低值。

（3）主要设备　主要设备见表 3-4。

表 3-4　乙炔催化加氢工艺主要设备

设备位号	设备名称	设备位号	设备名称
EH423	原料气/反应气换热器	EV429	C4 闪蒸罐
EH424	原料气预热器	ER424A	碳二加氢固定床反应器
EH429	C4 蒸气冷凝器	ER424B	碳二加氢固定床反应器（备用）

（4）仿真界面　工艺仿真 DCS 界面及现场界面如图 3-32、图 3-33 所示。

图 3-33　固定床反应器现场界面

2. 冷态开车

本单元所用原料均为易燃易爆性气体，操作中必须严格按照生产规程进行。出现事故时，要先冷静分析问题，正确作出判断，根据具体情况制订处理方案。

该装置的开工状态为反应器和闪蒸罐都处于已进行过氮气充压置换后，保压在 0.03MPa 状态。可以直接进行实气充压置换。

（1）EV429 闪蒸器充丁烷

① 确认 EV429 压力为 0.03 MPa。

② 打开 EV429 回流阀 PV1426 的前后阀 VV1429、VV1430。

③ 调节 PV1426（PIC1426）阀开度为 50%。

④ EH429 通冷却水，打开 KXV1430，开度为 50%。

⑤ 打开 EV429 的丁烷进料阀门 KXV1420，开度 50%。

⑥ 当 EV429 液位到达 50%时，关进料阀 KXV1420。

固定床反应器仿真
操作——冷态开车

（2）ER424A 反应器充丁烷

① 确认事项。确认反应器压力为 0.03MPa，并保压；EV429 液位到达 50%。

② 充丁烷。打开丁烷冷剂进 ER424A 壳层的阀门 KXV1423，有液体流过，充液结束；同时打开出 ER424A 壳层的阀门 KXV1425。

（3）ER424A 启动

① 启动前准备工作：确保 ER424A 壳层有液体流过；打开 S3 蒸汽进料控制 TIC1466，开度为 30%；调节 PIC1426 设定，压力控制设定在 0.4MPa，投自动。

② ER424A 充压、实气置换：打开 FIC1425 的前后阀 VV1425、VV1426；打开阀门 KXV1412，开度约为 50%。

③ 打开阀 KXV1418。

④ 微开 ER424A 出料阀 KXV1413，丁烷进料控制 FIC1425（手动），慢慢增加进料，提高反应器压力，充压至 2.523MPa。

⑤ 慢开 ER424A 出料阀 KXV1413 至 50%，充压至压力平衡。

⑥ 乙炔原料进料控制 FIC1425 设自动，设定值 56186.8kg/h。

（4）ER424A 配氢，调整丁烷冷剂压力

① 稳定反应器入口温度在 38.0℃，使 ER424A 升温。

② 当反应器温度接近 38.0℃（超过 35.0℃），准备配氢。打开 FV1427 的前后阀 VV1427、VV1428。

③ 氢气进料控制 FIC1427 设自动，流量设定为 80kg/h。

④ 观察反应器温度变化，当氢气量稳定后，FIC1427 设手动。

⑤ 缓慢增加氢气量，注意观察反应器温度变化。

⑥ 氢气流量控制阀开度每次增加不超过 5%。

⑦ 氢气量最终加至 200kg/h 左右，此时 $H_2/C2=2.0$，FIC1427 投串级。

⑧ 控制反应器温度 44.0℃ 左右。

（5）正常工况下工艺参数

① 正常运行时，反应器温度 TI1467A44.0℃，压力 PI1424A 控制在 2.523MPa。

② FIC1425 设自动，设定值 56186.8kg/h，FIC1427 设串级。

③ PIC1426 压力控制在 0.4MPa，EV429 温度 TI1426 控制在 38.0℃。

④ TIC1466 设自动，设定值 38.0℃。

⑤ ER424A 出口氢气浓度低于 50μL/L，乙炔浓度低于 200μL/L。

⑥ EV429 液位 LI1426 为 50%。

（6）ER424A 与 ER424B 间切换

① 关闭氢气进料。

② ER424A 温度下降至低于 38.0℃后，打开 C4 冷剂进 ER424B 的阀 KXV1424、KXV1426，关闭 C4 冷剂进 ER424A 的阀 KXV1423、KXV1425。

③ 开 C_2H_2 进 ER424B 的阀 KXV1415，微开 KXV1416。关 C_2H_2 进 ER424A 的阀 KXV1412。

3. 正常停车

① 关闭氢气进料，关 VV1427、VV1428，FIC1427 设手动，设定值为 0%。

② 关闭加热器 EH424 蒸汽进料，TIC1466 设手动，开度 0%。

③ 闪蒸器冷凝回流控制 PIC1426 设手动，开度 100%。

④ 逐渐减少乙炔进料，开大 EH429 冷却水进料。

⑤ 逐渐降低反应器温度、压力，至常温、常压。

⑥ 逐渐降低闪蒸器温度、压力，至常温、常压。

固定床反应器
仿真操作——
正常停车

注：联锁说明。

（1）联锁源

① 现场手动紧急停车（紧急停车按钮）。

② 反应器温度高报（TI1467A/B>66℃）。

（2）联锁动作

① 关闭氢气进料，FIC1427 设手动。

② 关闭加热器 EH424 蒸汽进料，TIC1466 设手动。

③ 闪蒸器冷凝回流控制 PIC1426 设手动，开度 100%。

④ 自动打开电磁阀 XV1426。

4．事故处理

固定床反应器
仿真操作——
事故处理

（1）氢气进料阀卡住

原因：FIC1427 卡在 20%处。

现象：氢气量无法自动调节。

处理：降低 EH429 冷却水的量；用旁路阀 KXV1404 手工调节氢气量。

（2）预热器 EH424 阀卡住

原因：TIC1466 卡在 70%处。

现象：换热器出口温度超高。

处理：增加 EH429 冷却水的量；减少配氢量。

（3）闪蒸罐压力调节阀卡

原因：PIC1426 卡在 20%处。

现象：闪蒸罐压力、温度超高。

处理：增加 EH429 冷却水的量；用旁路阀 KXV1434 手工调节。

（4）反应器漏气

原因：反应器漏气，KXV1414 卡在 50%处。

现象：反应器压力迅速降低。

处理：停工。

（5）EH429 冷却水停

原因：EH429 冷却水供应停止。

现象：闪蒸罐压力、温度超高。

处理：停工。

（6）反应器超温

原因：闪蒸罐通向反应器的管路有堵塞。

现象：反应器温度超高，会引发乙烯聚合的副反应。

处理：增加 EH429 冷却水的量。

二、危险化工工艺——氨合成工艺

1．工艺危险性分析

合成氨装置采用的原料和燃料、过程产物及产品大多为甲类、乙类火灾危险性物质，其中还有有毒物质，并且操作条件为高温、高压，现就氨合成工艺存在的危险性做一下分析说明。

（1）火灾、爆炸危险

① 合成氨生产系统中存在大量的塔、槽、罐等静设备，由于其大部分承受高温高压，且压力和温度是经常变化的，同时参与工艺过程的介质绝大多数是易燃易爆、有腐蚀性和有毒的，因此如有操作失误、违章动火，或因密封装置失效、设备管道腐蚀，或因受设备、管道、阀门制造缺陷的影响等，将会引起泄漏，形成爆炸性混合物，造成爆炸事故。

② 合成氨生产系统中存在大量的换热器，有的换热工作条件要求在高温高压条件下进行，有的工作流体具有易燃易爆、有毒、腐蚀性的特点。如果换热器的设计不合理、有制造缺陷、材料选择不当、腐蚀严重、违章作业、操作失误和维护管理不善，可能发生换热器燃烧爆炸、严重泄漏和管束失控等事故。

③ 氮氢压缩机是合成氨生产的关键设备，压缩介质是易燃易爆气体，而且在高压条件下极易泄漏。容易引起燃烧爆炸事故。

（2）锅炉爆炸　在合成氨生产系统中有废热锅炉，严重缺水、水质不良、设备缺陷等，均有可能引发锅炉爆炸。具体分析如下：

① 严重缺水事故。由于操作工误操作、水位计或自动给水装置失灵、排污阀关闭不严、止回阀故障等原因均可造成缺水事故，严重缺水事故可能导致受热面过热烧毁，降低受热面钢材的承受能力，金属相发生劣化，炉管爆破，形成锅炉爆炸。

② 满水事故。由于操作工误操作、水位计或自动上水装置失灵会造成满水事故，蒸汽大量带水会降低蒸汽品质甚至发生水击，损坏管道，破坏用汽设备。

③ 其他情况。水质不合格，锅炉水含盐量达到临界量，或超负荷运行，用汽量突然加大、压力降低过快可造成汽水共沸，破坏水循环，恶化蒸汽品质，水击振动，影响用汽设备的安全运行。

锅炉选用钢材或焊接质量低劣，水质不良导致严重腐蚀、结垢，水循环故障等还可造成炉体爆炸事故。

运行压力超过锅炉最高允许工作压力，钢板(管)应力增大超过极限值，同时安全阀与超压联锁失灵也将造成超压爆炸。

（3）容器爆炸　在各生产装置中存在大量高压设备、压力容器，这些设备、容器如果本身设计、安装存在缺陷，安全附件或安全防护装置存在缺陷或不齐全，在使用过程中发生侵蚀、腐蚀、疲劳、蠕变等现象，未按规定由有资质的质检单位检验或办理安全准用证，人员误操作等，均有可能发生容器爆炸事故。

（4）中毒和窒息事故　在合成氨生产过程中，系统中存在的半水煤气、氨均为有毒物质，这些物质如大量泄漏，会造成大面积中毒事故。

（5）灼烫及冻伤　高温水蒸气作为一种最常见的热载体贯穿了整个生产系统，其泄漏可能会造成人员的高温灼伤。

氨（包括氨气和液氨）存在于合成以后的系统中，其经压缩冷凝后成为液氨，是生产中的一种重要的中间产品和制冷剂，常压下，$-33.3℃$时液氨就会挥发为气氨，挥发的同时吸收大量的热，因此，液氨触及人体，会造成皮肤严重冻伤。液氨系统压力一般都在 $1.6 \sim 2.0MPa$ 之间，一旦泄漏，有可能造成严重危害。

（6）高处坠落　生产厂房多为多层厂房，在二层以上的楼层或操作平台距离地面或楼面大于 2m 处作业，若防护栏杆设置不规范、防护栏杆腐蚀损坏和其他防护措施不到位等，均有可能造成高处坠落事故。

（7）机械伤害 各种机械设备的运转部位，如果没有设置防护罩等防护措施，人体触及后，可能造成机械伤害事故。

（8）触电伤害 各带电设备若因防护措施不到位（如触电保护、漏电保护、短路保护、过载保护、绝缘、电气隔离、屏护、电气安全距离等方面不可靠），均有可能造成人员触电。

（9）噪声危害 在生产过程中使用各类生产设备如各类压缩机（特别是合成氨生产系统的高压机、泵、鼓风机、起重机、破碎机、各类物料运输机等）在运行过程中都会产生不同程度的噪声，因此存在的噪声对接触噪声作业人员的听力造成危害。

2. 工艺安全技术分析

合成氨装置的生产过程中需要考虑各种安全风险，必须采取有效的措施，确保其生产稳定和安全。必须做好隐患排查，落实责任，发现并消除隐患，防范生产安全事故的发生。同时，企业要重视对员工的安全教育和培训，提高员工安全意识，建立完善的应急预案，及时应对突发事件，防止意外发生。

（1）重点监控工艺参数 合成塔、压缩机、氨储存系统的运行基本控制参数，包括温度、压力、液位、物料流量及比例等。

（2）安全控制的基本要求 合成氨装置温度、压力报警和联锁；物料比例控制和联锁；压缩机的温度、入口分离器液位、压力报警联锁；紧急冷却系统；紧急切断系统；安全泄放系统；可燃、有毒气体检测报警装置。

将合成氨装置内温度、压力与物料流量、冷却系统形成联锁关系；将压缩机温度、压力、入口分离器液位与供电系统形成联锁关系；紧急停车系统。

合成单元自动控制还需要设置以下几个控制回路：

①氨分离器、冷交换器液位；②废锅液位；③循环量控制；④废锅蒸汽流量；⑤废锅蒸汽压力。

安全设施包括：安全阀、爆破片、紧急放空阀、液位计、单向阀及紧急切断装置等。

❓ 任务检测

一、单选题

1. 当固定床反应器操作过程中发生超压现象，需要紧急处理时，应按以下哪种方式操作？（ ）

A. 打开入口放空阀放空   B. 打开出口放空阀放空

C. 降低反应温度   D. 通入惰性气体

2. 加氢裂化反应器中床层任何一点温度超过正常温度15℃时，即（ ）。

A. 停止进料   B. 采取紧急措施

C. 启动高压放空   D. 增加进料量

3. 加氢裂化反应器中床层任何一点温度超过正常温度28℃时，即（ ）。

A. 停止进料   B. 采取紧急措施

C. 启动高压放空   D. 增加进料量

4. 加氢裂化过程中，需要进行提温提空速时，遵循的原则是（　　）。

A. 先提空速后提温　　　　　　　　　　　B. 空速、温度一起提

C. 先提温后提空速　　　　　　　　　　　D. 顺序无影响

5. 在脱炔工艺中，炔烃浓度对催化剂反应性能有重要的影响，反应量大，若不能及时移走热量（　　）。

A. 会加剧副反应的进行　　　　　　　　　B. 无影响

C. 会使催化剂表面结焦　　　　　　　　　D. 会使乙烯产品产量提高

6. 催化加氢脱乙炔过程中，氢炔比理论值是（　　）。

A. 1　　　　　　B. 2　　　　　　B. 3　　　　　　D. 4

7. 催化加氢脱乙炔的仿真装置设置联锁的目的是（　　）。

A. 生产运行安全　　　　B. 操作方便　　　　C. 防火　　　　D. 不存在必要性

8. 催化加氢脱乙炔过程中，一般采用的氢炔比是（　　）。

A. 1.2～2.5　　　　B. 1.2～3.5　　　　C. 2.2～2.5　　　　D. 3.2～5.5

9. 反应器压力迅速降低，可能原因是（　　）。

A. 反应器漏气　　　　B. 氢气进料停止　　　　C. 冷却出现问题　　　　D. 原料供给超标

10. 催化加氢脱乙炔反应器温度控制在 44℃左右是因为（　　）。

A. 在此温度下平衡常数 K_p 最大

B. 在此温度下反应速率常数 K 最大

C. 在此温度下催化剂活性最大

D. 此温度是综合考虑平衡常数 K_p、化学反应速率及选择性后确定的最佳反应温度

11. 固定床反应器冷态开车时对系统充氮气的目的是（　　）。

A. 对系统进行压力测试　　　　　　　　　B. 增大系统压力提高 K_p

C. 排除体系中易燃易爆气体，确保安全操作　　D. 提高目的产物收率

12. 当反应器发生严重泄漏事故，应立刻（　　）。

A. 报告上级　　　　B. 迅速逃生　　　　C. 紧急停车　　　　D. 启动备用反应器

13. 反应器温度过高会导致（　　）。

A. 乙烯产量提高　　　　　　　　　　　　B. 氢气与乙炔加成为乙烷

C. 氢气与乙炔加成为乙烯　　　　　　　　D. 乙烯聚合的副反应

14. 反应器压力迅速降低，可能原因是（　　）。

A. 反应器漏气　　　　B. 氢气进料停止　　　　C. 冷却出现问题　　　　D. 原料供给超标

15. 在固定床反应器单元中，反应器中的热量移出方式是（　　）。

A. 由加压 C4 冷剂温差变化带走　　　　　　B. 由加压 C4 冷剂蒸发带走

C. 由冷却水蒸发带走　　　　　　　　　　D. 由冷却水温差变化带走

二、判断题

1. 空速大，接触时间短；空速小，接触时间长。　　　　　　　　　　　（　　）

2. 无论是暂时性中毒后的再生，还是高温烧积炭后的再生，均不会引起固体催化剂结构的损伤，活性也不会下降。　　　　　　　　　　　　　　　　　　　　　　（　　）

3. 氨合成催化剂在使用前必须经还原，而一经还原，之后即不必再作处理，直到达到催化剂的使用寿命。　　　　　　　　　　　　　　　　　　　　　　　　　　（　　）

4. 氨氧化催化剂金属铂为不活泼金属，因此硝酸生产中，铂网可以放心使用，不会损坏。

（　　）

5. 采用列管式固定床反应器生产氯乙烯，使用相同类型的催化剂，在两台反应器生产能力相同条件下，则催化剂装填量越多的反应器生产强度越大。　　　　　　（　　）

6. 催化剂在反应器内升温还原时，必须控制好升温速度、活化温度与活化时间，活化温度不得高于催化剂活性温度上限。　　　　　　　　　　　　　　　　　（　　）

7. 加氢裂化使用的催化剂是双功能催化剂。　　　　　　　　　　　　　（　　）

8. 在生产中，由于高温及水蒸气的作用，催化剂的微孔遭到破坏，平均孔径增大而比表面积减小，导致活性下降，这种现象叫催化剂的老化。　　　　　　　　（　　）

9. 反应器温度超高，会引发乙烯聚合的副反应。　　　　　　　　　　　（　　）

10. 在加氢脱炔的工艺中，如发生固定床反应器漏气事故，需进行紧急停车操作。

（　　）

三、简答题

1. 依据工艺仿真操作经验，如何将固定床反应器的压力控制在 2.523MPa？

2. 在固定床仿真单元中，反应器是如何进行换热的？

项目四

流化床反应器的设计与操作

学习目标

知识目标

（1）掌握流化床操作的原理；

（2）掌握典型流化床设备的工作原理与结构组成；

（3）熟悉工艺参数对生产操作过程的影响；

（4）掌握流化床设备的自动控制运行规程；

（5）掌握生产工艺流程图的组织原则、分析评价方法；

（6）掌握流化床事故发生的原因及处理措施；

（7）掌握流化床的设计原理及思路。

技能目标

（1）能进行流化床的选择；

（2）熟练进行流化床的开车、正常运行、停车操作；

（3）具备操作过程中工艺参数的调节能力；

（4）具有生产过程中异常现象的诊断技能；

（5）具有事故判断与处理的技能；

（6）具备温度、流量检测仪表的使用能力；

（7）掌握生产工艺流程图的读取和绘制方法；

（8）具备化工生产安全和环保意识；

（9）具有初步的日常工作管理能力。

素质目标

（1）培养化工生产规范操作意识，具有良好的观察力、逻辑判断力、紧急应变能力；

（2）养成脚踏实地、爱岗敬业的职业意识；

（3）培养责任、成本、时间意识；

（4）培养诚实守信、谦虚好学、自觉奉献的职业素质，树立踏实、奋进、创新的思想；

（5）具有严谨、细致的职业素质与团队精神。

◀ **内容导学**

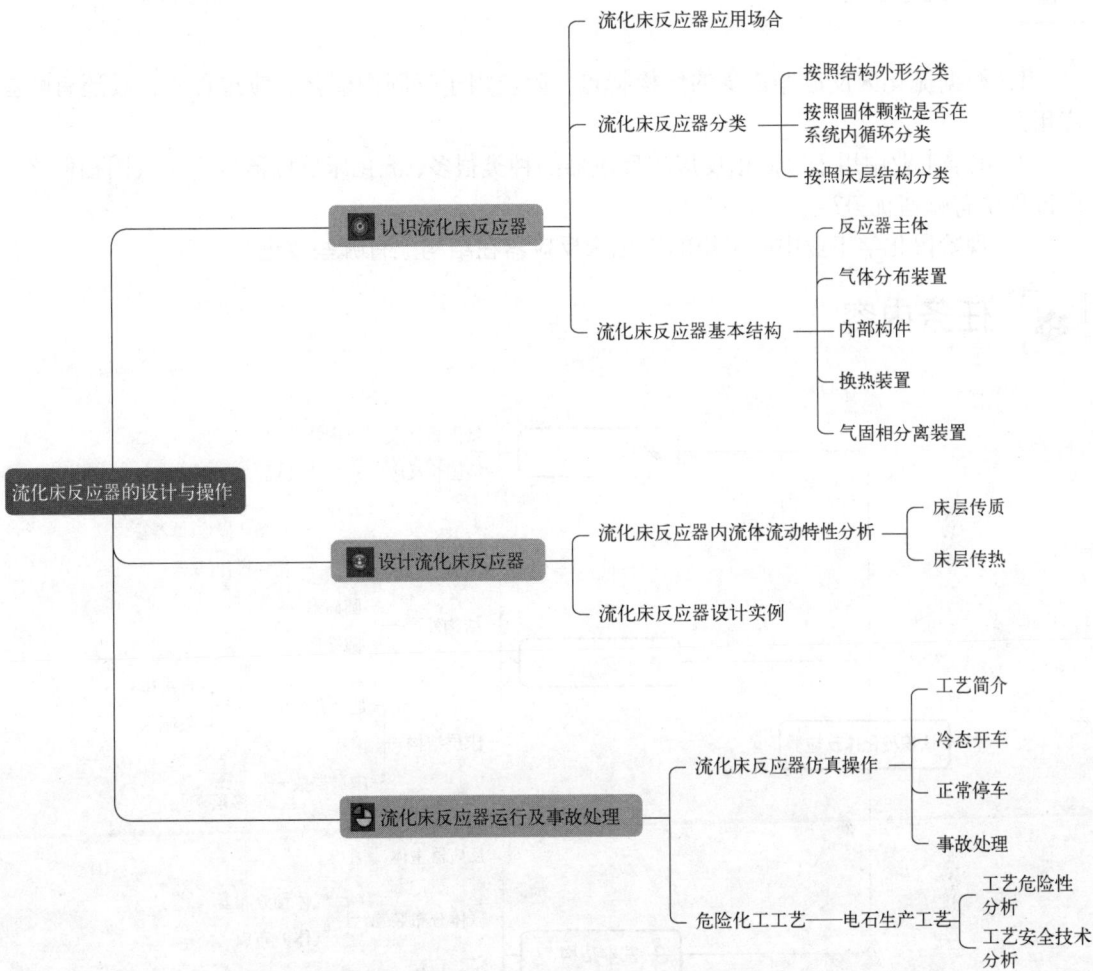

🔖 任务1

认识流化床反应器

✏️ 任务描述

通过生产实例的引入及 2D、3D 动画等教学资源，对流化床反应器的特点、结构及使用场合等进行初步认识，能够在流化床反应器选型时做出合理的分析及判断。

📨 任务驱动

1. 根据流化床反应器自身的结构特点，除应用于气固相催化反应过程外，其还有哪些应用？

2. 化学工业中用于气固相反应的反应器的种类很多，流化床反应器应用于气固相催化反应过程中有哪些优势？

3. 现阶段化学工业中所采用的流化床反应器在结构上有哪些改进？

⚙ 任务内容

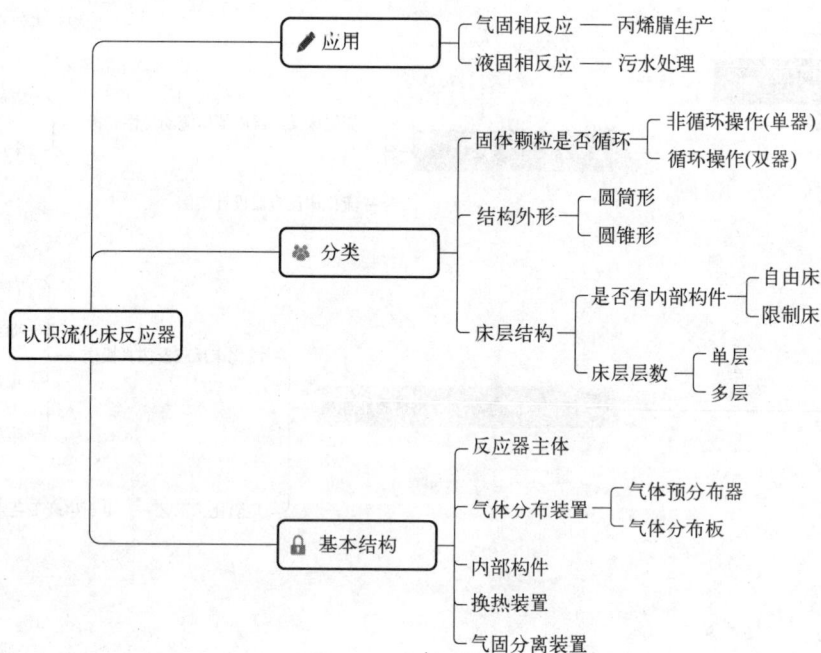

一、流化床反应器应用场合

流化床反应器是工业上较广泛应用的一类反应器，适用于催化或非催化的气固、液固和气液固反应系统，多用于强放热的催化反应或某些高浓度下操作比较安全的氧化反应以及有爆炸危险的反应。近代流态化的工业技术主要应用于煤的气化及石油的催化裂化，当前流化床反应器的应用范围已覆盖化工、能源、冶金、食品、制药等行业。

1. 丙烯腈生产工艺介绍

丙烯腈是生产有机高分子聚合物的重要单体。85%以上的丙烯腈用来生产聚丙烯腈纤维，该纤维又称为腈纶或奥纶，具有耐霉烂、耐虫蛀、耐光、耐气候、柔软、保暖、快干等特点。

丙烯腈生产工艺包括：丙烯腈的合成、产品和副产品的回收、产品和副产品的精制。工艺流程图如图 4-1。

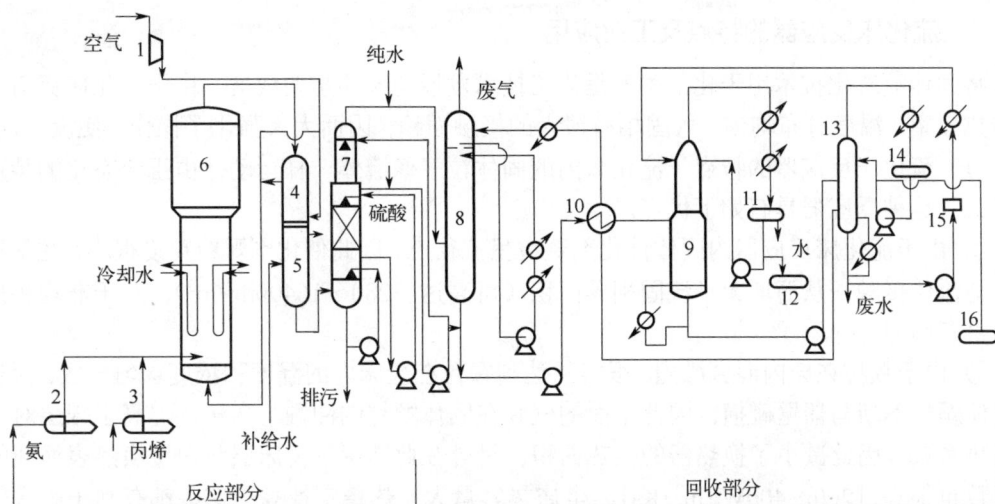

图 4-1 丙烯-氨氧化制丙烯腈工艺流程

1—空气压缩机；2—氨蒸发器；3—丙烯蒸发器；4—热交换器；5—锅炉补给水加热器；6—反应器；

7—急冷塔；8—水吸收塔；9—萃取塔；10—热交换器；11—回流沉降槽；12—粗丙烯腈中间贮槽；

13—乙腈解吸塔；14—回流罐；15—过滤器；16—精乙腈中间贮槽

原料：纯度 97%～99%的液态丙烯和 99.5%～99.9%的液氨。

参数要求：水预热温度 70℃；空气压力 0.294MPa；反应器出口温度 399～427℃，压力稍高于常压。

工艺要求：纯度 97%～99%的液态丙烯和 99.5%～99.9%的液氨分别用水加热蒸发，经加热器预热计量后两者混合，进入流化床反应器丙烯-氨混合气体分配管。各原料气的管路中都装有止逆阀，以防反应器中的催化剂和反应气体产生倒流而发生事故。反应后的气体从反应器顶部出来，在热交换器、急冷塔进行热交换后，进入后续的回收和分离工序。在开始时，反应器处于冷态，此时，让空气进入开工炉将空气预热到反应温度，再利用这一热空气将反应器加热到一定温度。待流化床运行正常，丙烯-氨氧化反应顺利进行后，停工开炉，让反应器进入稳定的工作状态。为防止催化剂层发生飞温事故，在反应器浓相段和扩大段装有直接蒸汽（或水）接口，必要时打开直接蒸汽以降低反应器反应段的温度。

理论依据如下：

① 丙烯-氨氧化反应：烃类和氨、氧作用一步生成腈类化合物的非均相反应。

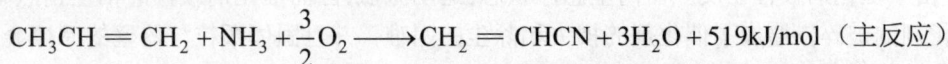

$$CH_3CH = CH_2 + NH_3 + \frac{3}{2}O_2 \longrightarrow CH_2 = CHCN + 3H_2O + 519kJ/mol （主反应）$$

与此同时，在催化剂表面还发生一系列副反应。

② 催化剂：丙烯-氨氧化所采用的催化剂有两类，即 Mo 系和 Sb 系催化剂。

③ 反应温度：反应温度对丙烯的转化率、生成丙烯腈的选择性和催化剂的活性有明显影响，最适宜的反应温度为 450～470℃，一般取 460～470℃，只有当催化剂长期使用，活性下降时，可提高到 480℃。

④ 反应压力：由于丙烯-氨氧化的主副反应化学反应平衡常数 K 的数值都很大，因此这些反应可看作不可逆反应，反应压力的变化对反应的影响仅表现在动力学上，增加反应压力，催化剂的选择性会下降，从而使收率下降，因此，丙烯-氨氧化反应不宜在加压下进行。

2. 流化床反应器的特点及工业应用

将固体流态化技术用于化工生产是化工技术发展的一项重要成就，由于流化床具有很高的传热效率，温度分布均匀，气固相有很大的接触面积，因而大大强化了操作，使流程简化。

（1）流化床反应器的特点　流化床内的固体粒子像流体一样运动，由于流态化的特殊运动形式，这种反应器具有如下优点。

① 由于流化床反应器内固体催化剂颗粒呈流化态，因此催化剂颗粒粒度很小，在悬浮状态下与流体接触，从而增大了流固相界面积（可高达 $3280\sim16400m^2/m^3$），对于非均相反应是非常有利的。

② 由于颗粒在床内混合激烈，很容易达到颗粒在全床内的温度和浓度均匀一致，而且由于固体颗粒不断与器壁碰撞，因此壁面的气膜在固体颗粒的冲刷下变薄，提高了床层对壁面的传热系数，因此减小了换热器的换热面积，另外在此情况下，床层与内浸换热表面间的传热系数也很高 $[200\sim400W/(m^2\cdot K)]$，全床热容量大，热稳定性高，这些都有利于强放热反应的等温操作，是许多工艺过程选择流化床作为反应装置的重要原因之一。

③ 流化床内的颗粒可以呈流动状态，因此在生产过程中可以大量地从装置中将催化剂移出反应器，再生后导入反应器，实现多个设备（反应器、再生器）间大量循环。这使得一些反应-再生、吸热-放热、正反应-逆反应等反应耦合过程和反应-分离耦合过程得以实现。催化剂可反复使用，降低了生产成本。

④ 由于流体与颗粒之间传热、传质速率较其他接触方式高，因此更容易实现生产的自动化及大型化。

⑤ 流态化技术的操作弹性范围宽，操作条件容易控制，因而可使单位设备生产能力增大，又由于其设备结构简单、造价低，更符合现代化大生产的需要。

流化床内固体颗粒的流态化，使反应器本身具备了其他反应器所不具备的优点，但也正因为固体颗粒的悬浮状态及激烈搅动，也使流化床反应器产生了一些缺点：

① 粒子运动基本上是全混式，气流与床层颗粒发生部分返混，即使已反应的一部分物料（产物）随固体颗粒的流动又返回到床层当中与新鲜物料混合，从而降低了反应物的浓度，致使反应速率下降。又由于此种返混情况是因为流化床内气流和固体颗粒沿反应器轴向产生的，造成床层轴向没有浓度差和温度差，加之气体可能以大气泡状态通过床层，使气固接触不良，催化剂利用率低，气体在床层内的停留时间分布不均匀，因而使副反应发生的概率增加，会导致催化剂的选择性及反应过程的转化率下降。因此流化床一般达不到固定床的转化率。

② 由于催化剂颗粒在反应器内呈悬浮状态，运动激烈，因而催化剂颗粒间相互剧烈碰撞，造成催化剂的破碎，增加了催化剂的损失和除尘的困难，并且固体颗粒与器壁的摩擦会对器壁产生腐蚀作用，使管道和容器的磨损严重。

虽然流化床反应器存在着上述缺点，但优点是主要的，其缺点又可以通过对设备加设辅助构件进行克服或改善，因此流化床总的经济效果是不错的，特别是传热和传质速率快、床层温度均匀、操作稳定的突出优点，对于热效应很大的大规模生产过程特别有利。

（2）流化床反应器的工业应用　目前，化学工业广泛使用固体流态化技术进行固体的物理加工、颗粒输送、催化和非催化化学加工。流化床反应器比较适用于下述过程：热效应很大的放热或吸热过程；要求有均一的催化剂温度和需要精确控制温度的反应；催化剂寿命比较短，操作较短时间就需要更换（或活化）的反应；有爆炸危险的反应，某些能够比较安全地在高浓度下操作的氧化反应。流化床反应器可以提高生产能力，减少分离和精制的负担。但流化床本身具有一定的缺点，虽然可以在某些生产过程克服或改善，但对于高转化率的反应，要求催化剂床层有温度分布的反应等一般不适用于流化床反应器。流态化技术除应用于气固相催化反应外，还可用于液固相催化反应（如污水处理等）以及固体燃料的气化、干燥、吸附等物理过程，在冶金工业中的矿石浮选也比较适用。

二、流化床反应器的分类

流化床反应器的结构形式很多，根据适用的范围不同工业中常用的分类有以下几种。

1. 按照固体颗粒是否循环分类

流化床反应器按照固体颗粒是否循环可分为单器（或非循环操作）流化床及双器（或循环操作）流化床。单器流化床在工业上应用最为广泛，如乙酸乙烯酯反应器、乙烯氧氯化反应器、萘氧化反应器和乙烯氧化反应器等，单器反应器多用于催化剂使用寿命较长的气固相催化反应过程，如图 4-2 所示。

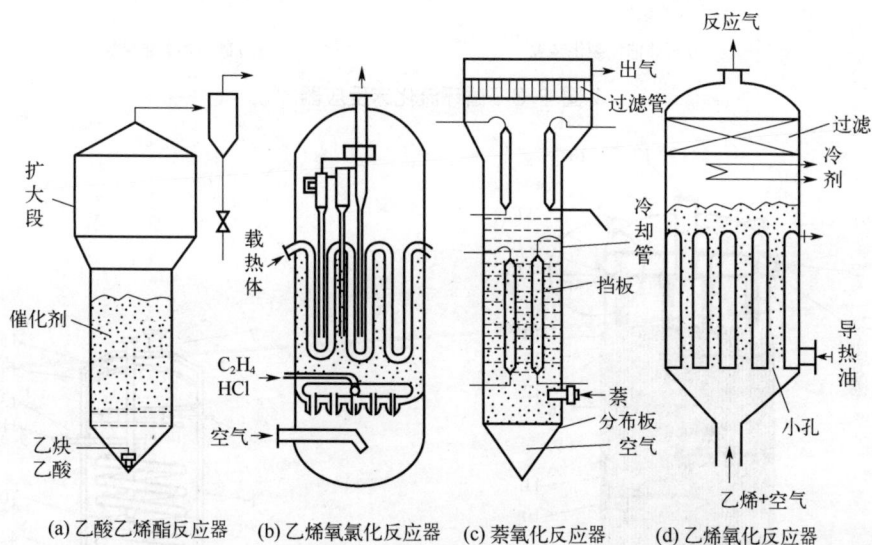

(a) 乙酸乙烯酯反应器　　(b) 乙烯氧氯化反应器　　(c) 萘氧化反应器　　(d) 乙烯氧化反应器

图 4-2　非循环流化床反应器

双器流化床反应器由于与再生器联合使用，因此多用于催化剂失活后容易再生的气固相催化反应过程，如图 4-3 所示。

在这类双器流化床反应器中，催化剂在反应器（筒式或提升管式）和再生器之间的循环，是靠控制两器的密度差形成压差实现的。由于两器间实现了催化剂的定量及定向流动，所以同时完成了催化反应（高活性催化剂、吸收热量）和再生烧焦（催化剂复活、放出热量）的连续操作过程。

2. 按照结构外形分类

流化床反应器按照结构外形可分为圆筒形和圆锥形流化床。由于圆筒形流化床具有结构简单、制造容易、设备容积利用率高等特点，并且在设计和生产方面应用时间长积累了较丰富的经验，因此应用比较广泛，如图 4-4 所示。

圆锥形流化床反应器结构如图 4-5 所示。其结构较圆筒形复杂，制造也比较困难，而且

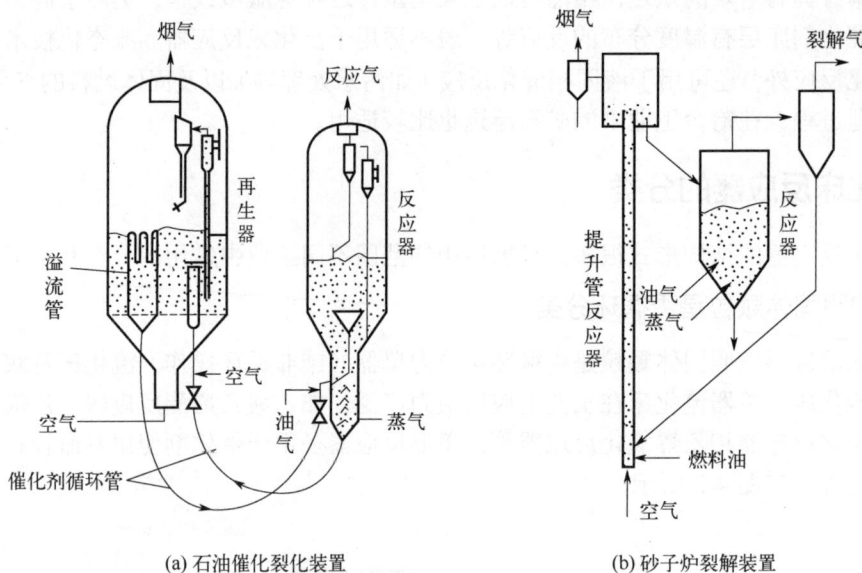

(a) 石油催化裂化装置   (b) 砂子炉裂解装置

图 4-3　循环流化床反应器

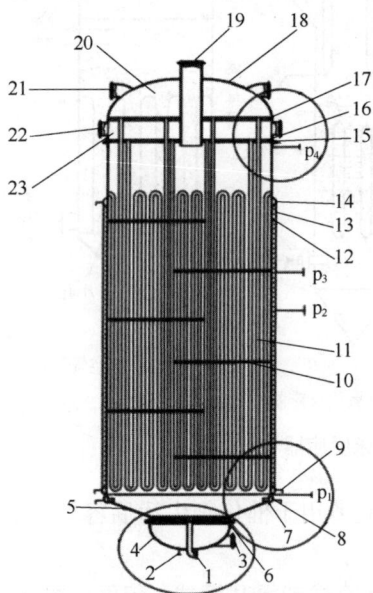

图 4-4　新型有机硅流化床反应器

图 4-5　有机硅流化床反应器

1—氯甲烷进口管；2—排污阀；3—分布器氯甲烷进口管；4—下封头；
5—锥形区；6—分布器；7—侧吹粉碎进口；8—侧吹粉碎进口半环；
9—床外竖向油半管进口；10—U 形换热管管架；11—U 形换热管；
12—反应器筒体；13—床外竖向油半管；14—床外竖向油半管出口；
15—安全阀；16—第一隔离槽；17—第二隔离槽；18—上封头；19—有
机硅出口管；20—换热液出液箱；21—变温液出口管；22—变温液进
管；23—换热液进液箱；p_1—第一床层高度测量装置；p_2—第二床层高
度测量装置；p_3—第三床层高度测量装置；p_4—第四床层高度测量装置

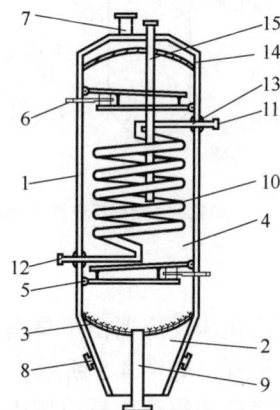

1—壳体；2—锥管；3—气体分布器；4—反应机构；
5—搅动件；6—喷气管；7—输出管；8—进气口；
9—排料口；10—换热蛇管；11—换热介质出口；
12—换热介质入口；13—紧固件；14—筛网；
15—上升集气管

设备的利用率较低，但由于其自身的结构特点即截面自下而上逐渐扩大，具备了自身的优点：

① 适用于催化剂粒度分布较宽的体系。由于床层底部呈圆锥状，床层底部流体流动速率大，较大颗粒能够呈流态化，阻止了分布板上的阻塞现象，空隙率增加，使反应不至于过分集中在底部，并且加强了底部的传热过程，故可减少底部过热和烧结现象的发生。上部截面逐渐增大，因此速率变小，减少了气流对细小颗粒的带出，提高了小颗粒催化剂的利用率，同时对分离设备的负荷也相应减小，可获得在低速操作的工艺过程的流化质量。

② 适用于气体体积增大的反应过程。

由于以上优点，圆锥形流化床在我国被陆续推广使用。

3. 按照床层结构分类

（1）按照床层内是否有内部构件分类　分为自由床和限制床。床层中没有设置内部构件的称为自由床，反之为限制床。

对于反应速率慢、反应级数高和产生副反应现象严重的气固相催化反应，一般要在反应器床层内设置内部构件来增进气固接触，减少气体返混，改善气体停留时间分布，提高床层的稳定性，使高床层和高流速操作成为可能。

对于反应速率快、延长接触时间不致产生严重副反应或对于产品要求不严格的催化反应过程，则可采用自由床。

（2）按照反应器内床层层数分类　按照流化床反应器内床层层数多少，可分为单层和多层流化床。对气固相催化反应主要是应用单层流化床，但在单层流化床中，气固相间不能进行逆向操作，反应的转化率较低，气固接触时间短，而且满足不了某些过程需要在不同的阶段控制不同反应温度的要求，在这种情况下采用多层式流化床为好。例如生产氟化氢流化床反应系统中，流化床反应器为多层膨胀结构，如图4-6所示。

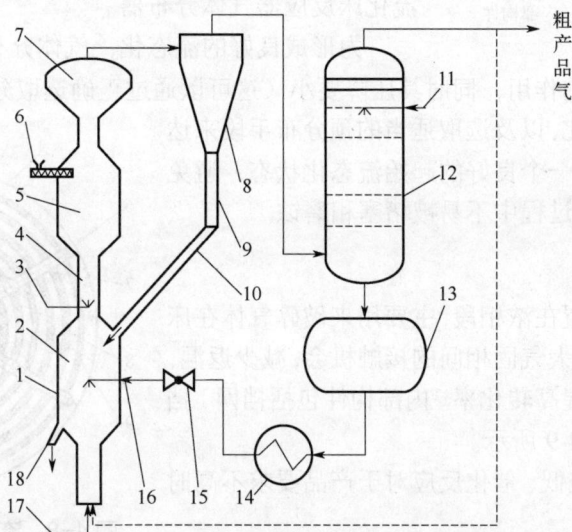

图4-6　多层膨胀流化床反应器

1—流化床反应器壳体；2—下层反应段；3—水蒸气进料管；4—缩颈段；5—上层反应段；6—固体颗粒进料；
7—顶部缓冲区；8—旋风分离器；9—沉降段；10—斜管；11—喷淋装置；12—洗涤塔；13—混酸缓冲罐；
14—换热器；15—球阀；16—混酸返料进口；17—气体进料口；18—产物残渣出口

三、流化床反应器结构

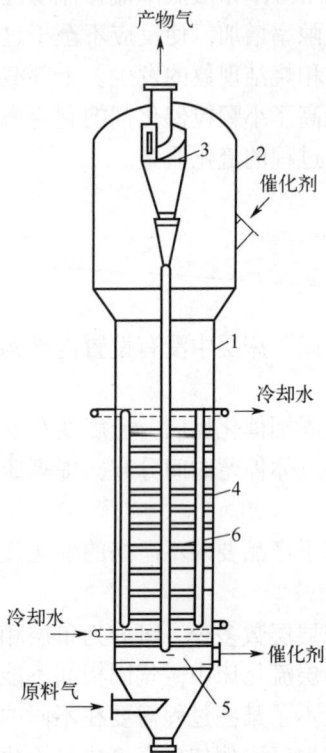

图4-7 带挡板的单器流化床反应器

1—壳体；2—扩大段；3—旋风分离器；4—换
热管；5—气体分布器；6—内部构件

为适应生产需求，工业用流化床的结构型式较多，但无论型式怎么改进变化，最基本的结构通常是不会变的，一般都由流化床反应器主体、气体分布装置、内部构件、换热装置、气固分离装置等组成。图4-7是有代表性的带挡板的单器流化床反应器，以此为例介绍流化床反应器的结构。

流化床反应器
基本结构

1. 反应器主体

反应器主体按床层中的介质密度分布，反应器主体分为浓相段（有效体积）和稀相段，底部设有锥底，有些流化床的上部还设有扩大段，用以增强固体颗粒的沉降。

2. 气体分布装置

气体分布装置包括设置在锥底的气体预分布器和气体分布板两部分。流化床的气体分布板是保证流化床具有良好而稳定流态化的重要构件，位于流化床底部，其作用体现在三个方面：①支撑床层上的催化剂或其他固体颗粒；②使气体均匀分布在床层的整个床面上，造成良好的起始流化条件；③气流导向作用，可抑制气固系统恶性的聚式流化态，有利于保证床层稳定。如图4-8为经改进的流化床反应器气体分布器。

为形成良好的流态化，气体分布板须满足以下要求：①具有均匀分布气流的作用，同时其压降要小（这可以通过正确选取分布板的开孔率或分布板压降与床层压降之比，以及选取适当的预分布手段来达到）；②能使流化床有一个良好的起始流态化状态，避免形成"死角"；③操作过程中不易被堵塞和磨蚀。

3. 内部构件

内部构件一般设置在浓相段，主要用来破碎气体在床层中产生的大气泡，增大气固相间的接触机会，减少返混，从而增加反应速率和提高转化率。内部构件包括挡网、挡板和填充物等，如图4-9所示。

注：在气流速率较低、催化反应对于产品要求不高时可以不设置内部构件。

4. 换热装置

换热装置的作用是取出或供给反应所需要的热量，由于流化床反应器的传热速率远远高于固定床，因此同样反应所需的换热装置流化床反应器要比固定床小得多。

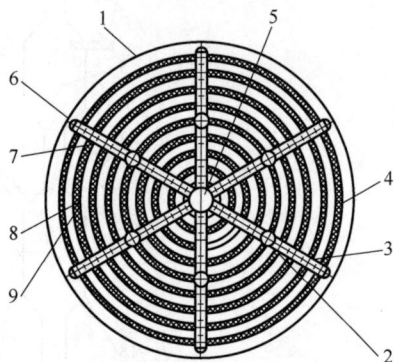

图4-8 流化床反应器气体分布器

1—流化床反应器；2—进气总管；3—多个进气分支管道；4—多层圆形分布支管道；5—连通腔；6—第一出气管；7—第二出气管；8—第三出气管；9—第四出气管

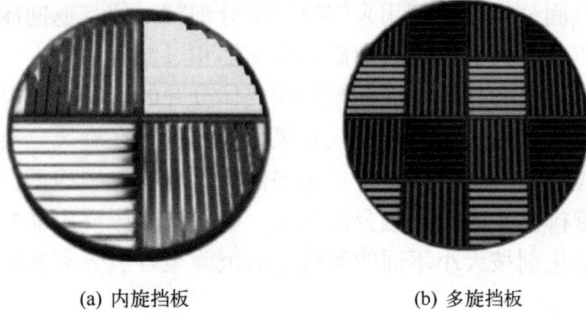

(a) 内旋挡板　　　　　　(b) 多旋挡板

图4-9　内部构件-挡板

常见的流化床内部换热器如图4-10所示。

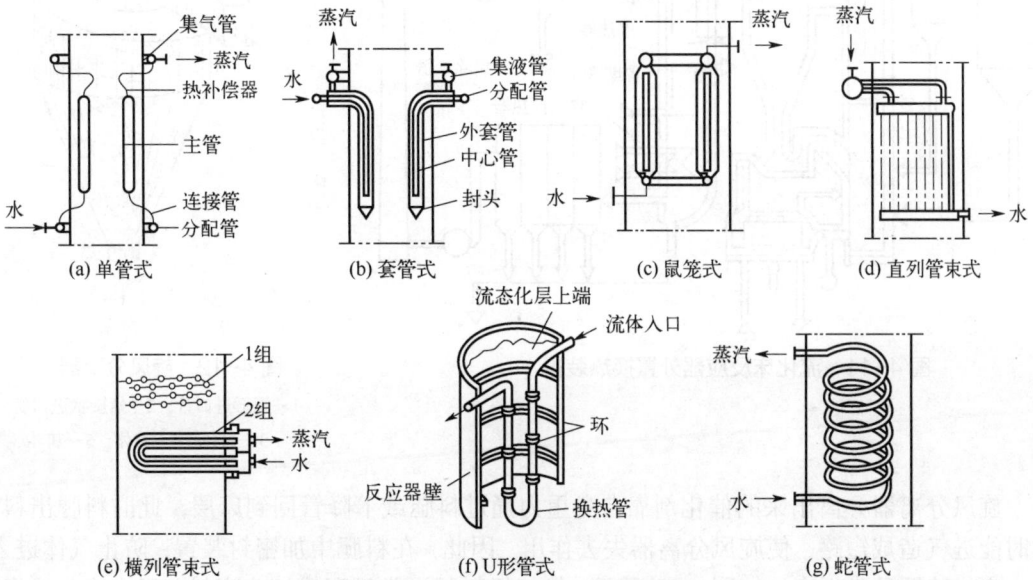

(a) 单管式　　　(b) 套管式　　　(c) 鼠笼式　　　(d) 直列管束式

(e) 横列管束式　　　(f) U形管式　　　(g) 蛇管式

图4-10　流化床反应器换热装置

　　列管式换热器是将换热管垂直放置在床层内密相或床面上稀相的区域中。常用的有单管式和套管式两种，根据传热面积的大小排成一圈或几圈。鼠笼式换热器由多根直立支管与汇集横管焊接而成，这种换热器可以安排较大的传热面积，但焊缝较多。管束式换热器分直列和横列两种，但横列的管束式换热器常用于流化质量要求不高而换热量很大的场合，如沸腾燃烧锅炉等。

　　U形管式换热器是经常采用的种类，具有结构简单、不易变形和损坏、催化剂寿命长、湿度控制十分平稳的优点。蛇管式换热器也具有结构简单、不存在热补偿问题的优点，但也存在同水平管束式换热器相类似的问题，即换热效果差，对床层流态化质量有一定的影响。

　　除上述常见的换热装置类型外，还可采用外置换热装置，如图4-11所示。此外，也可采用电感加热。

5.气固分离装置

流化床内的固体颗粒不断地运动，粒子间及粒子与器壁间的因碰撞而磨损，使上升气流中带有细粒和粉尘。气固分离装置即用来回收这部分细粒，使其返回床层，并避免带出粉尘影响产品的纯度。常用的气固分离装置有旋风分离器和过滤管。

旋风分离器是一种靠离心作用把固体颗粒和气体分开的装置，结构如图 4-12 所示。含有催化剂颗粒的气体由进气管沿切线方向进入旋风分离器内，在旋风分离器内做回旋运动而产生离心力，催化剂颗粒在离心力的作用下被抛向器壁，与器壁相撞后，借重力沉降到锥底，而气体则由上部排气管排出。为了加强分离效果，有些流化床反应器在设备中把三个旋风分离器串联起来使用，催化剂按大小不同的颗粒先后沉降至各级分离器锥底。

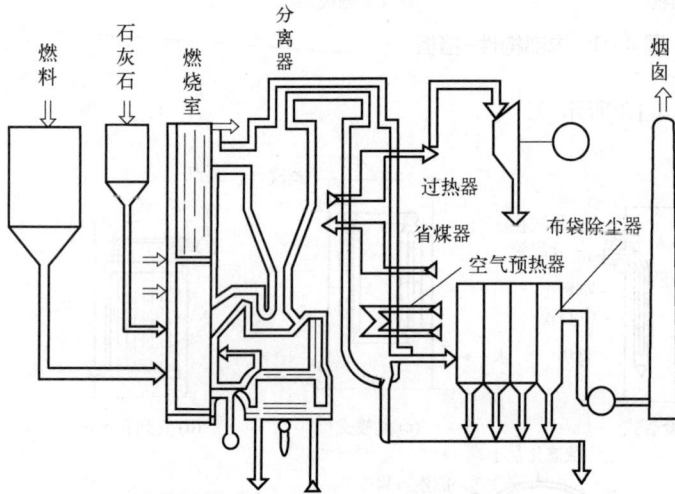

图 4-11　流化床反应器外置换热装置

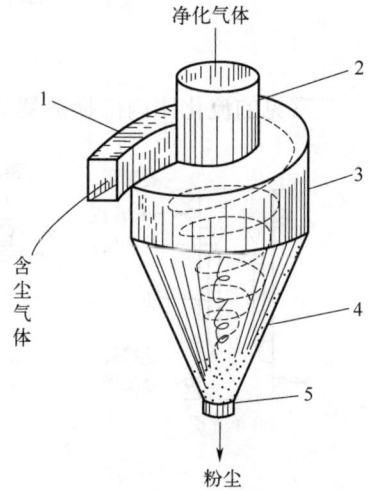

图 4-12　旋风分离器

1—矩形进口管；2—螺旋状进口管；
3—筒体；4—锥体；5—灰斗

旋风分离器分离出来的催化剂靠自身重力通过料腿或下降管回到床层，此时料腿出料口有时能进气造成短路，使旋风分离器失去作用。因此，在料腿中加密封装置，防止气体进入。

密封装置种类很多，如图 4-13 所示。第一级料腿通常用双锥堵头密封。双锥堵头是靠催化剂本身的堆积防止气体窜入，当堆积到一定高度时，催化剂就能沿堵头斜面流出。第二级和第三级料腿出口常用翼阀密封。翼阀内装有活动挡板，当料腿中积存的催化剂的重量超过翼阀对出料口的压力时，此活动板便打开，催化剂自动下落。料腿中催化剂下落后，活动挡板又恢复原样，密封了料腿的出口。翼阀的动作在正常情况下是周期性的，时断时续，又称断续阀。也有的在密封头部送入外加的气流，有时甚至在料腿上、中、下处都装有吹气管和

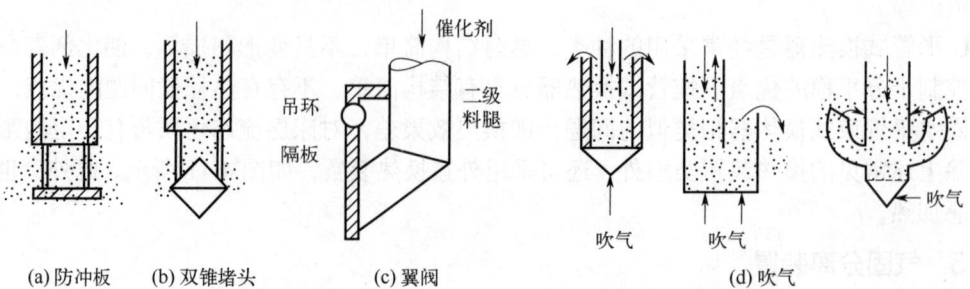

(a) 防冲板　　(b) 双锥堵头　　(c) 翼阀　　　　　　　(d) 吹气

图 4-13　各种密封料脚示意图

测压口，以掌握料面位置和保证细粒畅通。料腿密封装置是生产中的关键，要经常检修，保持灵活好用。

任务拓展

» 新工艺

发明专利：一种流化床甲醇制烯烃的方法、反应器和工艺系统

专利摘要：本发明涉及的是甲醇制烯烃的方法及工艺系统，如图4-14所示，该系统采用的流化床反应器如图4-15所示。本发明属于化工技术领域。该系统分为反应阶段和催化剂再生阶段。甲醇原料经预热后进入流化床耦合反应器，与分别含CHA和MFI结构分子筛的微球双催化剂接触反应。积炭失活的催化剂连续循环至再生器通空气完全再生。反应产物经后段分离工序获得乙烯、丙烯，并副产氢气和燃料气。

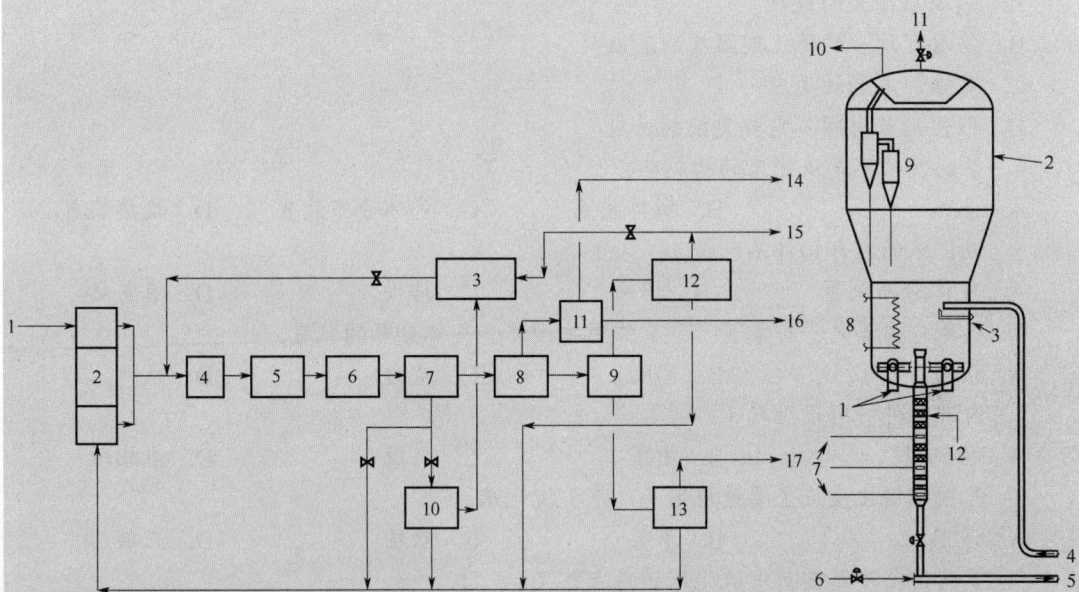

图4-14 新型甲醇制烯烃的工艺系统

1—原料甲醇；2—流化床甲醇制烯烃耦合反应器；3—固定床催化反应器；4—压缩装置；5—脱除二氧化碳装置；6—脱水干燥塔；7—脱丙烷塔；8—脱甲烷塔；9—脱乙烷塔；10—脱丁烷塔；11—变压吸附（PSA）装置；12—乙烯精馏塔；13—丙烯精馏塔；14—副产物燃料气；15—乙烯产品；16—副产物氢气；17—丙烯产品

图4-15 甲醇制烯烃的流化床反应器

1—原料甲醇进料分配器；2—反应器（外壳、稀相段）；3—副产物烃返回管线进料喷嘴；4—再生催化剂输送管；5—待再生催化剂水平输送管；6—提升氮气和工艺空气输送管；7—水蒸气盘管；8—反应器控温取热盘管；9—一、二级气固旋风分离器；10—通往反应器外三、四级气固旋风分离器出口管；11—放空管；12—下部反应竖管和内部横向固定格栅板

专利创新：本发明采用双催化剂催化反应，并且催化剂发生积炭时可完全再生；副产物在生产过程中可灵活利用，采用选择性预积炭、热量耦合等手段，提高了转化性能和烯烃产率。

❓ 任务检测

一、选择题

1. 流化床不适用于（　　）系统。

A. 气-固 　　　　　　　B. 液-固 　　　　　C. 固-固 　　　　　D. 气-液-固

2. 流化床反应器不具备（　　）特点。

A. 低传热效率 　　　　　　　　　　　B. 温度分布均匀

C. 气固相接触面积大 　　　　　　　　D. 操作稳定

3. 流化床反应器不适用于（　　）。

A. 热效应很大的过程

B. 要求有均一的催化剂温度的反应

C. 有爆炸危险的反应

D. 催化剂长时间不需要更换的反应

4. 下列哪项不是流化床的构成部分？（　　）

A. 主体 　　　　　B. 搅拌装置 　　　C. 气体分布装置 　　D. 换热装置

5. 流化床的内部构件不包括（　　）。

A. 气体分布装置 　　　B. 挡网 　　　　C. 挡板 　　　　　D. 填充物

6. 旋风分离器是一种靠（　　）作用把固体和气体分开的装置。

A. 沉降 　　　　　　B. 离心 　　　　C. 重力 　　　　　D. 吸附

7. 内部构件一般设置在（　　）。

A. 稀相段 　　　　　B. 中段 　　　　C. 上段 　　　　　D. 浓相段

8. 气固相催化反应主要是应用（　　）流化床。

A. 多层 　　　　　　B. 单层 　　　　C. 双层 　　　　　D. 三层

9. 下列哪个不是圆筒形流化床的特点？（　　）

A. 结构复杂 　　　　　　　　　　　　B. 制造容易

C. 容积率高 　　　　　　　　　　　　D. 应用时间长

10. 单器流化床反应器多用于催化剂寿命（　　）催化反应过程。

A. 较短的气固相 　　　　　　　　　　B. 较长的气固相

C. 较短的液固相 　　　　　　　　　　D. 较长的液固相

二、简答题

1. 简述流化床反应器的特点。

2. 流化床反应器如何进行分类？

3. 圆锥形流化床反应器的优点有哪些？

4. 流化床反应器的结构是由哪几部分组成？作用分别是什么？

任务2

设计流化床反应器

任务描述

根据化工产品的生产条件和工艺要求进行流化床反应器的工艺设计。

任务驱动

1. 根据生产实例，分析如何进行反应器选型？
2. 分析生产过程中影响因素，并思考如何进行优化？
3. 了解在流化床反应器设计计算过程中的注意事项，并思考如何克服不利因素，使其更加适用于生产？作为操作人员为什么要清楚反应器的设计过程？

任务内容

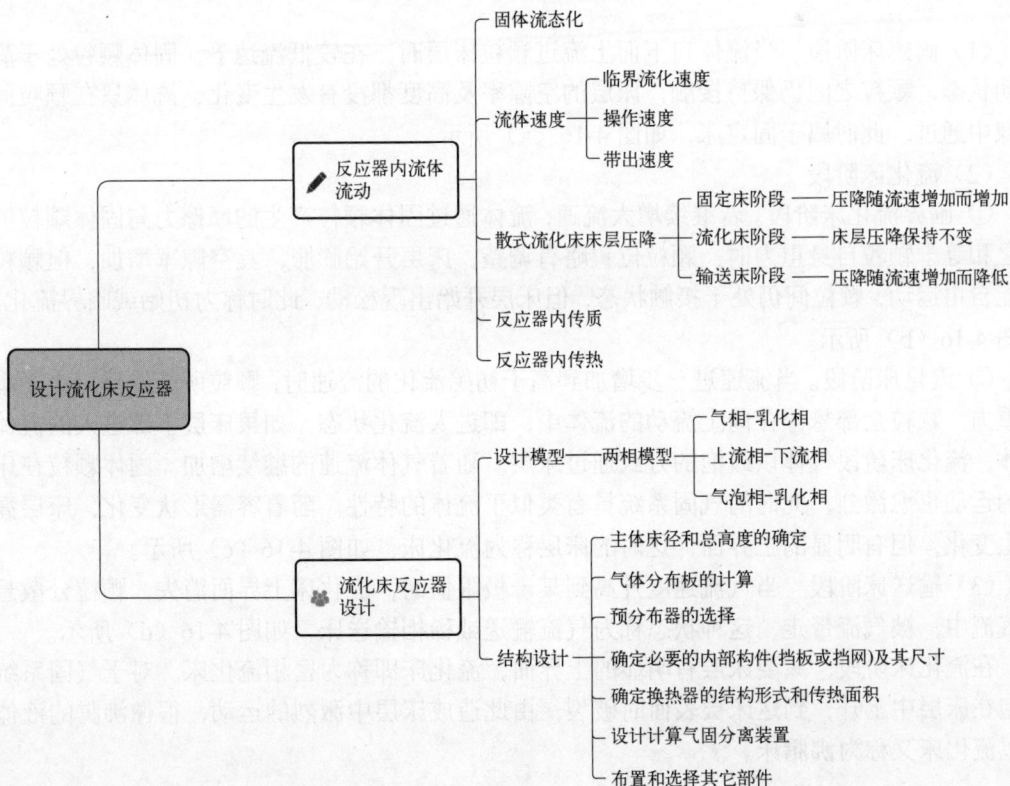

一、流化床反应器内流体流动特性分析

1. 基本概念

固体颗粒在流体的带动下呈悬浮状态，并且具有了类似于流体的某些宏观特性，这种流固接触状态称为固体流态化，流态化的形成过程如图 4-16 所示。设有一圆筒形容器，下部装有一块流体分布板，分布板上堆积固体颗粒，当流体自下而上通过固体颗粒床层时，随着流体的表观（或称空塔）流速变化，床层会出现不同的现象。

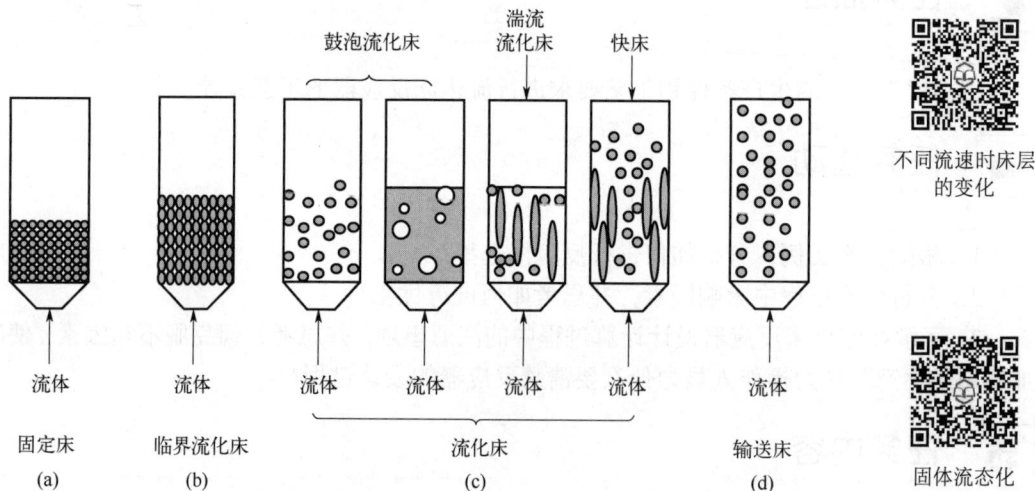

图 4-16　固体流态化的形成过程

（1）固定床阶段　当流体自下而上流过颗粒床层时，在较低流速下，固体颗粒处于静止不动状态，颗粒之间仍保持接触，床层的空隙率及高度都没有发生变化，流体只在颗粒间的缝隙中通过，此时属于固定床，如图 4-16（a）所示。

（2）流化床阶段

① 临界流化床阶段。若继续增大流速，流体通过固体颗粒产生的摩擦力与固体颗粒的浮力之和等于颗粒自身重力时，颗粒位置略有调整，床层开始膨胀，其空隙率增加，但颗粒还不能自由运动，颗粒间仍处于接触状态，但床层开始出现松动，此时称为初始或临界流化床，如图 4-16（b）所示。

② 流化床阶段。当流速进一步增加到高于初始流化的流速时，颗粒所受的浮力大于本身的重力，颗粒全部悬浮在向上流动的流体中，即进入流化状态。如果床层下部进入的流体是气体，流化床阶段气体以鼓泡的方式通过床层。随着气体流速的继续增加，固体颗粒在床层中的运动也愈激烈，此时的气固系统具有类似于流体的特性。随着容器形状变化，床层高度发生变化，但有明显的上界面，这时的床层称为流化床，如图 4-16（c）所示。

（3）输送床阶段　当气流速度升高到某一极限值时，流化床上界面消失，颗粒分散悬浮在气流中，被气流带走，这种状态称为气流输送或稀相输送床，如图 4-16（d）所示。

在流化床阶段，只要床层有明显的上界面，流化床即称为密相流化床。对于气固系统，气泡在床层中上升，到达床层表面时破裂，由此造成床层中激烈的运动，很像沸腾的液体，所以流化床又称为沸腾床。

2. 流态化操作类型

流态化操作可有多种分类方式。

（1）以流化介质分类　可以分为气-固流化床、液-固流化床、三相流化床。

① 气-固流化床。气-固流化床是指由气体和固体颗粒组成的床层，在气流作用下产生流化现象的设备。在气-固流化床中，固体颗粒与气体之间发生密集相互作用，包括固体颗粒的干燥、热传递、传质、燃烧等过程。

在化工领域中，气-固流化床被广泛应用于催化剂的制备、聚合反应、干燥等过程中；在冶金领域，气-固流化床也被用于冶炼、烧结等过程中。例如，在催化剂的制备过程中，气-固流化床可以实现催化剂的均匀混合，从而提高催化剂的活性和选择性；在冶炼过程中，气-固流化床可以实现矿石的均匀混合和热传递，提高冶炼效率和质量。

② 液-固流化床。液-固流化床是一种工业上常见的反应器，具有高效、节能、环保的特点，已广泛应用于化工、食品、制药等领域。

液-固流化床是通过流体的流动使固体颗粒悬浮，形成类似于流动的液体床的状态，从而实现固体颗粒与流体的充分接触和混合。液-固流化床传热效能高，床内温度易于维持均匀，大量固体颗粒可方便地往来输送，且能充分发挥催化剂的效能。然而，它也存在一些缺点，如操作弹性低、固体损耗大、制作成本高等。液-固流化床问世较早，主要应用于湿法冶金、流态化洗涤等场合，但不如气-固流化床应用范围广泛。

③ 三相流化床。三相流化床又称气流动力流化床，是一种特殊的流化床反应器。三相流化床在多个领域都有应用，包括化工、环保、能源和食品工业等。在化工领域，三相流化床常用于实现高效的化学反应过程，如催化反应、聚合反应等。在环保领域，它主要用于处理固体、液体和气体废弃物，实现固体废弃物的催化氧化，液体废弃物的生物处理和气体废弃物的脱硫、脱硝等环保技术。在能源领域，三相流化床主要用于煤气化、煤液化和重油催化裂化等过程中，实现燃料的高效转化和清洁能源的生产。在食品工业领域，三相流化床通常用于制备颗粒、微胶囊和膜材料等。

三相流化床由于相界面积大、传质速率高、抗冲击能力强、负载微生物活性强、占地面积少等优点，成为近年来的研究热点。随着三相流态化技术研究的深入和发展，其应用在不断扩展和提高。

（2）以流态化状态分类　不同的流体，固体流态化现象也不同。据此一般可分为聚式流化床和散式流化床。如图 4-17 所示。

① 散式流化床。对于液固系统，当流速高于最小流化速度时，随着流速的增加，得到的是平稳的、逐渐膨胀的床层，固体颗粒均匀地分布于床层各处，床面清晰可辨，略有波动，但相当稳定，床层压降的波动也很小且基本保持不变。即使在流速较大时，也看不到鼓泡或不均匀的现象。这种床层称为散式流化床或均匀流化床、液体流化床，如图 4-17（a）所示。

② 聚式流化床。当流体为气体时，即气固系统的流化床中，气体流速超过临界流化速度以后，有相当一部分气体以气泡形式通过床层，气泡在床层中上升并相互聚并，引起床层的波动，这种波动随流速的增大而增大。同时床面也有相应的波动，波动剧烈时很难确定其具体位置，这与液固系统中的清晰床面大不相同。由于床内存在气泡，气泡向上运动时将部分颗粒夹带至床面，到达床面时气泡发生破裂，这部分颗粒由于自身重力作用又落回床内。整个过程中气泡不断产生和破裂，所以气固流化床的外观与液固流化床不同，颗粒不是均匀地

分散于床层中，而是程度不同地一团一团聚集在一起作不规则运动。在固体颗粒粒度比较小时，这种现象更为明显。因此，气固系统的这种流化床称为聚式流化床，如图 4-17（b）所示。

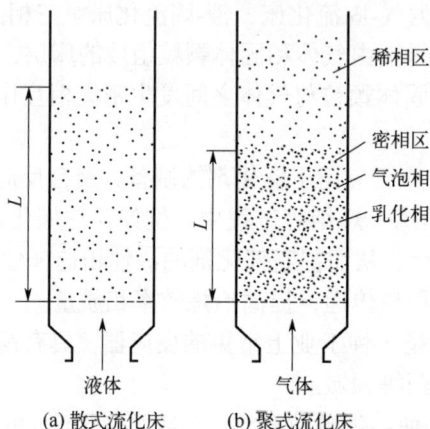

图 4-17　流化床流态化类型

3. 流化床的压降与流速

在气-固流化床中，当气体通过固体颗粒床层时，随着气速的改变，分别经历固定床、流化床和气流输送三个阶段。这三个阶段具有不同的规律，从不同气速对床层压降的影响可以明显地看出其中的规律性。

（1）流化床内流体流速

① 临界流化速度 u_{mf}。也称起始流化速度、最低流化速度，是指颗粒层由固定床转为流化床时流体的表观速度，用 u_{mf} 表示。实际操作速度常取临界流化速度的倍数（又称流化数）来表示。临界流化速度对流化床的研究、计算与操作都是一个重要参数，确定其大小是很有必要的。确定临界流化速度最好是用实验测定，也可用公式计算。

临界点时，床层的压降 Δp 既符合固定床的规律，同时又符合流化床的规律，即此点固定床的压降等于流化床的压降。影响临界流化速度的因素有颗粒直径、颗粒密度、流体黏度等。实际生产中，流化床内的固体颗粒总是存在一定的粒度分布，形状也各不相同，因此在计算临界流化速度时要采用当量直径和平均形状系数。另外大而均匀的颗粒在流化时流动性差，容易发生腾涌现象，加剧颗粒、设备和管道的磨损，操作的气速范围也很狭窄。在大颗粒床层中添加适量的细粉有利于提高流化质量，但受细粉回收率的限制，不宜添加过多。

② 颗粒带出速度 u_t。该速度是流化床中流体速度的上限，也就是气速增大到此值时流体对粒子的曳力与粒子的重力相等，粒子将被气流带走。这一带出速度，或称终端速度，近似地等于粒子的自由沉降速度。

流化床操作中，将 u_t/u_{mf} 定义为流化数，其大致范围在 10～90 之间，颗粒愈细，比值愈大，即表示从能够流化起来到被带走为止的这一范围就愈广，这说明了为什么在流化床中用细的粒子比较适宜的原因。

③ 操作速度。该速度指流化床反应器的正常操作气速实际生产中，操作气速是根据具体情况确定的。流化数 u_t/u_{mf} 一般在 1.5～10 的范围内，也有高达几十甚至几百的。

综上所述，根据 u_t/u_{mf} 范围原则上可确定流化床操作速度的范围，但其范围较宽，因此要最终确定操作速度，还必须考虑许多因素，加以综合分析比较，才能得出适当的选择。

通常有下列情况之一，宜采用较低的操作速度：

① 颗粒易碎或催化剂价格昂贵；

② 颗粒粒度筛分的范围宽，或参加反应时粒度逐渐减小；

③ 过程的反应速度很慢，空间速度小；

④ 需要的床层高度很低，颗粒有很好的流化特性；

⑤ 反应热不大；

⑥ 粉尘回收系统的效率低或负荷过重等。

而对于下列情况，一般则可提高操作速度：

① 过程反应速度快，空间速度高；

② 反应热大需要通过受热面移走；

③ 床层基本保持等温状态；

④ 要求颗粒具有高度的活动性，如循环流化床等。

（2）流化床内压降与流速间的关系

① 理想流化床。对一个等截面床层，当流体以空床流速 u（或称表观流速）自下而上通过床层时，床层的压降 Δp 与流速 u 之间的关系在理想情况下如图 4-18 所示。

固定床阶段，流体流速较低，床层静止不动，气体从颗粒间的缝隙中流过。随着流速的增加，流体通过床层的摩擦阻力也随之增大，即压降 Δp 随着流速 u 的增加而增加，如图 4-18 的 AB 段。

流速增加到 B 点时，床层压降与单位面积床层重力相等，床层刚好被托起而变松动，颗粒发生振动重新排列，但还不能自由运动，即固体颗粒仍保持接触而没有流化，如图中的 BC 段。

流速继续增大超过 C 点时，颗粒开始悬浮在流体中自由运动，床层随流速的增加而不断膨胀，也就是床层空隙率 ε 随之增大，但床层的压降却保持不变，如图中 CD 段所示。当流速进一步增大到某一数值时，床层上界面消失，颗粒被流体带走而进入流体输送阶段。

对已经流化的床层，如将气速减小，则 Δp 将沿 DC 线返回到 C 点，固体颗粒开始互相接触而又成为静止的固定床。但继续降低流速，压降不再沿 CB、BA 线变化，而是沿 CA' 线下降。原因是床层经过流化后重新落下，空隙率比原来增大，流动阻力减小，因此压降减小。

② 实际流化床。对于实际流化床的 $\Delta p\text{-}u$ 关系较为复杂，图 4-19 就是某一实际流化床的

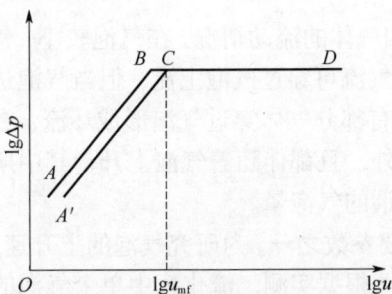

图 4-18 理想流化床的 $\Delta p\text{-}u$ 关系图

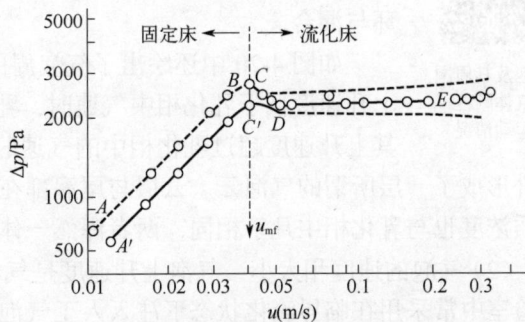

图 4-19 实际流化床的 $\Delta p\text{-}u$ 关系图

Δp-u 关系图。由图 4-19 看出，在固定床区域 AB 与流化床区域 DE 之间有一个"驼峰"。形成的原因是固定床阶段，颗粒之间由于相互接触，部分颗粒可能有架桥、嵌接等情况，造成开始流化时需要大于理论值的推动力才能使床层松动，即形成较大的压降。一旦颗粒松动到使颗粒刚能悬浮时，Δp 即下降到水平位置。另外，实际中流体的少量能量消耗于颗粒之间的碰撞和摩擦，使水平线略微向上倾斜。图 4-19 中上下两条虚线表示压降的波动范围。

通过压降与流速关系图，可以分析实际流化床与理想流化床的差异，了解床层的流化质量。

4. 流化床中的气泡及其行为

（1）气泡结构　作为反应器的流化床，其中的流体流动及传递过程是非常复杂的，一般认为除部分气体以起始流化速度经粒子之间的空隙外，多余的气体都以气泡状态通过床层，并且气体和颗粒在床内的混合是不均匀的。

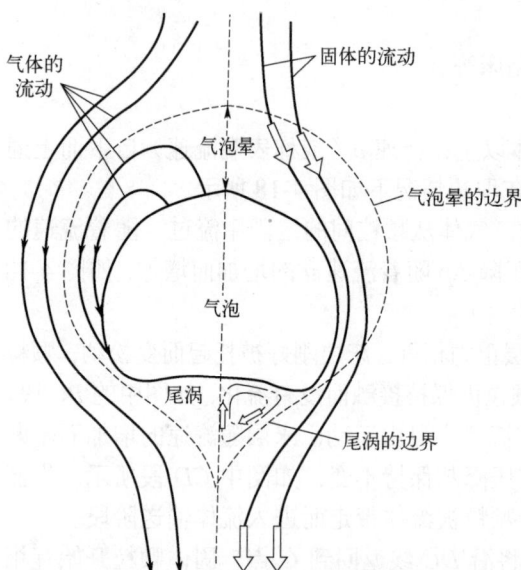

图 4-20　气泡及其周围气体与颗粒运动情况

气体经分布板进入床层后，一部分与固体颗粒混合构成乳化相，另一部分不与固体颗粒混合而以气泡状态在床层中上升，这部分气体构成气泡相。如图 4-20 所示。

气泡在上升中，因聚并和膨胀而增大，同时不断与乳化相间进行质量交换，即将反应物组分传递到乳化相中，使其在催化剂上进行反应，又将反应生成的产物传到气泡中来，所以气泡不仅是造成床层运动的动力，又是接受物质的储存库，可见其行为自然成为影响反应结果的一个决定性因素。

为了给流化现象的分析及数学模型的建立提供基础，需对气泡的形状作进一步的了解。根据研究，不受干扰的单个气泡的顶部呈球形，底部略微内凹。在尾部区域，由于压力较周围低，将部分颗粒吸入，形成局部涡流，

气泡及其周围气体颗粒运动情况

这一区域称为尾涡。气泡上升过程中，一部分颗粒不断离开这一区域，另一部分颗粒又补充进来，这样就把床层下部的粒子夹带上去而促进了全床颗粒的循环与混合。

如图 4-20 中还绘出了气泡周围颗粒和气体的流动情况。在气泡较小，气泡上升速度低于乳化相中气速时，乳相中的气流可穿过气泡上流，但当气泡达到其上升速度超过乳化相中的气速时，就会有部分气体穿过气泡形成环流，在气泡外形成了一层所谓的气泡云。云层与尾涡都在气泡之外，且都伴随着气泡上升，其中所含物质浓度也与乳化相中几乎相同，两者浑然一体，即所谓的气泡晕。

（2）气泡的速度和大小　气泡上升速度是气泡的重要参数之一。为研究气泡的上升速度，实验室中常采用在临界流化状态下注入人工气泡的方法。根据实测，流化床中单个气泡的平均上升速度 u_{br} 可取

$$u_{br} = 0.711(d_e g)^{1/2} \tag{4-1}$$

在实际床层中，出现成群上升的气泡时，上升速度一般用下式计算：

$$u_{br} = u - u_{mf} + 0.711(d_e g)^{1/2} \tag{4-2}$$

式中，d_e 为气泡的当量直径，是与球形顶盖气泡体积相等的球体直径，m。

气泡当量直径随着气泡的上升不断增大，但气泡的长大并不是无限的，如床层足够大就不会形成节涌，但当气泡长大到一定程度后就将失去其稳定性而破裂。

5. 流化床常见的异常现象及处理方法

散式流化床是均匀的，床层空隙各处基本相同，随着流速增加床层均匀变疏，但化工生产中气固相反应多用聚式流化床，其中气体与固体接触的情况相当复杂，会产生一些不规则状态，可以通过观察流化床的压降变化判断流化质量。常见的不正常现象有以下两种。

（1）大气泡和腾涌　大气泡现象是流化床中生成的气泡在上升过程中不断合并和长大，直到床面破裂的现象，是正常现象。但是如果床层中大气泡很多，由于气泡不断搅动和破裂，床层波动大，操作不稳定，气固间接触不好，就会使气固反应效率降低，这种现象是不正常的，应力求避免。通常床层较高、气速较大时容易产生大气泡现象，床层压降波动厉害。在床层内加设内部构件可以避免产生大气泡，促使平稳流化。

大气泡状态下继续增大气速，气泡直径变大，直到与床径相等，此时，床层分为几段，变成一段气泡和一段颗粒的相互间隔状态；颗粒层被气泡像活塞一样向上推动，达到一定高度后气泡破裂，引起部分颗粒的分散下落。这就是腾涌现象。这种大幅度的压降波动破坏了床层的均匀性，使气固接触显著恶化，严重影响系统的产量和产品质量。

大气泡和腾涌现象

出现腾涌现象后，床层内固体颗粒的机械磨损和带出增加，催化剂的使用寿命缩短，床内构件也易磨损。

下列情况容易产生腾涌现象：①床高与床径之比较大；②颗粒大（大颗粒比小颗粒容易产生腾涌）；③床高与床径之比较大而气速也较高。

工业上消除腾涌的办法是：①加设内部构件，以防止大气泡的产生；②在可能情况下减小气速和床层高径比。

（2）沟流　当床层内压降比正常操作时低，说明气体可能形成短路，床层产生了沟流现象。气流通过床层，其流速虽然超过临界流化速率，但床内只形成一条狭窄的通道，而大部分床层仍处于固定状态，这种现象称为沟流。如果沟流穿过整个床层称为贯穿沟流。

沟流产生的原因主要有：①颗粒很细、潮湿、物料易黏结；②床层很薄、气速过低或气流分布不均；③分布板结构不合理、开孔率低、床内构件阻碍气体的流动等。

沟流容易造成床层密度不均，有可能产生死床，造成催化剂烧结，降低催化剂使用寿命，降低转化率，缩小生产能力。

防止沟流发生的措施是加大气速，预先干燥物料，在床内加设构件及改善分布板结构等。

6. 流化床反应器内传质

（1）颗粒与流体间的传质　如前所述，气体进入床层后，部分通过乳化相流动，其余则以气泡形式通过床层。乳化相中的气体与颗粒接触良好，而气泡中的气体与颗粒接触较差，

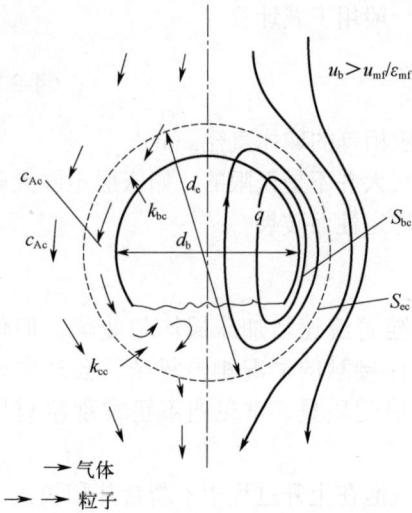

图 4-21　相间交换示意图

S_{bc}—气泡与气泡晕的相界面；S_{ec}—乳化相与气泡晕的
相界面；u_b—气泡床空流速；q—气泡的穿流量

原因是气泡中几乎不含颗粒，气体与颗粒接触的主要区域集中在气泡与气泡晕的相界面和尾涡处。无论流化床用作反应器还是传质设备，颗粒与气体间的传质速率都将直接影响整个反应速率或总传质速率。所以，当流化床用作反应器或传质设备时，颗粒与流体间的传质系数 k_G 是一个重要的参数。关于传质系数，文献报道很多，都是经验公式，只在一定的范围内适用，此处不作介绍。

（2）气泡与乳化相间的传质　在流化床反应器中，由于反应实际上是在乳化相中的催化剂表面上进行的，所以气泡与乳化相间的气体交换作用非常重要。相间传质速率与表面反应速率的快慢，对于选择合理的床型和操作参数都直接相关。图 4-21 所示为相间交换的示意图，从气泡经气泡晕到乳化相的传递是一个串联过程。

以气泡的单位体积为基准，气泡在经历微元距离、微元时间内的交换速率（以组分 A 表示）可以用单位时间单位气泡体积所传递的组分 A 的物质的量来表示。即

$$-\frac{1}{V_b}\frac{\mathrm{d}N_{Ab}}{\mathrm{d}\tau} = -u_b\frac{\mathrm{d}c_{Ab}}{\mathrm{d}l} = (k_{be})_b(c_{Ab}-c_{Ae})$$
$$= (k_{bc})_b(c_{Ab}-c_{Ac}) \qquad (4\text{-}3)$$
$$\approx (k_{ce})_b(c_{Ac}-c_{Ae})$$

式中　　N_{Ab}——组分 A 的物质的量，kmol；

V_b——气泡体积，m^3；

c_{Ab}、c_{Ac}、c_{Ae}——气泡相、气泡晕、乳化相中反应组分 A 的浓度，$kmol/m^3$；

$(k_{bc})_b$——气泡与气泡晕之间的交换系数；

$(k_{ce})_b$——气泡晕与乳化相之间的交换系数；

$(k_{be})_b$——气泡与乳化相之间的总交换系数。

气体交换系数的含义是：在单位时间内以单位气泡体积为基准所交换的气体体积。三者间的关系如下：

$$\frac{1}{(k_{be})_b} \approx \frac{1}{(k_{bc})_b} + \frac{1}{(k_{ce})_b} \qquad (4\text{-}4)$$

7. 流化床反应器内传热

由于流化床中流体与颗粒的快速循环，流化床具有传热效率高、床层温度均匀的优点。气体进入流化床后会很快达到流化床温度，这是因为气固相接触面积大，颗粒循环速度高，颗粒混合得很均匀以及床层中颗粒比热容远比气体比热容高等。

研究流化床传热主要是为了确定维持流化床温度所必需的传热面积。在一般情况下，自由流化床床层内是等温的，粒子与流体之间的温差（除特殊情况外）可以忽略不计。因此，

流化床反应器主要研究的是床层与内壁间和床层与浸没于床层中的换热器表面间的传热。流化床中传热的理论和实验研究很多，这里只作简单介绍，详细资料可查阅有关文献。

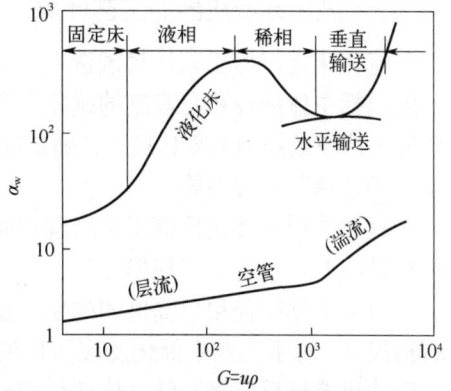

图 4-22　器壁传热系数示例
G—质量流速；u—流速；ρ—密度

流化床与外壁的传热系数 α_w 比空管及固定床中都高，如图 4-22 所示。在起始流化速度以上，α_w 随气速的增加而增大到一个极大值，然后下降。极大值的存在可用固体颗粒在流化床中的浓度随流速增加而降低来解释。

流化床与换热表面间的传热是一个复杂过程，其传热系数的关联式与流体和颗粒的性质、流动条件、床层与换热面的几何形状等因素有关。目前文献上介绍的流化床换热面的传热系数关联式的局限性很大，准确性也较低。

根据流化床与换热器表面间传热的众多研究结果，可以得出各种参数对传热系数影响的定性规律。

① 颗粒的热导率及床层高度对 α_w 基本没有影响，床层直径的影响较难判定。

② 颗粒的比热容增大，α_w 也增大。

③ 颗粒粒径增大，α_w 降低。

④ 流体的热导率是 α_w 最主要的影响因素，α_w 与热导率 λ_n 成正比，其中 $n=1/2\sim2/3$。

⑤ 床内管子的管径小时 α_w 大，它上面的颗粒群更易于更替下来。

⑥ 管子的位置对 α_w 的影响不太大，主要应根据工艺上的要求而定，但如管束排列过密，则 α_w 降低；对水平管束来说，错列的影响更大些。

⑦ 如有横向挡板，则会使可能达到的 α_w 最大值降低，而相应的气速却需要提高，分布板的开孔情况影响气泡的数量和尺寸，在气速小于最优值时，增加孔数和孔径将使与外壁面的 α_w 值降低。

二、流化床反应器设计实例

1. 气固相反应器的选型

气固相催化反应器的设计与选择一般可从反应特点、反应热、工艺要求、反应器特点、催化剂性能等方面综合考量。表 4-1 所示为气固相催化反应器选择举例。

表 4-1　气固相催化反应器选择举例

型式	适用的反应	应用特点	应用举例
固定床	气固（催化或非催化）相	返混很小，高转化率时催化剂用量少，催化剂不易磨损；但传热控温不易，催化剂装卸麻烦	乙苯脱氢制苯乙烯，乙炔法制氯乙烯，合成氨，乙烯法制乙酸乙烯酯等
流化床	气固（催化或非催化）相	传热好，温度均匀，易控制；催化剂有效系数大，粒子输送容易，但磨耗大，床内返混大，对高转化率不利，操作条件限制较大	萘氧化制苯酐，石油催化裂化，乙烯氧氯化制二氯乙烷等
移动床	气固（催化、非催化）相	固体返混小，固气比可变性大，但粒子传送较易，床内温差大，调节困难	石油催化裂化，矿物的焙烧或冶炼等

2. 流化床反应器的工艺计算

流化床反应器工艺计算或选用首先是选型，其次是流化床反应器结构尺寸的设计计算，一般包括主体床径和总高度的确定，气体分布板的计算；预分布器的选择；确定必要的内部构件（挡板或挡网）及其尺寸；确定换热器的结构形式和传热面积；设计计算气固分离装置；布置和选择其他部件等。

具体选型主要应根据工艺过程的特点来考虑，即化学反应的特点、颗粒或催化剂的性能、对产品的要求以及生产规模。

（1）主体床径和总高度的确定 流化床的床径与总高度是工业流化床反应器的两个主要结构尺寸。对于工业中催化反应所用的流化装置，首先要用实验来确定主要反应的本征速率，然后才可选择反应器，结合传递效应建立数学模型。鉴于模型本身存在不确切性，因此还需要进行中间试验。

这里就非催化气固流化床反应器的直径与总床高的确定作简要介绍，有关催化流化床可查阅有关资料。

在化工生产中，流化床反应器的截面，除特殊要求外，一般均采用圆柱形床体，床径可按气体处理量和操作速率求得。

① 流化床直径。当生产规模确定后，通过物料衡算得出通过床层的总气量 Q（标准状态）。根据反应要求的温度、压力和气固物性确定操作气速 u，则

$$Q = \frac{1}{4}\pi D_R^2 \times u \times 3600 \times \frac{273}{T} \times \frac{p}{1.013 \times 10^5}$$

$$D_R = \sqrt{\frac{4 \times 1.033 \times 10^5 TQ}{273 \times 3600 \pi up}} = \sqrt{\frac{4.132TQ}{982800\pi up}} \tag{4-5}$$

式中　Q——气体（标准状态）的体积流量，m^3/h；

　　　D_R——反应器直径，m；

　T，p——反应时的绝对温度，K；

　　　p——反应时的绝对压力，Pa；

　　　u——以 T、p 计的表观气速（一般取 1/2 床高处的 p 进行计算），m/s。

许多流化床反应器的上部设有扩大段，目的是降低空塔速率，使一部分较小直径的颗粒在扩大段进一步沉降，尽量减少气体中带出的颗粒，扩大段直径由需要沉降的最小颗粒直径来确定。首先根据物料的物性参数与操作条件计算出此颗粒的自由沉降速度，然后按下式计算出扩大段直径 D_L。

$$Q = \frac{1}{4}\pi D_L^2 \times u_t \times 3600 \times \frac{273}{T} \times \frac{p}{1.033}$$

$$D_L = \sqrt{\frac{4 \times 1.033 \times T \times Q}{273 \times 3600\pi \times u_t \times p}} \tag{4-6}$$

② 流化床总高度的确定。一台完整的流化床反应器总高度包括流化床床层高度、扩大段高度和分离段高度。而流化床床层高度又包括临界流化床高 L_{mf}、流化床高 L_f 与稳定段高度 L_D。

a. 流化床床层高度确定。临界流化床高 L_{mf}，也称静止床高 L_D。对于一定的流化床直径和操作气速，必须有一定的静止床高。在生产中，可根据产量要求算出固体颗粒的进料量 W_F（kg/h），然后根据要求的接触时间 τ（h）求出固体物料在反应器内的装载量 M（kg），继

而求出临界流化床时的床高 L_{mf}。即

$$M = W_F\tau$$

$$\tau = \frac{\frac{1}{4}\pi D_R^2 L_{mf}\rho_{mf}}{W_F} = \frac{\frac{1}{4}\pi D_R^2 L_{mf}\rho_p(1-\varepsilon_{mf})}{W_F}$$

$$L_{mf} = \frac{4W_F\tau}{\pi D_R^2 \rho_p(1-\varepsilon_{mf})} \tag{4-7}$$

式中，ρ_p 为绝对压力 p 时的床层的平均密度。

已知 L_{mf} 后，可根据床层膨胀比 R 求出流化床的床高 L_f。床层的膨胀比定义为：

$$R = L_f / L_{mf} = (1-\varepsilon_{mf})/(1-\varepsilon_m) = \rho_{mf}/\rho_m$$

式中，ρ_{mf} 和 ρ_m 分别为临界流化状态和实际操作条件下床层的平均密度。则

$$L_f = RL_{mf} \tag{4-8}$$

由于气固系统的不稳定性，床面有一定的起伏，为使床层稳定操作，一般在反应器计算时要考虑在床层高度之上增加一段高度，使之能够适应床面的起伏，这一段高度称为稳定段高度，用 L_D 表示。它主要取决于床层的稳定性和操作中浓相床层的高度变化范围。

具有扩大段的流化床反应器，通常将内旋风分离器或过滤管设置在扩大段中，因此这一段的高度须视粉尘回收装置的尺寸以及安装和检修的方便来决定。

b．分离段高度 TDH 的确定。反应气体通过床层时，有相当数量形成气泡状态，气泡中含有一定数量的固体颗粒，当其流经流化床密相段时具有较大的速率，并在床层表面破裂，将固体颗粒抛入床层上部空间，因此在床层上部空间有一定数量被夹带的固体颗粒，其中一部分颗粒的沉降速率大于床层气速，在达到相应高度后回落到床层，所以离床面距离愈高，固体颗粒的浓度就愈小，距离床层一定高度后，气流中央的粒子浓度趋于常数，这段距离称为流化床的分离高度。它是流化床反应器计算中的一个重要参数，所以许多人对此进行了研究。

如 Horio 提出的关联式：

$$TDH / D_R = (2.7D_R^{-0.36} - 0.7)\exp(0.74uD_R^{-0.23}) \tag{4-9}$$

谢裕生等提出的关联式：

$$TDH = (63.5 / \eta)\sqrt{d_e/g} \tag{4-10}$$

式中，d_e 为气泡当量直径，m；$\eta = 4.5\%$。

尽管对 TDH 的研究很多，但由于实验设备的结构、规模及实验条件的差异，有些研究结果相差甚远，有些与生产实际也相差甚远，至今尚无公认的较好的关联式。

c．扩大段高度。床层扩大段的目的是使细颗粒沉降，一般来说，扩大段高度可根据经验依据具体情况选取，大致等于扩大段直径。

（2）流化床反应器压降的计算　流化床反应器的压降主要包括气体分布板压降、流化床压降和分离设备压降。其中流化床压降的计算已在前面讨论过，此处只简单介绍分布板的压降计算。

① 分布板的压降。设计分布板时，主要是确定分布板的压降和开孔率。流体通过分布板的压降可用床内表观速度的倍数来表示：

$$\Delta p_{\mathrm{D}} = 9.807 C_{\mathrm{D}} \frac{\rho_{\mathrm{f}} u^2}{2\varphi^2 g} \tag{4-11}$$

式中 Δp_{D}——分布板压降，Pa；

φ——开孔率；

C_{D}——阻力系数，其值在 1.5～2.5 之间。

② 分布板的临界压降。分布板通过对流体流动设置一定的阻力或压降，并且这种阻力大于气体流股沿整个床截面重排的阻力，起到破坏流股而均匀分布气体的作用。或者说，只有当分布板的阻力大到足以克服聚式流态化原生不稳定性的恶性引发时，分布板才有可能将已经建立的良好起始流态化条件稳定下来。因此，在其他条件相同的情况下，增大分布板的压降能起到改善分布气体均匀性和增加稳定性的作用。但是压降过大将无谓地消耗动力，这样就引出了分布板临界压降的概念。

临界压降是指分布板能起到均匀布气并具有良好稳定性的最小压降，它与分布板下面的气体引入及分布板上的床层状况有关。应当指出，均匀分布气体和良好稳定性这两点对分布板临界压降的要求是不一样的，前者由分布板下面的气体引入状况决定，后者由流态化床层决定。

分布板均匀分布气体是流化床具有良好稳定性的前提，否则就根本谈不上流化床会有良好的稳定性。但是分布板即使具备了均匀分布气体的条件，流化床也不一定能稳定下来。这两者既有联系，又有区别。因此将分布板的临界压降区分为布气临界压降和稳定性临界压降两种。在设计计算中，分布板的压降应该大于或等于这两个临界压降。

布气临界压降与分布板下的气体流型有关，因此会因预分布器的不同而变化。一般来说，有预分布器时，布气临界压降会适当降低。

王尊孝等测定了直径为 0.5～1.0m 不同开孔率的多孔板（空床层）的径向速度分布，发现多孔板径向速率分布仅与分布板开孔率有关，与气流速度无关。当开孔率小于 1%时径向速率分布趋于均匀，其布气临界压降 $(\Delta p_{\mathrm{D}})_{\mathrm{dc}}$ 的关联式为：

$$(\Delta p_{\mathrm{D}})_{\mathrm{dc}} = 18000 \frac{\rho_{\mathrm{f}} u^2}{2g} \tag{4-12}$$

稳定性临界压降由流化床的状态决定，随床层的变化而变化。为此，稳定性临界压降通常用床层压降的分数来表示。

郭慕孙将流化床的不稳定性分为原生不稳定性与次生不稳定性。前者与流化床内流体与固体特性有关；后者与设备结构有关，特别与分布板的设计关系很大。并提出了分布板操作稳定与否的一个判别准则，就是分布板压降的大小。

郭慕孙将分布板分为低压降与高压降分布板，经过大量实验研究得出低压降分布板在操作上是不稳定的；而高压降分布板不会出现不稳定现象，且在操作过程中系统总压降始终上升，但过分增大分布板的压降是不经济的。

3. 流化床反应器的数学模型简介

流化床中颗粒与流体的流动属于流化床基本的物理现象，是流化床工艺计算的重要基础。但是，作为流化床反应器，工艺计算中最重要的是确定化学反应的转化率和选择性。因此，需要建立合适的数学模型。流化床反应器的数学模型很多，可以归纳为下列几类：两相模型（气相-乳化相、上流相-下流相、气泡相-乳化相）、三相模型（气泡相-上流相-下流相、气泡相-气泡晕-乳化相)、四区模型（气泡区-气泡晕区-乳相上流区-乳相下流区)。其中研究较多的是两相模型及鼓泡床模型。下面着重介绍两相模型。

两相模型的基本思想是把流化床分成气泡相和乳化相，分别研究这两个相中的流动和传递规律，以及流体与颗粒在相间的交换。对于气、乳两相的流动模式则一般认为气相为置换流，而对乳化相则有种种不同的处理，如置换流、全混流、部分返混、环流或对其流动模式不加考虑等。也可根据模型考虑的深度分成三种级别：第 I 级模型指各参数均作为恒值，不随床高而变，也与气泡状况无关；第 II 级模型指各参数均为恒值，不随床高而变，但与气泡大小有关，用一当量气泡直径作为模型的可调参数；第 III 级模型是指各参数均与气泡大小有关，而气泡大小则随床高而变，一般都是等温的鼓泡床模型，对于更复杂的情况目前能处理的还不多。

如图 4-23 所示为两相模型示意图。建立两相模型有下列几个假设：①气体以 u_0 进入床层后，在乳化相中的速度等于起始流化速度 u_{mf}，而在气泡相中的速度则为 u_0-u_{mf}；②从静止床高度 L_0 增至流化床的高度 L_f，是由于气泡总体积增加的结果；③气泡相中不含颗粒，且呈平推流向上移动，在不含催化剂颗粒的气泡中不发生催化反应；④乳化相中包含全部催化剂颗粒，化学反应只能在乳化相中进行；⑤乳化相的流动为平推流或全混流，与流化床处于鼓泡床、湍流床或高速流化床等状态有关；⑥乳化相与气泡相间的交换是由于气体的穿流和通过界面的传质。

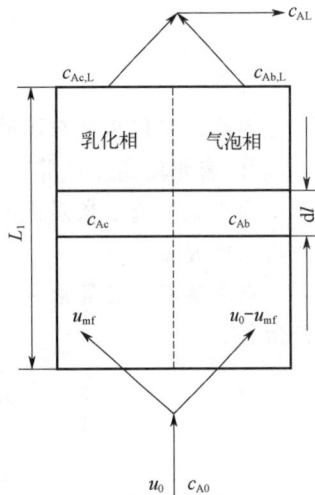

图 4-23　两相模型示意图

如图 4-23 所示，设气体进入流化床时的浓度为 c_{A0}，在床层顶部气泡相中的浓度为 $c_{Ab,L}$，在床层顶部乳化相中的浓度为 $c_{Ac,L}$，两者按流量比例汇合成浓度 c_{AL}。

4. 流化床反应器设计实例

苯胺属于基本有机化工中间体，硝基苯气相加氢法合成苯胺是一种比较先进的生产方法，该工艺具有连续化实现小设备大生产，合理利用装置的能源，生产的产品质量高、性能稳定，更环保等优点。另外苯胺有很强的毒性，被归为高毒性、高危害的范畴。而以前的工艺往往采用间歇人工加料的方法，中毒的人员屡见不鲜。采用流化床气相加气可以封闭连续生产，从而可以使人员中毒的可能降至最低限度。对于流化床的设计拟采用传统流化床的设计方案，其部件也基本上决定使用传统构件。流化床设计不只是工艺部分的简单计算，还包括流化床的设备尺寸、设备主要构件的选取、设备的总装配几个方面。

【例题 4-1】某厂采用硝基苯气相加氢法合成苯胺，请为其设计流化床反应器。反应器设计任务为产量 2 万 t/d（8000h），催化剂采用铜系硅胶催化剂，颗粒密度 $\rho_s=1000kg/m^3$，粒径 $d_p=0.175\sim0.375mm$，堆积密度为 $650kg/m^3$，形状系数 $\varphi_s=0.8$。反应条件：进料氢油比（mol）为 12：1，进料温度为 160℃，出料温度为 220℃。考虑到催化剂烧焦再生，再生温度取操作温度 400℃。设计温度 415℃，操作压力为 0.1MPa，设计压力为 0.3MPa。采用列管换热，换热介质为水，取热量为 3100000kcal/h（1kcal=4184J）。临界流化速度 $u_{mf}=0.046m/s$，操作流化速度 $u_f=0.5m/s$，终端速度 $u_t=0.895m/s$。

（1）流化床设备参数计算

① 流化床直径的计算

进料氢油比=12：1，硝基苯为 1338×2.5=3345(kg/h)，氢气为 12×2.02×3345/123.11=658.62(kg/h)，因此进料总量为 4003.62kg/h。可按理想气体计算其体积流量。

$$V = \frac{nRT}{p} = \frac{\left(\frac{4003.62}{11.33}\right) \times 8.314 \times 10^3 \times (173 + 160)}{1.01325 \times 10^5} = 12.554 \times 10^3 (\text{m}^3/\text{h}) = 3.487 (\text{m}^3/\text{s})$$

$$u_f = 0.5\text{m/s}$$

$$\frac{\pi}{4} D^2 u_f = 3.487$$

$$D = 2.98\text{m}$$

因此，流化床反应器的筒体直径可以圆整为 $D_N = 3000\text{mm}$。

② 密相段高度计算

由于流体通过床层表面有不同程度的振荡，所以床层表面不是平面的，可用一个平均值即膨胀比 R 来表示。

当床层有垂直管束和挡板时（板间距 100mm，200mm，300mm 及 400mm），可按下式进行估算。

$$R = \frac{0.517}{1 - 0.76 u_f^{0.1924}} \quad (0.07\text{m/s} < u_f \leqslant 0.92\text{m/s})$$

$$R = \frac{0.517}{1 - 0.76 \times 0.5^{0.1924}} = 1.54$$

催化剂负荷为：$\dfrac{1\text{kg(硝基苯)}}{0.3\text{kg(催化剂)}}$，所需催化剂装填量为 $\dfrac{3345}{0.3} = 11150(\text{kg})$

催化剂体积
$$V = \frac{m}{\rho} = \frac{11150}{650} = 17.15(\text{m}^3)$$

静床高度
$$H_m = \frac{V}{\frac{\pi}{4} D^2} = \frac{17.15}{\frac{3.14}{4} \times 3^2} = 2.4(\text{m})$$

考虑到换热管、弯管和旋流挡板所占体积并且有充分的工程余量

$$H_m = 2.4 + 2 = 4.4(\text{m})$$

然而根据膨胀比定义
$$R = \frac{H_f}{H_m}, \quad H_f = H_m \times R = 4.4 \times 1.54 = 6.8(\text{m})$$

所以流化床反应器密相段高度为 6.8m。

③ 气相段高度（TDH）计算

采用 TDH 估算，Horio 提出了 TDH 经验函数式：

$$\frac{TDH}{D} = (2.7 D^{-0.36} - 0.7) \exp(0.74 u_f D^{-0.23})$$

$$TDH = (2.7 \times 3^{-0.36} - 0.7) \exp(0.74 \times 0.5 \times 3^{-0.23}) \times 3 = 4.47(\text{m})$$

由于气相段的高度直接影响到产品的质量及需要加入三级旋风分离器料脚等构件，并且为保证气相段有更好的流化，同时减少催化剂带出量。除此之外，还应考虑到工程余量，所以气相段的高度 TDH=11m。

（2）流化床反应器内部构件的选取和参数选定

① 气体预分布器。为了使气体在分布板上更均匀分布，一般都在通入反应器之后先经预分布器分布，然后再进入分布板。采用同心锥形预分布器具有结构简单、分布均匀等特点。

② 气体分布板计算和设计。分布器设计应满足以下要求：有助于产生均匀而平稳的流态化状态；必须使流化床有一良好的起始流化状态。保证分布器附近有一良好的气-固接触条件；应能防止正常操作时的物料漏出、小孔堵塞与磨损。

考虑到上述要求，采用同心圆分布板（锥形风帽）。其开孔率可由下式求取。

$$\Delta p = C_D \frac{u_f^2 \rho_f}{2\phi^2 g}$$

式中 Δp——分布板压降；

ϕ——开孔率；

C_D——阻力系数。

根据此式，床层压降 $\Delta p = 0.1\mathrm{MPa}$ ，又根据 Allen 区的

$$C_{D,球形} = \frac{10}{R_{ep}^{1/2}}, \quad R_{ep} = 0.65, \quad C_D = \frac{10}{0.65^{1/2}} = 12.4$$

$$\phi = \sqrt{C_D \frac{u_f^2 \rho_f}{2\Delta p g}} = \sqrt{\frac{0.5^2 \times 0.32 \times 12.4}{2 \times 0.1 \times 9.8}} = 71.1\%$$

所以分布板的开孔率为 80%，配合锥形侧风帽。

③ 旋流板。选用旋流挡板是为了阻止气泡增大、防止气体短路、增加气固接触效率、防止气体返混等，可以大大提高流化质量。

根据反应器 D_N=3000mm，选取挡板直径为 2900mm，环隙宽为 50mm。

采用百叶窗式导向多旋挡板（外旋）。

④ 换热器。为了减少换热管对催化剂的撞击，降低催化剂和设备的磨损，采用垂直单管式列管换热器，既可以提高流化质量，又可作换热管，一物二用，不但节省材料，而且又简化了床层的结构。外接环管，换热面积 194m²。要求列管采用 DN25 的耐磨材质换热管，弯管应按所受热应力采用适当的弧度。

⑤ 旋风分离器。对硝基苯催化加氢流态化制苯胺的床层内气-固相的分离来说，试验表明，由一级旋风分离器进行催化颗粒的捕集和回收，其效率是远远不够的，即便使用二级旋风分离器也存在相当大的问题。而三级旋风分离器于 1985 年上半年国内 2 万 t/d 硝基苯催化加氢流态化制苯胺大型装置设计中首次实现工业化生产。

🔑 任务拓展

≫ 新设备

发明专利：一种粒状多晶硅的生产方法

专利摘要：如图 4-24 所示为粒状多晶硅生产用流化床反应器，该反应器通过调节反应沉

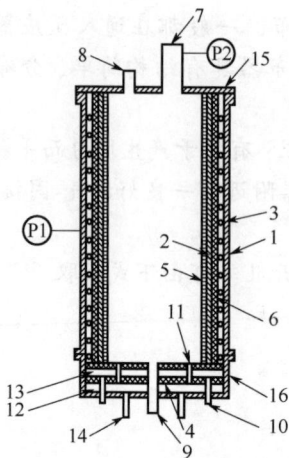

图 4-24　粒状多晶硅生产用流化床

1—反应外管；2—反应内管；3—感应加热装置；4—气体
分布器；5—内衬；6—保温层；7—尾气出口；8—籽晶进
料口；9—产品出口；10—冷却流体进出口；11—喷嘴；
12—混合进气腔体；13—冷却流体腔体；14—气体进口；
15—顶部；16—反应器底部直管段；P1—中空腔体内测压
仪表；P2—尾气出口测压仪表

积温度实现了在流化床内壁形成温度圈层的目的，在石墨内件内壁沉积硅达到一定厚度时，温差应力被温度圈层降低或削弱，避免应力在释放时直接破坏流化床内壁的石墨内件，通过温度圈层的形成将流化床内壁表面沉积硅的应力分散，有利于延长流化床连续运行时间，避免因石墨件破裂降低产品质量或停产维护检修，实现流化床的长期稳定运行，延长流化床运行周期的目的。

专利创新：流化床法生产多晶硅是在流化床反应器内将含硅气体和氢气通入装有籽晶的流化床反应器中（600～1200℃），含硅气体在流化床中热分解并沉积在籽晶上，进而在籽晶表面不断长大形成颗粒状的多晶硅产品，粒状多晶硅可以连续不断从流化床内取出，同时可以从流化床下部持续通入含硅气体和氢气、从流化床上部持续加入籽晶，连续不断地生产多晶硅，可实现连续性操作，使单套反应器生产能力大大提升。

？ 任务检测

一、选择题

1. 固定床中固体颗粒处于（　　）状态。

A. 流动　　　　　　　　B. 固定不动　　　　　　C. 悬浮　　　　　　　　D. 运动

2. 当气流速度升高到某一极限值时，流化床上界面消失，颗粒分散悬浮在气流中，被气流带走，称为（　　）。

A. 气流床　　　　　　　B. 固定床　　　　　　　C. 流化床　　　　　　　D. 移动床

3. 流化床又称为（　　）。

A. 气流床　　　　　　　B. 固定床　　　　　　　C. 沸腾床　　　　　　　D. 移动床

4. 散式流化床的特点是（　　）。

A. 固体颗粒非均匀地分布于床层各处　　　　　　B. 床面模糊不清

C. 床面稳定　　　　D. 床层压降的波动很大

5. 散式流化床通常应用于（　　）系统。

A. 液-固　　　　　　　B. 气-固　　　　　　　C. 气-液　　　　　　　D. 液-液

6. 颗粒与流体之间的（　　）是散式流化和聚式流化之间的主要区别。

A. 重量差　　　　　　　B. 作用力差　　　　　　C. 溶解度差　　　　　　D. 密度差

7. 在流化床形成的过程中，当气体通过固体颗粒床层时，随着气速的改变，不会经历（　　）阶段。

A. 气流床　　　　　　　B. 固定床　　　　　　　C. 沸腾床　　　　　　　D. 熔融床

8. 实际操作速度常取（　　）的倍数来表示。

A. 初始流化速度　　　B. 一般流化速度　　　C. 临界流化速度　　D. 流化速度

9. 下列哪项不影响临界流化速度？（　　　）

A. 颗粒直径　　　　　　B. 颗粒密度　　　　　C. 流体黏度　　　　D. 颗粒形状

10. 大而均匀的颗粒在流态化时流动性差，容易发生（　　　）现象，加剧颗粒、设备和管道的磨损，操作的气速范围也很狭窄。

A. 腾涌　　　　　　　　B. 架桥　　　　　　　C. 沟流　　　　　　D. 轰鸣

11. 研究流化床传热主要是为了确定维持流化床温度所必需的（　　　）。

A. 传热系数　　　　　　B. 传热面积　　　　　C. 传热量　　　　　D. 传热效率

12. 下列哪项不是固定床的特点？（　　　）

A. 返混大

B. 高转化率时催化剂用量少

C. 催化剂不易磨损

D. 传热控温不易

二、简答题

1. 什么是固体流态化？

2. 什么是聚式流化床和散式流化床？

3. 什么是临界流化速度？

4. 什么是终端速度？

5. 实际生产中，操作气速是如何确定的？

6. 通常在哪些情况下，宜采用较低的操作速度？哪些情况下，可提高操作速度？

7. 哪些情况易产生腾涌现象？

8. 请详细叙述流化床反应器内的传质。

9. 什么叫临界压降？

10. 流化床反应器的数学模型中两相模型及鼓泡床模型的特点有哪些？

任务 3

流化床反应器运行及事故处理

任务描述

通过聚丙烯聚合工艺单元仿真软件的操作，熟练掌握流化床反应器参数控制过程，并根据所学理论知识分析判断操作参数对生产过程的影响，分析判断故障及其原因并给出相应解决方案。

任务驱动

1. 流化床反应器操作参数如何控制？

2．工艺参数变化对流化床反应器生产操作有什么样的影响？

3．通过流化床反应器操作参数的变化，如何判断生产过程中出现的故障？

🌸 任务内容

```
                          ┌─ 工艺简介 ──── 工艺原理：聚丙烯本体聚合装置，该反应过程采用流化床
                          │                反应器。原料乙烯，丙烯以及循环混合气在70℃、
                          ├─ 工艺流程       1.35MPa时，加入具有剩余活性的干均聚物(聚丙烯)
                          │                引发，在流化床反应器里进行反应，同时加入氢气以改善
                          │                共聚物的本征黏度，生成高抗冲击共聚物
                          │              ┌─ 共聚反应器(流化床反应器)
                          │              ├─ 气体冷却器
          ┌─ 流化床反应     ├─ 主要设备 ─┤─ 循环压缩机
          │   器仿真操作     │              ├─ 气体混合器
          │                │              └─ 夹套水加热器
流化床反应器运行及事故处理 ─┤                ┌─ 开车准备 ── 准备工作包括：系统中用氮气充压，循环
          │                │              │              加热氮气，随后用乙烯对系统进行置换
          │                ├─ 冷态开车 ─┤─ 冷态运行开车   共聚集反应系统具备合适的单体浓度，另外
          │                │              │              通过该步骤也可以在实际工艺条件下，
          │                │              └─ 共聚反应物的开车 预先对仪表进行操作和调节
          │                ├─ 正常停车
          │                └─ 事故处理
          └─ 危险化工      ┌─ 工艺危险性分析
              工艺——电石 ─┤
              生产工艺      └─ 工艺安全技术分析
```

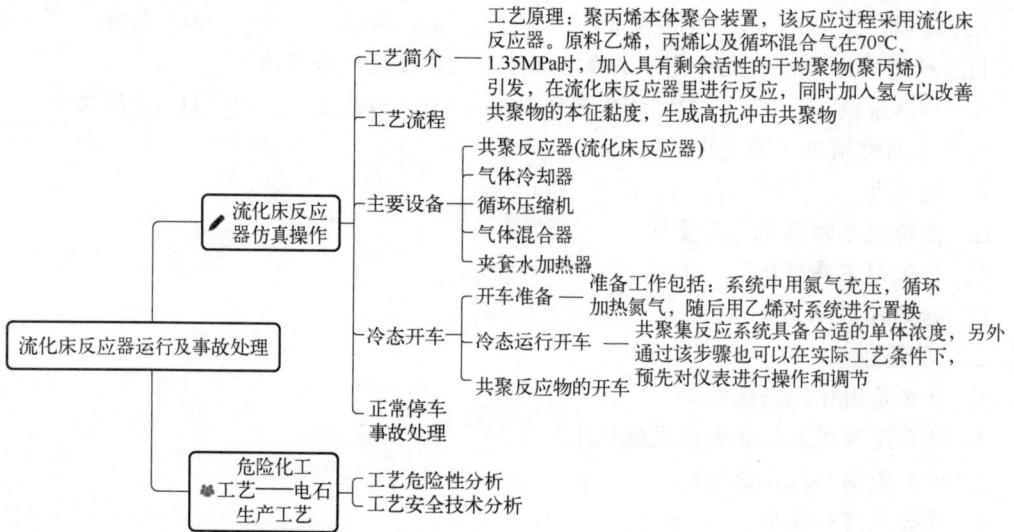

一、流化床反应器仿真操作

流化床反应器最早用于煤造气，后来在石油加工、矿石焙烧等方面得到广泛应用。根据气固物料在反应中所起的作用，可分为催化反应和非催化反应。不论何种反应，其运行与操作都是通过优化工艺条件，提高转化率和产品质量。

对于一般的工业流化床反应器，需要控制和测量的参数主要有颗粒粒度、颗粒组成、床层压力和温度、流量等。这些参数的控制除了受所进行的化学反应的限制外，还要受到流态化要求的影响。实际操作中是通过安装在反应器上的各种测量仪表了解流化床中的各项指标，以便采取正确的控制步骤完成反应器的正常工作。

1．工艺简介

（1）工艺原理　本仿真操作单元是聚丙烯本体聚合装置，该反应过程采用流化床反应器。原料乙烯、丙烯以及循环混合气在 70℃、1.35MPa 时，加入具有剩余活性的干均聚物（聚丙烯）引发，在流化床反应器里进行反应，同时加入氢气以改善共聚物的本征黏度，生成高抗冲击共聚物。

主要原料：乙烯，丙烯，具有剩余活性的干均聚物（聚丙烯），氢气。

主产物：高抗冲击共聚物（具有乙烯和丙烯单体的共聚物）。

副产物：无。

反应方程式：$nC_2H_4 + nC_3H_6 \longrightarrow \text{┤}C_2H_4 - C_3H_6\text{├}_n$

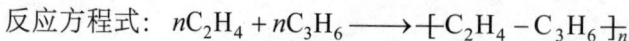

（2）工艺流程　本工艺流程如图 4-25 所示。聚合物从顶部进入流化床反应器，落在流化床的床层上。流化气体由反应器底部一个特殊设计的栅板进入反应器。该流化气体由丙烯原料气、循环气及配氢后的乙烯原料气混合而成。在流化床反应器内接触进行聚合反应。为了

避免过度聚合的鳞片状产物堆积在反应器壁上，反应器内配置一转速较慢的刮刀，以使反应器壁保持干净。由反应器底部出口管路上的控制阀来维持控制反应器内聚合物的料液液位，该聚合物料位决定了停留时间，从而决定了聚合反应的程度。从反应器底部栅板的下部采出夹带聚合物细末的气体，利用一台小型旋风分离器 S401 将气固相分离，并送到下游的袋式过滤器中。而所有未反应的单体循环，与来自乙烯汽提塔顶部的回收气相汇合，经换热器 E401 换热后进入流化床压缩机的吸入口，压缩机出口的循环单体与补充的氢气、乙烯和丙烯混合后进入流化床反应器进行反应。共聚物产物由反应器底部采出，并由阀 LIC401 控制其出口量。

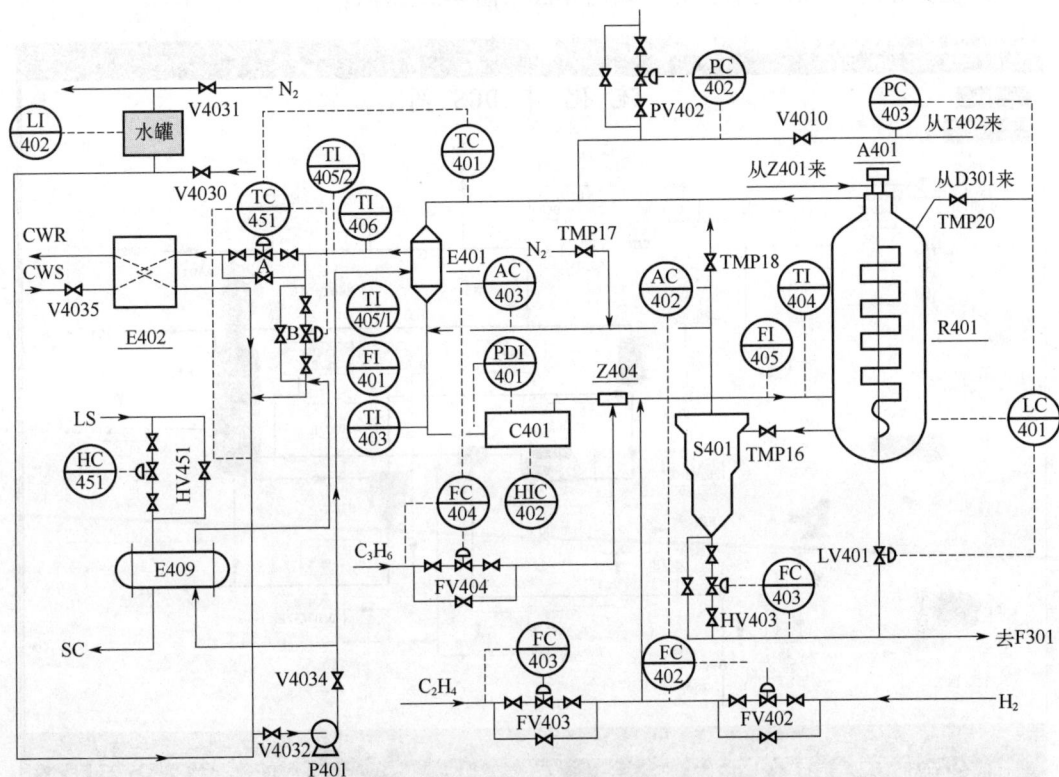

图 4-25 高抗冲击共聚物生产工艺流程图

A401—刮刀；C401—循环压缩机；D301—闪蒸罐；E401、E402—冷却器；

E409—夹套水加热器；F301—火炬；P401—开车加热泵；R401—反应器；

S401—旋风分离器；T402—乙烯汽提塔；Z401—过滤器

共聚物的反应压力约为 1.4MPa（表），温度为 70℃，该系统压力位于闪蒸罐压力和袋式过滤器压力之间，从而在整个聚合物管路中形成一定压力梯度，以避免容器间物料的返混并使聚合物向压力减小的方向流动。

在反应过程中，循环气体由工业色谱仪进行分析，并依据分析结果及时调节氢气和丙烯的补充量。然后调节补充的丙烯进料量以保证反应器的进料气体满足工艺要求的组成。本工艺用脱盐水作为冷却介质，用一台立式列管式换热器将聚合反应热撤出。该热交换器位于循环气体压缩机之前。

（3）主要设备 本仿真过程涉及的主要设备见表 4-2。

表 4-2　高抗冲击共聚物生产工艺主要设备

设备位号	设备名称	设备位号	设备名称
A401	流化床反应器的刮刀	E401、402	气体冷却器
C401	循环压缩机	E409	夹套水加热器
R401	共聚反应器（流化床反应器）	P401	开车加热泵
Z404	气体混合器	S401	旋风分离器

（4）仿真界面　本工艺仿真界面如图 4-26、图 4-27 所示。

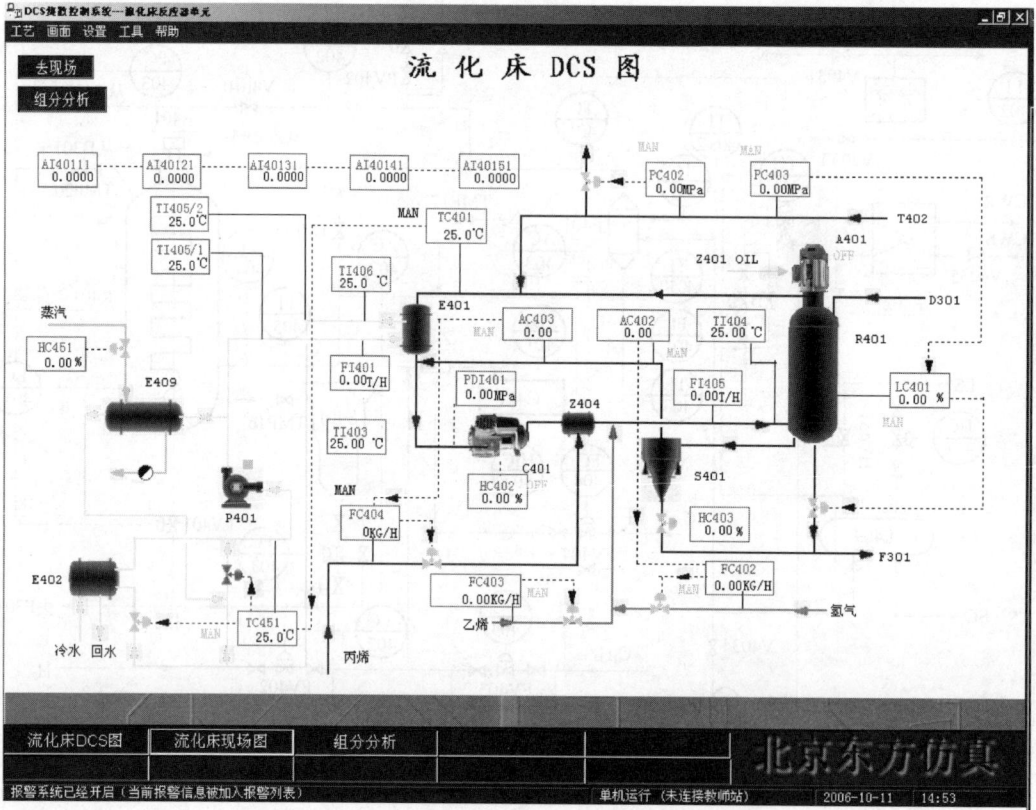

图 4-26　流化床反应 DCS 界面

2. 冷态开车

本单元所用原料均为易燃易爆性气体，操作中必须严格按照生产规程进行。

（1）开车准备　准备工作包括：系统中用氮气充压，循环加热氮气，随后用乙烯对系统进行置换（按照实际正常的操作，用乙烯置换系统要进行两次，考虑到时间关系，只进行一次）。这一过程完成之后，系统将准备开始单体开车。

① 系统氮气充压加热。打开充氮阀，用氮气给反应器系统充压，当系统压力达 0.1MPa（表）时，按照正确的操作规程，启动 C401 循环压缩机，将导流叶片（HIC402）定在 40%。

启动压缩机后，开进水阀 V4030，给水罐充液，开氮封阀 V4031。当水罐液位大于 10%时，开泵 P401 入口阀 V4032，启动泵 P401，调节泵出口阀 V4034 至 60% 开度。手动开低压蒸汽阀 HC451，启动加热器 E409，加热循环氮气。打开循环水阀 V4035，当循环氮气温度达到 70℃时，TC451 投自动，调节其设定值，维持氮气温度 TC401 在 70℃左右。

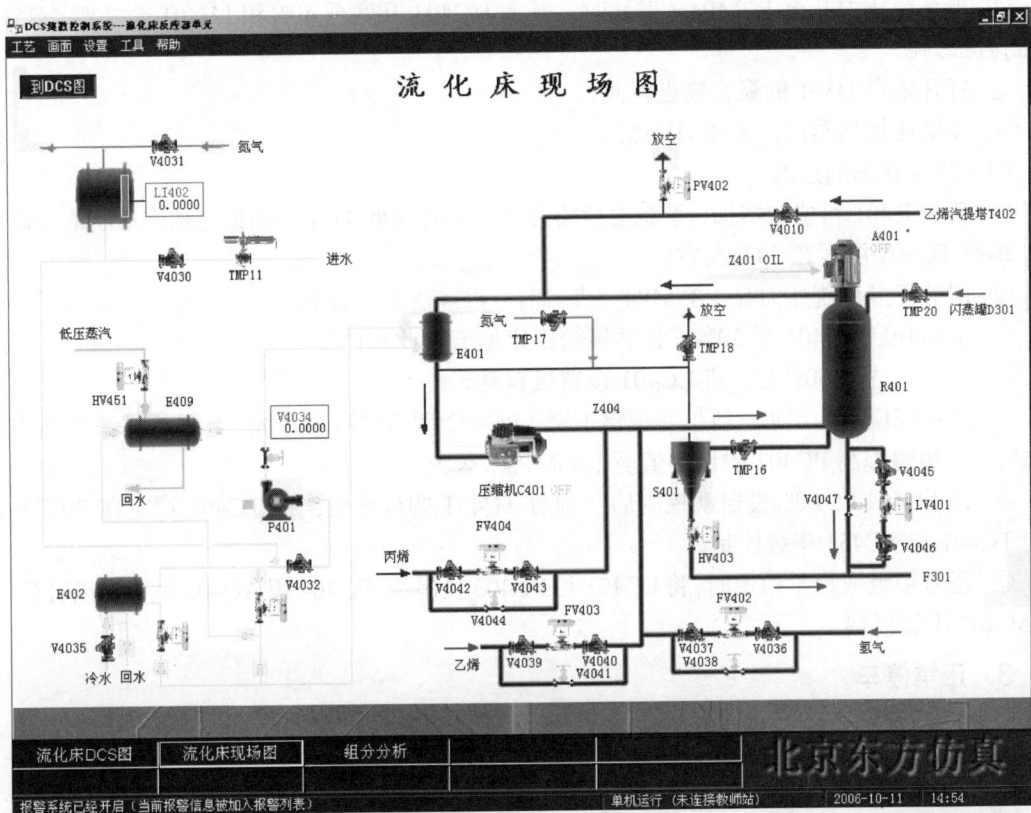

图 4-27　流化床反应现场界面

② 氮气循环。当反应系统压力达 0.7MPa 时，关充氮阀。在不停压缩机的情况下，用 PC402 和排放阀给反应系统泄压至 0.0MPa（表）。注：在充氮泄压操作中，不断调节 TC451 设定值，维持 TC401 温度在 70℃左右。

③ 乙烯充压。当系统压力降至 0.0MPa（表）时，关闭排放阀。由 FC403 开始乙烯进料，乙烯进料量设定在 567.0kg/h 时投自动调节，乙烯使系统压力充至 0.25MPa（表）。

流化床反应器
仿真操作——
冷态开车

（2）冷态运行开车　本规程旨在聚合物进入之前，共聚集反应系统具备合适的单体浓度，另外通过该步骤也可以在实际工艺条件下，预先对仪表进行操作和调节。

① 反应进料。当乙烯充压至 0.25MPa（表）时，启动氢气的进料阀 FC402，氢气进料设定在 0.102kg/h，FC402 投自动控制；当系统压力升至 0.5MPa（表）时，启动丙烯进料阀 FC404，丙烯进料设定在 400kg/h，FC404 投自动控制；打开自乙烯汽提塔来的进料阀 V4010；当系统压力升至 0.8MPa（表）时，打开旋风分离器 S401 底部阀 HC403 至 20%开度，维持系统压力缓慢上升。

② 准备接收 D301 来的均聚物。再次加入丙烯，将 FC404 改为手动，调节 FV404 为 85%；当 AC402 和 AC403 平稳后，调节 HC403 开度至 25%；启动共聚反应器的刮刀，准备接收从闪蒸罐（D301）来的均聚物。

（3）共聚反应物的开车

① 确认系统温度 TC451 维持在 70℃左右；

② 当系统压力升至 1.2MPa（表）时，开大 HC403 开度至 40%和 LV401 至 20%～25%，以维持流态化；

③ 打开来自 D301 的聚合物进料阀；

④ 停低压加热蒸汽，关闭 HV451。

（4）稳定状态的过渡

① 随着 R401 料位的增加，系统温度将升高，及时降低 TC451 的设定值，不断取走反应热，维持 TC401 温度在 70℃左右；

② 调节反应系统压力在 1.35MPa（表）时，PC402 自动控制；

③ 手动开启 LV401 至 30%，让共聚物稳定地流过此阀；

④ 当液位达到 60%时，将 LC401 设置投自动；

⑤ 随系统压力的增加，料位将缓慢下降，PC402 调节阀自动开大，为了维持系统压力在1.35MPa，缓慢提高 PC402 的设定值至 1.40MPa（表）；

⑥ 当 LC401 在 60%投自动控制后，调节 TC451 的设定值，待 TC401 稳定在 70℃左右时，TC401 与 TC451 串级控制；

⑦ 压力和组成趋于稳定时，将 LC401 和 PC403 投串级，FC404 和 AC403 串级联结，FC402 和 AC402 串级联结。

3. 正常停车

正常工况下的工艺参数见表 4-3。

表 4-3　正常工况下的工艺参数

位号	参数	位号	参数
FC402	0.35kg/h	PC403	1.35MPa
FC403	567.0kg/h	LC401	60%
FC404	400.0kg/h	TC401	70℃
PC402	1.4MPa	TC451	50℃
AC402	0.18	AC403	0.38

正常停车规程如下：

（1）降反应器料位

① 关闭催化剂来料阀 TMP20；

② 手动缓慢调节反应器料位。

（2）关闭乙烯进料，保压

① 当反应器料位降至 10%，关乙烯进料；

② 当反应器料位降至 0%，关反应器出口阀；

③ 关旋风分离器 S401 上的出口阀。

（3）关丙烯及氢气进料

① 手动切断丙烯进料阀；

② 手动切断氢气进料阀；

流化床反应器
仿真操作——
正常停车

③ 排放导压至火炬;

④ 停反应器刮刀 A401。

（4）氮气吹扫

① 将氮气加入该系统;

② 当压力达 0.35MPa 时放火炬;

③ 停压缩机 C401。

4. 事故处理

（1）泵 P401 停

原因: 运行泵 P401 停。

现象: 温度调节器 TC451 急剧上升，然后 TC401 随之升高。

处理: ① 调节丙烯进料阀 FV404，增加丙烯进料量;

② 调节压力调节器 PC402，维持系统压力;

③ 调节乙烯进料阀 FV403，维持 C2/C3。

流化床反应器
仿真操作——
事故处理

（2）压缩机 C401 停

原因: 压缩机 C401 停。

现象: 系统压力急剧上升。

处理: ① 关闭催化剂来料阀 TMP20;

② 手动调节 PC402，维持系统压力;

③ 手动调节 LC401，维持反应器料位。

（3）丙烯进料停

原因: 丙烯进料阀卡。

现象: 丙烯进料量为 0.0。

处理: ① 手动关小乙烯进料量，维持 C2/C3;

② 关催化剂来料阀 TMP20;

③ 手动关小 PV402，维持压力;

④ 手动关小 LC401，维持料位。

（4）乙烯进料停

原因: 乙烯进料阀卡。

现象: 乙烯进料量为 0.0。

处理: ① 手动关丙烯进料，维持 C2/C3;

② 手动关小氢气进料，维持 $H_2/C2$。

（5）D301 供料停

原因: D301 供料阀 TMP20 关。

现象: D301 供料停止。

处理: ① 手动关闭 LV401;

② 手动关小丙烯和乙烯进料;

③ 手动调节压力。

二、危险化工工艺——电石生产工艺

电石生产工艺是以石灰和炭素材料（焦炭、兰炭、石油焦、冶金焦、白煤等）为原料，在电石炉内依靠电弧热和电阻热在高温下进行反应，生成电石的工艺过程。反应方程式为

$$CaO+3C \longrightarrow CaC_2+CO\uparrow$$

电石生产工艺的关键设备是料仓、电石炉、变压器。电石生产工艺的重点监控单元为进料单元和反应单元。电石生产进料单元重点监控料仓料位、称重配料控制。电石生产反应单元重点监控炉气温度、炉气压力、炉气成分、电极压放量、一次电流、一次电压、电极电流、电极电压、有功功率以及冷却水温度、液压箱油位、变压器温度、净化过滤器入口温度、炉气组分等。

1. 工艺危险性分析

电石生产工艺工程是一个强吸热过程，故需在高温电炉中进行电石生产。生产中涉及的原料、产品、副产物等具有易燃易爆、毒性和窒息性，一旦泄漏危险性较大。

（1）火灾爆炸危险性　电石反应涉及的原料、产品、副产物等具有易燃性，如焦炭本身为可燃物质，在贮运及筛分的过程中，可能产生焦炭粉尘与空气形成爆炸性粉尘混合物，遇到明火或点火源等会产生粉尘爆炸。电石干燥时不燃，遇水或湿气能迅速产生高度易燃的乙炔气体，在空气中达到一定浓度时，可发生燃烧爆炸性灾害。与酸类物质能发生剧烈反应。副产物一氧化碳气体，具有易燃、易爆性，与空气混合能形成爆炸性混合物。

（2）中毒危险性　电石反应涉及的原料、产品、副产品等部分具有毒性，一氧化碳为中毒物质。

（3）腐蚀及其他危险性　电石反应涉及的生石灰为强腐蚀性物质，原料加工等场所和设备存在腐蚀危险。

（4）工艺过程的危险性　电石反应是一个吸热过程，生产需要在高温下进行。电石炉内温度达1900～2200℃，电石炉正常运行时应为微负压至微正压操作，压力过高会使得一氧化碳气体外泄，如果负压操作会使得氧气进入系统，达到爆炸条件，发生爆炸事故。

控制投料比、反应炉的压力稳定、电极把持器、电极压放和电极升降存在强电流和高电压，均有利于反应过程的平稳运行。重点监控的工艺参数和控制要求如下：

① 反应温度。包括电石炉温度。电石炉温度过高，负荷过大，造成电极损耗过快，生产不稳定；电石炉温度过低，反应不足，可能造成产品质量差、出料困难、生产不稳定等问题。因此，电石炉应设温度检测装置。

② 反应压力。包括电石炉内压力。电石炉正常运行时应为微负压至微正压操作，压力过高会使得一氧化碳气体外泄，导致人员中毒与窒息；如果负压操作会使得氧气进入系统，达到爆炸条件，发生爆炸事故。因此，电石炉应设炉内压力检测装置。

③ 料位（或重量）。包括料仓料位和中间料仓料位。料仓料位过低将达不到物料输送等目的；料位过高可能导致满溢，损坏输送设备等；环形布料机部分料仓料位过高可能导致布料不均匀、正常布料中断、部分料仓无法补充物料，严重时可能造成料仓料位过低，密封失效，炉内煤气泄漏等危险。料位对电石炉安全生产具有重要指导作用。因此，电石生产中原料料仓和中间料仓设置料位检测装置。

④ 反应物料配比。石灰和碳素材料共同构成电石的生产原料，炉料配比正确与否，对电

石炉操作有很大影响。通常高配比炉料生产的电石，可以得到发气量高的产品，但炉料比电阻小，操作比较困难；低配比炉料生产的电石，炉料比电阻大，电极容易深入炉内，电石炉比较好操作，但生产出的电石发气量较低。因此，生产中应控制反应物料配比，达到好的操作以及获得高质量的电石。

⑤　循环水。电石炉是将电能转化为热能的设备，在电石生产过程中，因电石炉炉面温度非常高（600℃以上），这就决定了它始终处在高温的状态下运行。为保障电石炉的安全、长周期、可靠运行，延长电石炉的使用寿命，在炉盖、炉门、短网、电极接触元件、烟道、变压器等处安装循环冷却水系统。循环水的温度、压力、流量等决定了循环水的冷却效果，进而影响电石炉的正常运行。因此，生产中应对循环水的温度、压力、流量等工艺参数进行监测。

⑥　电炉电极。电炉电极主要控制参数包括：电极压放、一次电流、一次电压、电极电流、电极电压、电极保持器位置、有功功率、液压系统的油温和油位。

电炉电极是电石炉中的重要组成部分，它起着导电和传热的双重作用。电极的合理压放，对电石的生产起着决定性作用，若控制不好电极的压放，就会使电极过软或过硬，导致电极事故发生。如电极软断硬断，导致电极刺火、电极压放事故等。电极电流过大，电极直径小会增加电极的电阻电耗，电极容易因过焙烧而硬断，也会缩小电石炉的熔池；电极电流过小，则电极直径过大，虽然能扩大熔池，还可以减少电极电阻电耗，但电极不易深入炉料，而会增加热损耗，降低热效率，电极焙烧不足，电炉温度降低，对生产不利。电石生产过程中电极若不能插入炉料内，将出现明弧操作，热损失大。电极插入炉料内过深，易出现塌料现象，破坏料层结构，影响电石炉料的有序运动，引起喷料现象，引发安全事故；电极插入炉料内过深时，长期运行会烧穿炉底，严重时需停炉检修。电炉容量越大，功率因数越低。提高功率因数、有功功率，可改善供电质量。液压站是电极压放的动力系统。液压系统的油温、油位是液压站正常运行的反应。

⑦　变压器。变压器温度超过规定值时，必须立即降低负荷并检查原因，必要时停电检查。变压器需设置温度检测装置。

⑧　其他。电石生产过程产生大量的炉气，炉气主要成分是一氧化碳、二氧化碳等有毒、易燃易爆气体，需对产生的炉气进行净化处理后排放。

炉气净化重点监控的工艺参数是炉气温度、压力调节、炉气组分在线检测。

2. 工艺安全技术分析

（1）各工艺参数的控制方式　电炉温度和压力、料位（或重量）、反应物料配比、电炉电极、循环水、变压器、炉气组分等重点监控工艺参数的控制方式见表4-4。

表4-4　电石生产工艺重点监控参数的控制方式

序号	工艺参数	控制方式	备注
一、配料、上料和布料输送系统			
1	料仓料位	显示、高低限报警	
2	中间料仓料位	显示、低限报警、低低限报警延时与停炉形成联锁	
3	原料称重和输送系统控制	设置自动称重配料控制系统；在控制室显示输送设备运行信号；设置配料、物料输送设备故障报警，以及物料输送设备停车控制系统	
4	物料输送系统其他要求	在物料输送系统设置视频监控；设置启停现场声光报警	

序号	工艺参数	控制方式	备注
		二、电石炉	
1	电石炉内压力调节	设置炉内压力显示、高限报警、低限报警，并与净化总阀、放散阀构成自动调节控制回路，高高限及排空形成联锁，以及与炉气净化风机构成自动调节控制回路	
2	电极压放	设置电极压放自动控制，显示压放长度或次数	
3	电炉电极主要控制参数	设置一次电流显示、报警	
		设置一次电压显示、报警	
		设置电极电流显示、报警	
		设置电极电压显示、报警	
		设置有功功率显示	
4	液压站	在液压系统设置油温显示、高限报警	
		在液压系统设置油位显示、高限报警	
		在液压泵设置显示油泵出口压力、低限报警、故障报警	
5	电极保持器位置	设置显示保持器位置、低限报警	
6	循环水系统	循环水热、冷水池液位显示	
		在进电石厂房循环水总管设置压力或流量检测，并在中控显示、低限报警	
		备有应急用冷却水或备用电源，并与循环水总管联锁	
		设置循环水流量显示和低限（循环水断水）联锁停炉，或设置应急冷却水备用系统并与循环水总管联锁	
7	炉气温度	显示、报警	
8	电炉安全停车	在控制室设置紧急停炉按钮	
9	电石炉主要安全附件要求	设置炉盖泄爆孔、出炉岗位设隔热挡板	
10	一氧化碳有毒、可燃气体泄漏检测	在控制室、电石炉操作炉面、电极筒焊接平面、混合料仓、环形加料机等处设置固定式一氧化碳有毒有害气体在线检测仪，设置高限报警，并将检测信号引至控制室	
11	视频监控系统	在变压器室、电石出炉口、电石炉操作炉面、电极筒焊接平台、冷却破碎场地、电石成品库或料仓设置视频监控，并将信号引到中控室	
		三、变压器	
1	变压器	变压器油温显示、高限报警	
		变压器本体轻瓦斯显示报警	
		变压器本体重瓦斯显示跳闸	
		有载开关本体重瓦斯显示、跳闸	
		电气保护动作自动跳闸、停电炉变压器	
		有载开关本体轻瓦斯显示报警	
		油水冷却器进水温度显示	
		油水冷却器进水压力显示	
		油水冷却器进水管水流状况断流报警	
		变压器油箱的液位显示（差压变送器），且有高、低、低低报警	
		设置变压器事故油池	
		四、炉气净化系统	
1	进净化系统炉气温度	显示、高限报警	
2	净化系统出口炉气组分在线检测	氧气含量显示、高限报警、高高限联锁切断气路停净化系统	
		氢气含量显示、高限报警、高高限联锁切断气路停净化系统	
		一氧化碳含量显示、低限报警，与放空阀联锁	

（2）工艺系统控制方式

① 基本监控要求。电石生产工艺的生产装置设置的自动控制系统应达到重点监管危险化工工艺目录中有关安全控制的基本要求，重点监控工艺参数应传送至控制室集中显示，并按照宜采用的控制方式设置相应的联锁。自动控制系统应具备远程调节、信息存储、连续记录、超限报警、联锁切断、紧急停车等功能。记录的电子数据的保存时间不少于 30 天。

② 基本控制要求。电石生产工艺安全控制基本要求中涉及反应料位、压力、流量等报警及联锁的自动控制方式应至少满足下列要求。

a. 配料、上料和布料输送系统。料仓料位显示、高限报警、低低限报警延时与停炉形成联锁；设置自动称重配料控制系统；在控制室显示输送设备运行信号；设置配料、物料输送设备故障报警，以及物料输送设备停车控制系统。

b. 电石炉。电石炉内压力调节设置压力显示，高、低限报警，并与净化总阀、放散阀组成自动调节控制回路，高高限和排空形成联锁，并与炉气净化风机构成自动调节控制回路。

c. 循环水系统。设置循环水流量显示，和低限（循环水断水）联锁停炉，或设置应急冷却水备用系统并与循环水总管联锁。

d. 变压器。变压器设置温度显示、高低限报警。

e. 炉气组分。设置炉气中氢气、氧气、一氧化碳浓度在线监测，并设置氢气、氧气含量高限报警，高高限报警联锁停电石炉及净化系统。

③ 其他：

a. 设计时，应结合具体的工艺机理，合理地设置控制回路，避免出现因控制回路间密切相关、互相影响导致工艺参数无法控制的情况，控制措施相互关联不允许发生耦合控制。

b. 电石生产工艺安全控制涉及反应物料配比、料位、炉气组分在线监测等报警及联锁的安全控制方式，应同时满足《重点监管危险化工工艺目录》中的要求，并根据设计方案或危险和可操作性分析（HAZOP 分析）报告设置相应联锁系统。

c. 电石生产过程的相关安全要求参照《电石生产安全技术规程》（GB/T 32375—2015）执行。

d. 变压器油温及油位显示、高限报警；本体轻瓦斯显示、报警，本体重瓦斯显示、跳闸；电气保护动作自动跳闸、停电炉变压器；油水冷却器进水温度显示，压力显示、报警；设置变压器事故油池。

e. 在控制室、电石炉操作炉面、电极筒焊接平面、混合料仓、加料机、炉气净化操作等重要和危险地点，设置视频监控系统，可燃、有毒气体监测报警系统。

（3）根据反应安全风险评估结果，制订相应的控制措施　所有涉及硝化、氯化、氟化、重氮化、过氧化工艺的化工生产装置按照《国家安全监管总局关于加强精细化工反应安全风险评估工作的指导意见》（安监总管三〔2017〕1 号）要求必须完成反应安全风险评估，并综合反应安全风险评估结果，考虑不同的工艺危险程度，设置相应的控制措施，电石生产工艺参照执行。

（4）仪表系统选用原则

① 基本过程控制系统（BPCS）选用原则：

a. 基本过程控制系统（BPCS）宜首选 DCS 系统。

b. 基本过程控制系统的 CPU、通信、电源等模块应冗余设置。

c. 生产过程中的重点工艺参数监控回路的 AI、AO、DI、DO 点应冗余配置，且相同仪表位号的 AI、AO、DI、DO 点应配置在不同的卡件上。

　　d. 在控制室内加装紧急停车按钮，确保现场出现紧急情况（如一氧化碳泄漏、重要设备损坏等）时，操作人员可在控制室内切断原料进料、联锁停电石炉、紧急泄放系统等。

　　BPCS 的报警及联锁的设计应满足《信号报警及联锁系统设计规范》（HG/T 20511—2014）的要求。

　　② 安全仪表系统选用原则。针对具体的电石生产工艺，依据反应安全风险评估结果、危险和可操作性分析（HAZOP）、LOPA 分析确定相关各安全仪表功能（SIF）的安全完整性等级（SIL）。通过 LOPA 分析，安全仪表功能（SIF）的安全完整性等级（SIL）>1 时，应配置独立于 DCS 系统之外的安全仪表系统；SIL≤1 的可以与 DCS 合并设置。考虑仪表的安全性和可用性，测量仪表三取二。

　　安全仪表系统的逻辑控制器硬件要求，测量仪表独立性和冗余性、最终元件独立性和冗余性等技术要求，须符合《石油化工安全仪表系统设计规范》（GB/T 50770—2013）规范要求。

　　安全仪表系统在投入运行之前，应进行 SIL 等级的验证，验证合格方能投入运行。

　　③ 气体检测报警系统（GDS）选用原则。电石生产工艺的原料、中间产品及产品大多为有毒、易燃易爆物品，装置应按《石油化工可燃气体和有毒气体检测报警设计标准》（GB/T 50493—2019）设置独立的气体检测报警系统，并保证装置停车或工艺控制监控系统失效后，仍能有效地进行监测、报警。

　　（5）其他安全设施　考虑安全设施时不应孤立地看待具体的设备或工序，还应考虑相关的原料准备、产品储存、公用工程等相关设施和工序，任何一个工序出现故障都可能影响到整套装置的安全，在设置监控或联锁、报警时一并考虑进去。

　　对于装置中因工艺参数失控而引起的过压，危及设备或管道时，除了设置自控、联锁系统外，还应设置安全阀、重力泄压阀、防爆膜单向阀、紧急排空阀及紧急切断装置等其他安全设施。

❓ 任务检测

一、选择题

1. 工业装置上常采用带吹扫气的（　　）作测压管。

A. 橡胶管　　　　　　B. 塑料管　　　　　　C. 金属管　　　　　　D. 树脂管

2. 测压管直径一般为（　　）。

A. 10～20mm　　　　B. 5～25.4mm　　　　C. 15～25.4mm　　　D. 12～25.4mm

3. 小孔板是用（　　）厚的不锈钢或铜板制造的。

A. 1mm　　　　　　　B. 1.5mm　　　　　　C. 0.5mm　　　　　　D. 2mm

4. 流化床催化反应器的温度控制取决于化学反应的（　　）的要求。

A. 平均反应温度　　B. 最优反应温度　　C. 最高反应温度　　D. 最低反应温度

5. 作为既是反应物又是流化介质的气体，其（　　）必须要在保证最优流化状态下有较高的反应转化率。

A. 温度　　　　　　　B. 流量　　　　　　　C. 压力　　　　　　　D. 流速

6. 流化床正常停车时，首先要（　　）。

A. 停止搅拌　　　　B. 关闭水源　　　　　C. 关闭电源　　　　　D. 切断热源

7. 为了防止颗粒物料倒灌，所有与反应器连接的管道都应安装（　　），使之能及时切断物料，防止倒流，并使系统缓慢地泄压，以防事故的扩大。

A. 蝶阀　　　　　　　　B. 压力表　　　　　　　　C. 闸阀　　　　　　　　D. 止逆阀门

8. 石灰为碱性氧化物，对湿敏感，易从空气中吸收（　　）。

A. 二氧化碳及水分　　B. 一氧化碳及水分　　C. 氧气及水分　　　　D. 氮气及水分

9. 电石遇水会发生激烈反应，生成（　　）气体，并放出热量。

A. 丙炔　　　　　　　　B. 乙炔　　　　　　　　C. 乙烯　　　　　　　　D. 甲烷

10. 电石生产工艺工程是一个（　　）过程，故需在高温电炉中进行电石生产。

A. 强放热　　　　　　　B. 强吸热　　　　　　　C. 恒温　　　　　　　　D. 弱吸热

二、简答题

1. 简要说明流化床反应器开车的操作步骤。

2. 为什么在流化床反应器开车时，禁止用燃油或燃煤的烟道气直接加热？

3. 请详细介绍高抗冲击共聚物的生产工艺。

4. 生产高抗冲击共聚物的反应机理是什么？

5. 请简述丙烯进料停的原因、现象及处理办法。

6. 请写出电石生产的关键设备及反应。

7. 请分析电石生产工艺涉及的主要危险介质的危险性。

项目五 鼓泡塔反应器的设计与操作

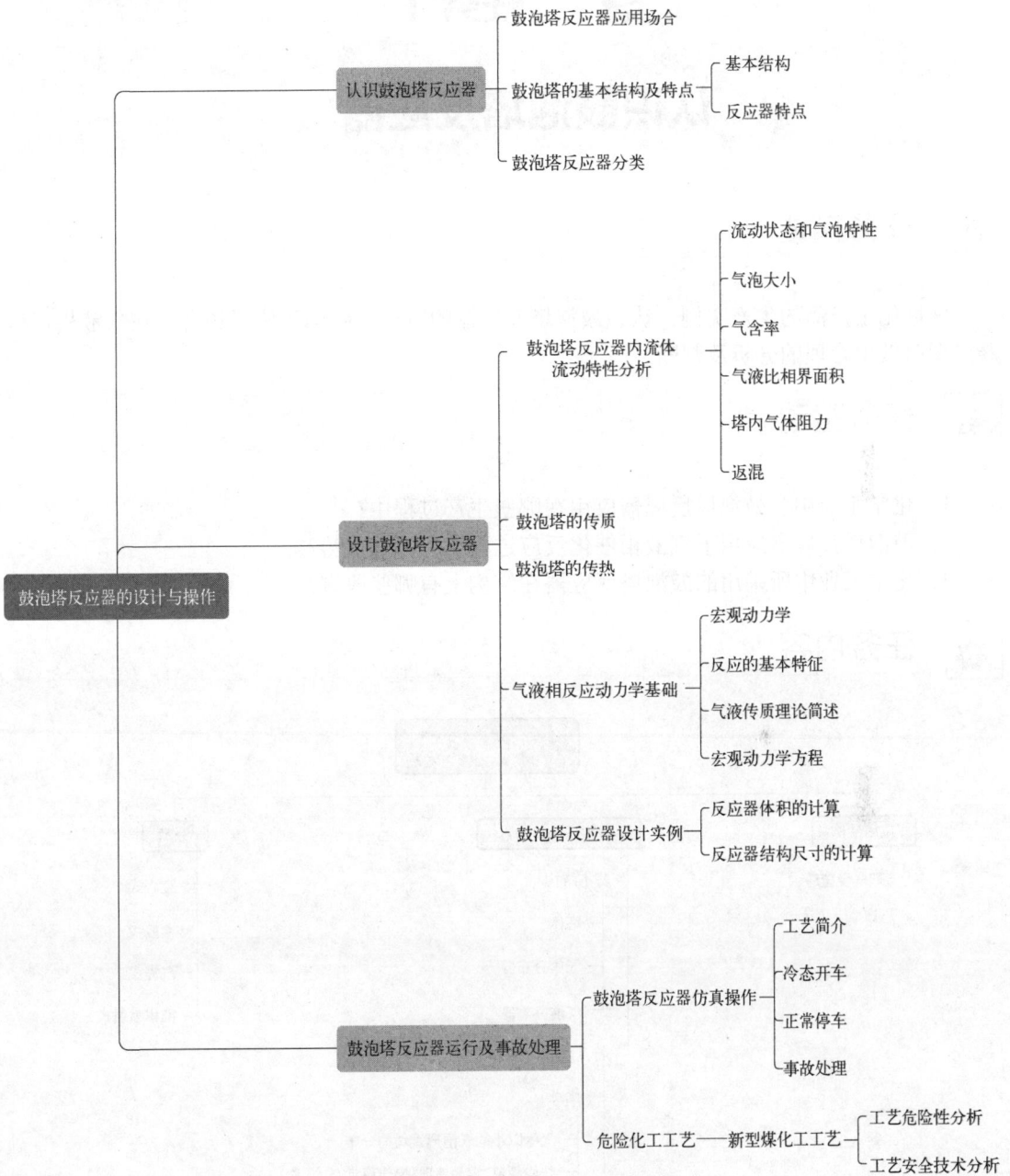

内容导学

鼓泡塔反应器的设计与操作

- 认识鼓泡塔反应器
  - 鼓泡塔反应器应用场合
  - 鼓泡塔的基本结构及特点
    - 基本结构
    - 反应器特点
  - 鼓泡塔反应器分类

- 设计鼓泡塔反应器
  - 鼓泡塔反应器内流体流动特性分析
    - 流动状态和气泡特性
    - 气泡大小
    - 气含率
    - 气液比相界面积
    - 塔内气体阻力
    - 返混
  - 鼓泡塔的传质
  - 鼓泡塔的传热
  - 气液相反应动力学基础
    - 宏观动力学
    - 反应的基本特征
    - 气液传质理论简述
    - 宏观动力学方程
  - 鼓泡塔反应器设计实例
    - 反应器体积的计算
    - 反应器结构尺寸的计算

- 鼓泡塔反应器运行及事故处理
  - 鼓泡塔反应器仿真操作
    - 工艺简介
    - 冷态开车
    - 正常停车
    - 事故处理
  - 危险化工工艺 —— 新型煤化工工艺
    - 工艺危险性分析
    - 工艺安全技术分析

📖 任务 1

认识鼓泡塔反应器

✏️ 任务描述

依据化工产品的生产实例，认识鼓泡塔反应器的特点、结构及使用场合，在气液相反应器选型时做出合理的分析及判断。

📨 任务驱动

1. 化学工业中，鼓泡塔反应器应用在哪些生产过程中?
2. 鼓泡塔反应器应用于气液相催化反应过程中有哪些优势?
3. 化学工业中所采用的鼓泡塔反应器在结构上有哪些改进?

⚙️ 任务内容

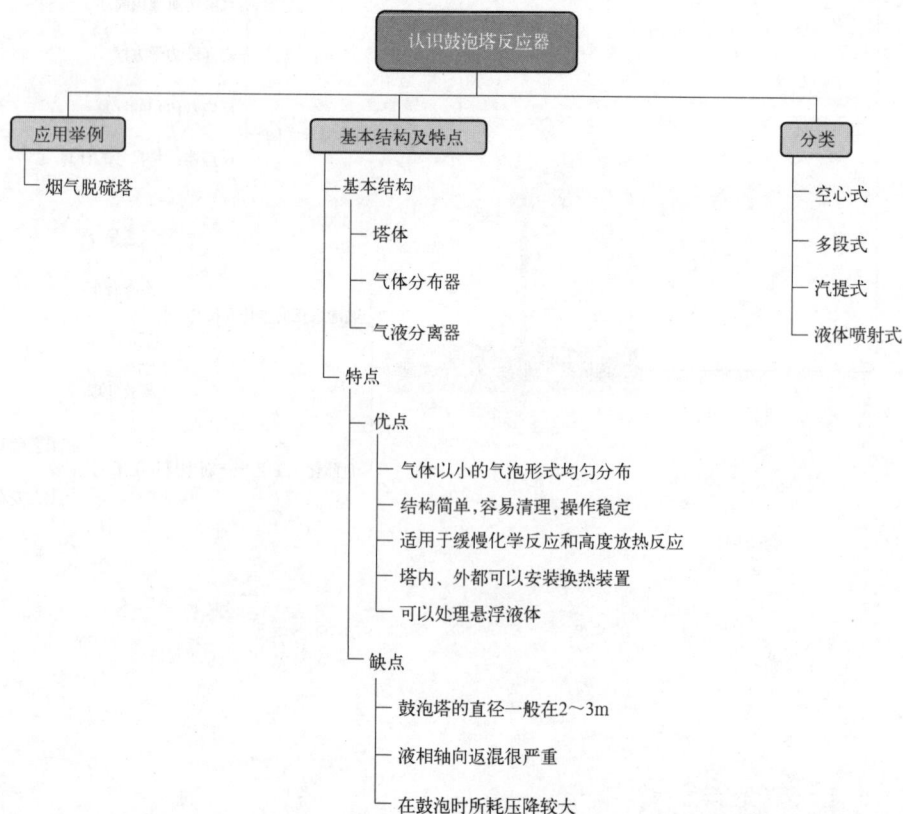

一、鼓泡塔反应器应用场合

气液相反应是指气体在液体中进行的化学反应。在化学工业中，气液相反应广泛地应用于加氢、磺化、卤化、氧化等化学加工过程。除此之外，气体产品的净化、酸性气体的吸收、污水处理以及好气性微生物发酵过程均采用鼓泡塔反应器。

气液相反应器
分类及应用场合

燃煤电厂的烟气脱硫（FGD）是目前世界上大规模商业化应用的脱硫技术。在所有的脱硫工艺中，又以石灰石（石灰）-石膏湿法脱硫占主导地位。经过几年的工程实践，CT-121 脱硫工艺已显示出其优越的性能。这种工艺能够达到 95%以上稳定连续的脱硫率，10mg/m³（标准状况）以下的粉尘排放率，具有优异的可靠性和实用性。这项先进的技术将 SO_2 的吸收、氧化、中和、结晶以及除尘等工艺过程合并到一个单独的气-液-固相反应器中进行。这个反应器就是鼓泡式吸收塔（JBR），简称鼓泡塔。鼓泡塔技术目前已经运用到单机装机容量 1000MW 的脱硫装置上。

（1）工艺介绍　鼓泡塔是 CT-121 工艺的核心，烟气通过喷射管均匀分布到 JBR 的浆液中，按化学方法推算，当气泡上升通过鼓泡层时，JBR 里产生了多级的传质过程，由于气-液多级接触产生了庞大的接触面积（是通常喷淋工艺的数十倍），所以传质速率很高。

原烟气进入由上下隔板形成的封闭容器中。喷管安装在下隔板上，将原烟气导入吸收塔的浆液区。烟气从浆液中鼓泡上升，流经贯通上层隔板的上升管。由于烟气速度很低，烟气中携带的液滴在上层隔板的空间被沉降分离，处理后的净烟气流出吸收塔，通过除雾器除去剩余携带的液滴，后经烟气换热器 GGH 升温后排入烟囱。

鼓泡塔中的浆液分两个区：鼓泡区和反应区。SO_2 的吸收、亚硫酸氧化成硫酸、硫酸中和成石膏和石膏的结晶 4 种反应是在鼓泡塔中同时完成的。

① 鼓泡区。鼓泡区是一个由大量不断形成和破碎的气泡组成的连续气泡层。原烟气流经喷射管进入浆液内部产生气泡，从而形成气泡层。

在鼓泡区，形成了很大的气-液接触区，在这个区域中，烟气中的 SO_2 溶解在气泡表面的液膜中。烟气中的飞灰也在接触液膜后被除去。气泡的直径从 3～20mm（在这样大小的气泡中存在小液滴）不等。大量的气泡产生了巨大的接触面积，使 JBR 成为一个非常高效的多级气-液接触器。

鼓泡区大量气泡的不断迅速生成和破裂使气-液接触能力进一步加强，从而不断产生新的接触面积，同时将反应物由鼓泡区传递至反应区，并使新鲜的吸收剂与烟气接触。脱硫率取决于喷射管的浸液深度和浆液的 pH 值。在燃煤收到基硫分为 1%及正常的 pH 定值下，浸液深度通常为 150mm 左右时，脱硫率大于 95%。通过调节从石膏脱水系统返回的滤液量，可以对浸液深度进行自动调节。

② 反应区。反应区在鼓泡区以下，石灰石浆液直接补入反应区。鼓泡塔浆池容积在设计上考虑了 15～20h 的浆液滞留时间，为氧化空气在浆液中被充分溶解、吸收的亚硫酸氧化成硫酸、石灰石溶解、石灰石与硫酸中和反应、石膏晶体生成等一系列反应提供了充足的反应时间。

JBR 的运行 pH 值设计为 2～4.5，这种相对较低的 pH 值使石灰石溶解更加快速彻底。低 pH 值环境下的快速和完善的氧化系统是 JBR 成功运行的关键。浆液中鼓入空气并排挤出溶解的 CO_2，进一步促进了石灰石的溶解。因而，JBR 的浆液成分主要是石膏晶体。通过排出一定的浆液至脱水（和废水处理）系统，JBR 内浆液中固形物浓度保持在 10%～25% 范围内。

（2）技术优点

① SO$_2$ 脱除率高。JBR 均匀的气流分布是区别于喷淋塔的重大优势，特别是在需要较高 SO$_2$ 脱除率时。在大型 FGD 吸收塔中，影响脱硫率的一个主要不确定因素就是烟气分配不均匀。在喷淋塔中，液-气分配不均可能会降低循环浆液的利用率。并且随着吸收塔尺寸的增加，烟气分配不均的可能性也会增加。对于鼓泡塔，其能克服浸液深度产生的压降，使原烟气仓成为一个天然的均压箱，而大压降保证了烟气流量的均匀分配，使得每个喷射管喷出的烟气在很大范围内是等速的、均匀的。因此鼓泡塔工艺能够确保在 15%～100% 的负荷范围内运行，而不降低脱硫性能。

② 粉尘排放少。JBR 之所以具有高效的粉尘脱除率，是因为烟气侧相应的高压降、气液接触面积大和接触区烟气滞留时间长，对于 1μm 以下的粉尘，JBR 的脱除率高于传统的喷淋工艺（鼓泡塔 1μm 以下的粉尘脱除效率可达 60%，而喷淋塔只能达到 20%）。JBR 能减少现有装置的粉尘排放并补偿电除尘器的临界特性。它可以允许现有的电除尘器停运部分电场来节约电力。这种灵活性在环保要求日益严格而环保费用不断增加的情况下具有重大的意义。

③ 运行可靠、简便。传统工艺要求溶解钙类碱性物质来提供脱硫所需的驱动力。这些物质和其他的溶解物之间的动态平衡会被三个因素破坏：阻碍石灰石溶解的氟化铝、抑制 pH 值的氯化物、气-液流量分配不均。

平衡被破坏的结果就导致了：结垢；降低 SO$_2$ 脱除率；增加石灰石的消耗量；氧化反应的不完全。而 CT-121 工艺不依靠溶解的碱性物质来提高吸收效率，具有不易结垢、石灰石利用率高、氧化反应完全等优点。

④ 可靠性。CT-121 工艺具有高可靠性。世界上采用 CT-121 装置的实际运行业绩中，高可靠性大于 99%。鼓泡塔的设计大大简化了 FGD 工艺。

CT-121 工艺的优点集中体现为：SO$_2$ 脱除率高；装置可靠性高；粉尘脱除率高；并且由于石灰石利用率高，进入最终石膏产品中残余的石灰石也很少，石膏产品的纯度也较高。

二、鼓泡塔的基本结构及特点

鼓泡反应器是以液相为连续相、气相为分散相的气液反应器，有槽型鼓泡反应器、鼓泡管式反应器、鼓泡塔等多种结构型式，其中鼓泡塔应用最广。

1. 鼓泡塔的基本结构

鼓泡塔的基本结构包括：塔体、气体分布器和气液分离器。

（1）塔体　一般呈筒状，主要是气液鼓泡层，是反应物进行化学反应和物质传递的气液层。如果需要加热或冷却时，可在筒体外部加上夹套，或在气液层中加上蛇管均可。

（2）气体分布器　位于塔底部。在鼓泡塔反应器中，气体以鼓泡形式通过催化剂液层进行化学反应。分布器的结构要求：使气体均匀地分布在液层中；分布器鼓气管端的直径，要使鼓出来的气体泡小，使液相层中气含率增加，液层内搅动激烈，有利于气液相传质过程。常见气体分布器结构如图 6-1 所示。

（3）气液分离器　位于塔顶部。内装液滴捕集装置，以分离从塔顶出来气体中夹带的液滴，达到净化气体和回收反应液的目的。常见的气液分离器如图 6-2 所示。

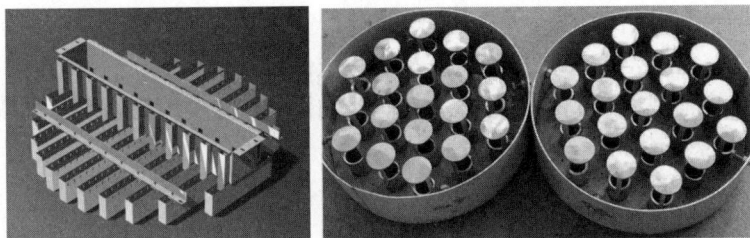

图 6-1　常见气体分布器

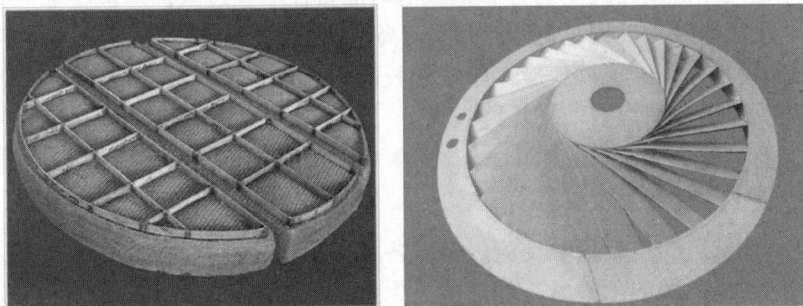

图 6-2　常见的气液分离器

鼓泡塔在工作时，液体可分批或连续加入（半连续或连续操作），气体连续通入，如图 6-3 所示。鼓泡塔气、液体流动方向可以为向上并流或逆流。鼓泡塔多为空塔，一般在塔内设有挡板，以减少液体返混；为加强液体循环和传递反应热，可设外循环管和塔外换热器。鼓泡塔中也可设置填料来增加气液接触面积，减少返混。气体一般由环形气体分散器、单孔喷嘴、多孔板等分散后通入。气体鼓泡通过含有反应物或催化剂的液层以实现气液相反应。

为了改善鼓泡反应器的流动状态，通常采用的解决办法是在塔内径向安装多块挡板或筛板。挡板的作用是迫使流体沿折流路线流动，避免短路。筛板可以有效地对塔内的液体流动起到再分布的作用，消除速度分布。但在高温高压或有固体催化剂存在时，则会出现烧结、堵塞、受热弯曲变形、清洗困难等不少问题，严重影响反应的进行。

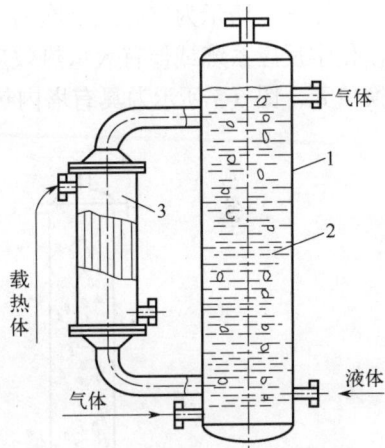

图 6-3　简单鼓泡塔反应器

1—塔体；2—挡板；3—塔外换热器

为了降低鼓泡塔的返混，人们对鼓泡塔结构进行了各种改进，但基本采用在塔内设置内构件的方法。

如一种由多对枕式传热板对呈圆柱形排布组成的新型内换热元件，枕式传热板对将整个反应系统空间均匀分隔成若干个通道，起到了有效的导流作用，一定程度上减少了液体物料的返混，提高了反应结果的选择性。

2. 鼓泡塔的特点

（1）优点　鼓泡塔反应器在实际应用中具有以下优点：

① 气体以小的气泡形式均匀分布，连续不断地通过气液反应层，保证了气、液接触面，

使气、液充分混合，反应良好。

② 结构简单，容易清理，操作稳定，投资和维修费用低。

③ 鼓泡塔反应器具有极高的储液量和相际接触面积，传质和传热效率较高，适用于缓慢化学反应和高度放热的情况。

④ 在塔的内、外都可以安装换热装置。

⑤ 和填料塔相比较，鼓泡塔能处理悬浮液体。

（2）缺点　鼓泡塔在使用时也有一些很难克服的缺点，主要表现如下：

① 为了保证气体沿截面的均匀分布，鼓泡塔的直径不宜过大，一般在 2～3m。

② 鼓泡塔反应器液相轴向返混很严重，在高径比不太大的情况下，可认为液相处于理想混合状态，因此较难在单一连续反应器中达到较高的液相转化率。

③ 鼓泡塔反应器在鼓泡时所耗压降较大。

三、鼓泡塔反应器分类

鼓泡塔是一种常用的气液接触反应设备，各种有机化合物的氧化反应，如乙烯氧化生成乙醛、乙醛氧化生成乙酸或乙酸酐、环己醇氧化生成己二酸、环己烷氧化生成环己醇和环己酮、石蜡和芳烃的氯化反应等等都采用鼓泡塔。

化学工业所遇到的鼓泡塔反应器，按其结构可分为空心式、多段式、汽提式和液体喷射式。图 6-4 所示为空心式鼓泡塔，这类反应器在化学工业上得到了广泛的应用，最适用于缓慢化学反应系统或伴有大量热效应的反应系统。若热效应较大时，可在塔内或塔外安装热交换单元，图 6-5 所示为具有塔内热交换单元的鼓泡塔。

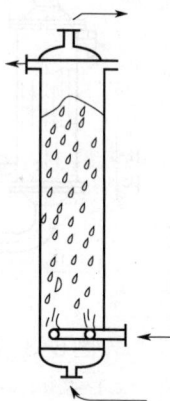

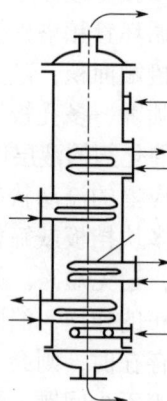

图 6-4　空心式鼓泡塔　　图 6-5　具有塔内热交换单元的鼓泡塔

为克服鼓泡塔中的液相返混现象，当高径比较大时，常采用多段式鼓泡塔，以提高反应效果，见图 6-6。对于高黏性物系，例如生化工程的发酵、环境工程中活性污泥的处理、有机化工中催化加氢（含固体催化剂）等情况，常采用汽提式鼓泡塔（如图 6-7 所示）或液体喷射式鼓泡塔（如图 6-8 所示），利用汽提和液体喷射形成有规则的循环流动，可以强化反应器传质效果，并有利于固体催化剂的悬浮。其又统称为环流式鼓泡塔，它具有径向气液流动速度均匀，轴向弥散系数较低，传热、传质系数较大，液体循环速度可调节等优点。

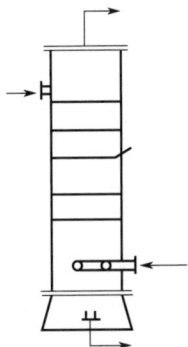

图 6-6　多段式鼓泡塔　　　图 6-7　汽提式鼓泡塔　　　图 6-8　液体喷射式鼓泡塔

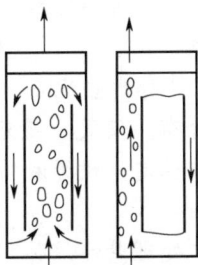

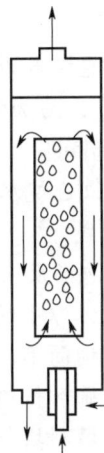

🗝 任务拓展

≫ 新工艺

发明专利：一种利用鼓泡塔式反应器生产 2,3,5-三甲基氢醌二酯的方法

专利摘要：将氧代异佛尔酮（KIP）与酰化剂混合、预热后，从反应器的上端进入装填有多层催化剂筛板的鼓泡塔式反应器，发生重排反应，生成 2,3,5-三甲基氢醌二酯反应液和轻组分酸。鼓泡塔内催化剂筛板为 2~6 层，各层筛板中的催化剂含量从上向下依次增加，且最上层和最下层筛板中的催化剂含量的质量比为 0.6~0.9。各层筛板中的催化剂总含量为 KIP 在单位时间内（h）进料质量的 1%~3.5%，优选 1.5%~2.5%。鼓泡塔式反应器塔顶的压力为 10~90kPa，温度为 90~110℃，塔顶与塔釜之间的压降为 10~50kPa，鼓泡塔式反应器中的压力从上向下呈升高的趋势，塔底温度为 95~115℃。

专利创新：鼓泡塔式反应器相较于釜式反应器有利于降低返混，提高反应速率；以反应原料上进下出的方式进料，经筛板上填充的固体酸催化剂的作用进行重排反应生成 2,3,5-三甲基氢醌二酯（TMHQ-DA），其中副产物轻组分酸蒸发移除反应热，酸蒸气形成鼓泡通过反应器顶部气相管线排出，气液两相在鼓泡塔式反应器内形成逆流，有利于破坏传质、传热边界层的稳定，可以促进径向温度与浓度均一。利用催化剂含量与压力的梯度分布调控塔内温度和筛板上物质浓度，抑制2,4,5-三甲基氢醌二酯、3,4,5-三甲基氢醌二酯等副产物生成，可进一步提高反应转化率与选择性。同时取消催化剂淬灭流程可避免产生废水、废盐等"三废"，有利于环保。通过副产物蒸发移热节约能耗，降低运行费用，对于大规模工业化生产具有极大的优势。

❓ 任务检测

一、填空题

1. 化学工业所遇到的鼓泡反应器，按其结构可分为＿＿＿＿＿、＿＿＿＿＿、＿＿＿＿＿ 和液体喷射式。

2. 为克服鼓泡塔中的液相返混现象，当高径比较大时，常采用＿＿＿＿＿＿鼓泡塔，以提高反应效果。

3. 鼓泡塔多为空塔，一般在塔内设有_____，以减少液体返混；为加强液体循环可设_____，为加强传递效率，可设塔外_____。

二、选择题

1. 环氧乙烷水合生产乙二醇常用下列哪种形式的反应器？（　　　）

A. 管式　　　　　　B. 釜式　　　　　　C. 鼓泡塔　　　　　　D. 固定床

2. 鼓泡塔反应器在实际应用中具有哪些优点？（　　　）

A. 气体以小的气泡形式均匀分布，使气、液充分混合

B. 结构简单，容易清理，操作稳定，投资和维修费用低

C. 传质和传热效率较高

D. 和填料塔相比较，鼓泡塔能处理悬浮液体

3. 在鼓泡塔反应器中，气体通过（　　　）装置以鼓泡形式通过催化剂液层进行化学反应。

A. 气液分离器　　　B. 气体分布器　　　C. 液体分布器　　　D. 鼓泡器

4. 在鼓泡塔反应器顶部，（　　　）装置用以分离从塔顶出来气体中夹带的液滴，达到净化气体和回收反应液的目的。

A. 鼓泡器　　　　　B. 气液分离器　　　C. 气体分布器　　　D. 液体分布器

三、判断题

1. 鼓泡塔反应器和釜式反应器一样，既可以连续操作，也可以间歇操作。（　　　）

2. 苯烃化制乙苯、乙醛氧化合成乙酸、乙烯直接氧化生产乙醛都可选用鼓泡塔反应器。

（　　　）

3. 鼓泡塔内气体为连续相，液体为分散相，液体返混程度较大。（　　　）

4. 气-液相反应器按气液相接触形态分类时，气体以气泡形式分散在液相中的反应器形式有鼓泡塔反应器、搅拌鼓泡釜式反应器和填料塔反应器等。（　　　）

5. 鼓泡式吸收塔在工业烟气脱硫技术中有广泛应用。（　　　）

四、简答题

1. 气液相反应的特点是什么？

2. 气-液反应器的类型有哪些，它们各具有什么特点，分别适用于何种情况？

3. 常见鼓泡塔反应器有哪些类型？鼓泡塔的基本结构有哪些？

任务2

设计鼓泡塔反应器

任务描述

鼓泡塔在化工、石油、石化和其他工业领域中广泛应用，其设计可以有多种形式，包括

单孔塔盘、多孔塔盘和其他特殊设计。根据不同的工艺要求（物质的分离、净化和浓缩）进行鼓泡塔反应器的工艺设计。

📨 任务驱动

1. 气液相反应宏观动力学有哪些特征?
2. 在鼓泡塔反应器中流体流动特性有哪些?

⚙ 任务内容

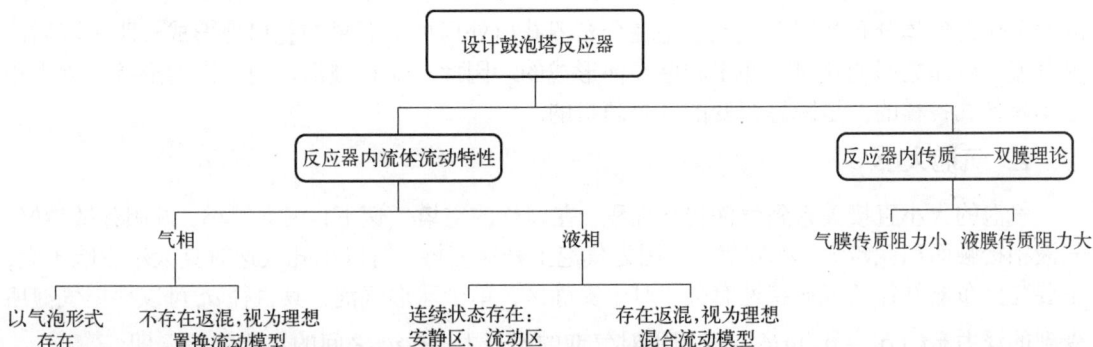

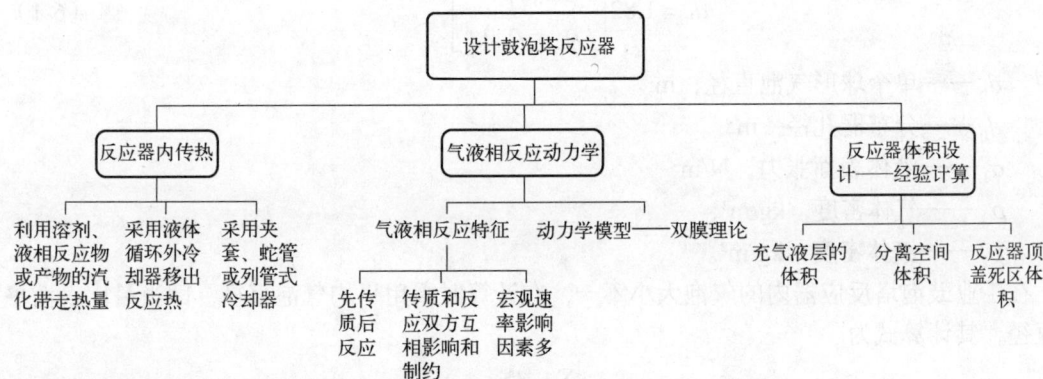

一、鼓泡塔反应器内流体流动特性分析

鼓泡塔的最基本现象是气体以气泡形态存在，因此，气泡的形状、大小及其运动状况便是鼓泡塔的基本特性。

1. 流动状态和气泡特性

工业鼓泡塔反应器通常在两种流动状态下操作，即安静区和湍动区。所谓安静区操作，即鼓泡塔中的气体流量较小，气泡大小比较均匀，规则地浮升，液体搅拌并不显著。在安静区操作，既能达到一定的气体流量，又可避免气体的轴向返混，很适用于动力学控制的慢反应。

对于典型的气液体系（空气-水体系），安静区的空塔气速 u_{OG} 通常小于 0.05m/s，气体分布器的孔口气速小于 7m/s，此时在气体分布器孔口直接形成气泡，其气泡的形状、大小和运动与孔口的直径有关。孔径很小时（如 1mm），形成球形气泡螺旋上升，气泡直径小于 2mm；孔径较大时（如 2mm），形成当量直径为 3～6mm 的椭圆形气泡，上升过程中左右摆动；孔径大时（如 4mm），形成当量直径大于 6mm 的菌帽形气泡，具有明显的尾涡。显然，在安静区操作的鼓泡塔，其气体分布器的设计十分重要。一般常采用多孔板或多孔盘管，孔径小于 3mm，开孔率一般也小于 5%。

在气体流量较大时，气泡运动呈不规则现象，液体高度地湍动，塔内物料强烈混合，气泡作用的机理比较复杂，这种情况称为湍动区。在湍动区气泡大小不均匀，大气泡上升速度快，小气泡上升速度慢，停留时间不等，加之无定向搅动，不仅呈极大的液相返混，也造成气相返混。湍动区的空塔气速 u_{OG} 通常大于 0.08m/s，工业上常采用大孔径的单管或特殊型式的喷嘴作为气体分布装置。气泡不是在分布器孔口处形成，而是在孔口处形成一股气流后，靠气流与液体之间的喷射、冲击和摩擦而形成的。因此在这种鼓泡塔内气泡的形状、大小和运动是各式各样的，是瞬息万变的，是随机的。

2. 气泡大小

气泡的大小直接关系到气液传质面积。在同样的空塔气速下，气泡越小，说明分散越好，气液相接触面积就越大。在安静区，因为气泡上升速度慢，所以小孔气速对其大小影响不大，主要与分布器孔径及气液特性有关。对于安静区，单个球形气泡，其直径 d_b 可以根据气泡所受到的浮力 $\pi d_b^3 (\rho_L - \rho_G) g / 6$ 与孔周围对气泡的附着力 $\pi \sigma_L d_0$ 之间的平衡求得，即

$$d_b = 1.82 \left[\frac{d_0 \sigma_L}{(\rho_L - \rho_G) g} \right]^{\frac{1}{3}} \tag{6-1}$$

式中　　d_b ——单个球形气泡直径，m；

$\quad\quad d_0$ ——分布器孔径，m；

$\quad\quad \sigma_L$ ——液体表面张力，N/m；

$\quad\quad \rho_G$ ——气体密度，kg/m³；

$\quad\quad \rho_L$ ——液体密度，kg/m³。

在工业鼓泡塔反应器内的气泡大小不一，在计算时采用平均气泡直径，即当量比表面平均直径，其计算式为

$$d_{VS} = \frac{\sum n_i d_i^3}{\sum n_i d_i^2} \tag{6-2}$$

在气含率小于 0.14 的情况下，可以用下列经验式作近似估算：

$$d_{VS} = 26D \left(\frac{gD^2 \rho_L}{\sigma_L} \right)^{-0.5} \left(\frac{gD^3 \rho_L^2}{\mu_L^2} \right)^{-0.12} \left(\frac{u_{OG}}{\sqrt{gD}} \right)^{-0.12} \tag{6-3}$$

$$B_0 = \frac{gD^2 \rho_L}{\sigma_L}$$

$$Ga = \frac{gD^3 \rho_L^2}{\mu_L^2}$$

$$Fr = \frac{u_{OG}}{\sqrt{gD}}$$

式中　d_{VS}——当量比表面平均直径，m；

D——鼓泡塔反应器内径，m；

μ_L——液体黏度，kg/m³；

u_{OG}——气体空塔气速，m/s；

B_0——邦德数；

Ga——伽利略数；

Fr——弗劳德数。

3. 气含率

气含率是气液混合液中气体所占的体积分数，可用下式表示：

$$\varepsilon_G = \frac{V_G}{V_L + V_G} = \frac{V_G}{V_{GL}} \tag{6-4}$$

式中　ε_G——气含率；

V_G——气体体积，m³；

V_L——液体体积，m³；

V_{GL}——气液混合物体积，m³。

对圆柱形塔来说，由于横截面一定，因此气含率的大小意味着通气前后塔内充气床层膨胀高度的大小。故气含率可以通过测量静液层高度 H_L 和通气时床层高度 H_{GL} 算出，即

$$\varepsilon_G = \frac{H_{GL} - H_L}{H_{GL}} \tag{6-5}$$

式中　H_{GL}——充气液层高度，m；

H_L——静液层高度，m。

掌握所要设计计算的鼓泡塔反应器的预定气含率和塔内装液量，便可预估鼓泡塔内通气操作时的床层高度。此外，对于传质与化学反应来讲，气含率也非常重要，因为气含率与停留时间及气液相界面积的大小有关。

影响气含率的因素主要有设备结构、物性参数和操作条件等。一般气体的性质对气含率影响不大，可以忽略。而液体的表面张力 σ_L、黏度 μ_L 与密度 ρ_L 对气含率都有影响。溶液里存在电解质时会使气液界面发生变化，生成上升速度较小的气泡，使 ε_G 比纯水中的高 15%～20%。空塔气速增大时，ε_G 也随之增加，但 u_{OG} 达到一定值时，气泡汇合，ε_G 反而下降。ε_G 随塔径 D 的增加而下降，但当 $D > 0.15$m 时，D 对 ε_G 无影响。当 $u_{OG} < 0.05$m/s 时，ε_G 与塔径 D 无关。因此实验室试验设备的直径一般应大于 0.15m，只有当 $u_{OG} < 0.05$m/s 时，才可取小塔径。

关于气含率的关联式，目前普遍认为比较完善的是 Hirita 于 1980 年提出的经验公式，即

$$\varepsilon_G = 0.672 \left(\frac{u_{OG}\mu_L}{\sigma_L} \right)^{0.578} \left(\frac{\mu_L^4 g}{\rho_L \sigma_L^3} \right)^{-0.131} \left(\frac{\rho_G}{\rho_L} \right)^{0.062} \left(\frac{\mu_G}{\mu_L} \right)^{0.107} \tag{6-6}$$

式中　μ_G——气体黏度，Pa·s。

式（6-6）全面考虑了气体和液体的物性对气含率的影响。但对电解质溶液，当离子强度

大于 $1.0mol/m^3$ 时，应乘以校正系数 1.1。

4. 气液比相界面积

气液比相界面积（m^2/m^3）是指单位气液混合鼓泡床层体积所具有的气泡表面积，可以通过气泡平均直径 d_{VS} 和气含率 ε_G 计算得出，即：

$$\alpha = \frac{6\varepsilon_G}{d_{VS}} \tag{6-7}$$

α 的大小直接关系到传质速率，是重要的参数，其值可以通过一定条件下的经验公式进行计算，如公式：

$$\alpha = 26.0\left(\frac{H_L}{D}\right)^{-0.3}\left(\frac{\rho_L\sigma_L}{g\mu_L}\right)^{-0.003}\varepsilon_G \tag{6-8}$$

式（6-8）应用范围为 $u_{OG} \leqslant 0.6m/s$；$2.2 \leqslant H_L/D \leqslant 24$；$5.7\times10^5 \leqslant \dfrac{\rho_L\sigma_L}{g\mu_L} \leqslant 10^{11}$。误差 $\pm15\%$。

由于 α 值测定比较困难，人们常利用传质关系式 $N_A = k_L\alpha\Delta c_A$（$N_A$ 是液相传质速率；k_L 为液相传质系数）直接测定 $k_L\alpha$ 之值进行使用。

5. 鼓泡塔内的气体阻力

鼓泡塔内的气体阻力 Δp 由两部分组成：一是气体分布器阻力，二是床层静压头的阻力。即：

$$\Delta p = \frac{10^{-3}}{C^2}\frac{u_0^2\rho_G}{2} + H_{GL}\rho_{GL}g \tag{6-9}$$

式中　C^2——小孔阻力系数，约为 0.8；

　　　u_0——小孔气速，m/s；

　　　ρ_{GL}——鼓泡层密度，kg/m^3。

6. 返混

鼓泡塔内液相存在返混，所以通常工业鼓泡塔反应器内液相视为理想混合。塔内气体的返混一般不太明显，常假设为置换流，其计算误差约为 5%。但要求严格计算时，尤其是当气体的转化率较高时，需考虑返混。

二、鼓泡塔的传质

鼓泡塔反应器内的传质过程中，一般气膜传质阻力较小，可以忽略，而液膜传质阻力的大小决定了传质速率的快慢。如欲提高单位相界面的传质速率，即提高传质系数，则必须提高扩散系数。扩散系数不仅与液体物理性质有关，而且还与反应温度、气体反应物的分压或液体浓度有关。当鼓泡塔在安静区操作时，影响液相传质系数的因素主要是气泡大小、空塔气速、液体性质和扩散系数等；而在湍动区操作时，液体的扩散系数、液体性质、气泡当量比表面积以及气体表面张力等成为影响传质系数的主要因素。

鼓泡塔反应器中，主要考虑液膜传质阻力。计算液膜传质过程可用以下公式：

$$Sh = 2.0 + C\left[Re_b^{0.484}SC_L^{0.339}\left(\frac{d_b g^{\frac{1}{3}}}{D_{LA}^{\frac{2}{3}}}\right)^{0.072}\right]^{1.61} \tag{6-10}$$

$$Sh = \frac{k_{LA}d_b}{D_{LA}}; \quad SC_L = \frac{\mu_L}{\rho_L D_{LA}}; \quad Re_b = \frac{d_b u_{OG}\rho_L}{\mu_L}$$

式中　Sh——舍伍德数；

　　　SC_L——液体施密特数；

　　　Re_b——气泡雷诺数；

　　　D_{LA}——液相有效扩散系数，m^2/s；

　　　k_{LA}——液相传质系数，m/s；

　　　C——单个气泡时为 0.061，气泡群时为 0.0187；

　　　μ_L——液相黏度。

　　适用范围：$0.2cm < d_b < 0.5cm$，液体空速 $\leqslant 10cm/s$，$u_{OG} = 4.17 \sim 27.8cm/s$。由此可计算出传质系数 k_{LA} 值。

三、鼓泡塔的传热

　　鼓泡塔中的传热通常以三种方式进行：

　　① 利用溶剂、液相反应物或产物的汽化带走热量，如苯烃化制乙苯的生产；

　　② 采用液体循环外冷却器移出反应热，如外循环式乙醛氧化制乙酸的生产；

　　③ 采用夹套、蛇管或列管式冷却器，如并流式乙醛氧化制乙酸的生产。

　　鼓泡床中由于气泡的运动，床层中的液体剧烈扰动。流体对换热器壁的传热系数比自然对流传热系数大 10 余倍，通常它不成为热交换中的主要阻力。常用计算式如下：

$$\frac{\alpha_t D}{\lambda_L} = 0.25\left(\frac{D^3\rho_L g}{\mu_L}\right)^{\frac{1}{3}}\left(\frac{c_p\mu_L}{\lambda_L}\right)^{\frac{1}{3}}\left(\frac{u_{OG}}{u_S}\right)^{0.2} \tag{6-11}$$

式中　α_t——传热系数，$J/(m^2 \cdot s \cdot K)$；

　　　λ_L——液体热导率，$J/(m \cdot s \cdot K)$；

　　　c_p——液体定压比热容，$J/(kg \cdot K)$；

　　　u_S——气泡滑动速度，m/s。

　　液体静止时，$u_S = \dfrac{u_{OG}}{\varepsilon_{OG}}$；液体流动时，$u_S = \dfrac{u_{OG}}{\varepsilon_{OG}} \pm \dfrac{u_{OL}}{1-\varepsilon_{OG}}$。其中 ε_{OG} 为静态气含率（与气含率近似），"$\pm$"号为气液相对流向（"+"代表气液逆流，"–"代表并流）。

　　通过式（6-11）可以计算鼓泡床中物料对热交换器壁的传热系数，即可由传热壁等热阻及另一侧传热系数计算出总传热系数。

四、气液相反应动力学基础

　　在设计气液相鼓泡塔反应器时，必须掌握气液相反应宏观动力学以及流体流动特性。

1. 气液相反应的基本特征

气液相反应是反应物系中存在气相和液相时的一种多相反应过程，通常是气相反应物溶解于液相后，再与液相中另外的反应物进行反应；也可能是反应物均存在于气相中，它们溶解于含有催化剂的溶液以后再进行反应。化学吸收就是气液相反应过程的一种。

气液相反应过程在工业上通常被用于：

① 制取化工产品，例如用乙烯与氯气通入悬浮有三氯化铁的二氯乙烷溶液中制取二氯乙烷，用乙烯和氧气通入 $PbCl_2\text{-}CuCl_2$ 的乙酸水溶液制取乙醛，用氧气通入含乙酸锰的乙醛溶液制乙酸等。

② 除去气相中某一有害组分，例如合成氨生产中除去原料气中硫化氢、二氧化碳等，硫酸厂及燃料锅炉厂尾气中消除二氧化硫等。

③ 从尾气中回收有用组分等。

总之，在石油化工、无机化工及生物化学工程等领域有许多气液反应过程的实例并越来越显示它们的重要性。

气液相反应过程中气体必须先溶解到液体之中，才可能发生反应，而且气液传质必然会影响化学反应的进程，化学反应也会影响传质。气液相反应系统是十分复杂的系统，须抓住其基本特征，才能找到解决问题的基本线索。

气液相反应的基本特征可归纳成以下三点。

① 无论在液相中进行的是简单反应还是复杂反应，宏观上总可以将气液相反应分解成传质和反应两个过程，这两个过程组成一个统一体，先传质后反应。

② 传质和反应的统一体内，传质和反应互相影响和制约。这个统一体所表现出来的速率，往往既非反应的本征速率，也非传质的本征速率，而是这两者矛盾统一的速率——宏观速率。

③ 传质和反应统一体的结果与水平受流体力学、传热和传质等传递过程和流体的流动与混合等因素的影响。该结果与水平是相对的、可以变化的，即是可调的。换言之，调节有关参量，可以人为地控制传质与反应——其宏观表现是宏观速率、反应转化率、反应选择性等。

2. 气液相反应速率

根据化学反应速率定义式：$反应速率 = \dfrac{反应量}{反应区域 \times 反应时间}$

式中的反应区域，对于气液相反应过程有以下几种选择。

① 选用液相体积时，反应速率（$-r_A$）单位为 $kmol/[m^3(液体)\cdot h]$。

② 选用气液相混合物体积时，反应速率（$-r_A$）$_V$ 单位为 $kmol/[m^3(气液相混合物)\cdot h]$。

③ 选用单位气液相界面积时，反应速率（$-r_A$）$_S$ 单位为 $kmol/[m^2(相界面)\cdot h]$。

气液相反应系统中，单位液相体积所具有的气液相界面积为

$$\alpha_i = 相界面积/液相体积 = S/V_L$$

而单位气液混合物体积所具有的气液相界面积

$$\alpha = 相界面积/气液相混合物体积 = S/V_R = S/V_{GL}$$

α_i 和 α 均称为比相界面，但它们的基准不同，故数值上也有差别。两者可以通过气含率 ε 关联。

根据气含率定义式（6-4），可得到如下关系：

$$\alpha = (1-\varepsilon)\alpha_i \tag{6-12}$$

气液相反应过程的三种反应速率有如下关系：

$$(-r_A)_V = (-r_A)(1-\varepsilon) = (-r_A)_S \alpha \qquad (6\text{-}13)$$

因此，对于不同的反应系统，由于反应区域的选择不同，会导致反应速率数值上的不同。必须注意，反应区域应该是实际反应进行的场所，而不包括与其无关的区域。

3. 气液传质理论简述

描述通过气液相界面物质传递的模型有多个，如"双膜理论""表面更新理论""渗透理论"等。但应用最广的是路易斯-卫特曼（Lewis-Whitman）于1923年提出的"双膜理论"，其优点是简明易懂，便于进行数学处理。

双膜模型假设平静的气液界面两侧存在着气膜与液膜，是很薄的静止层或层流层。当气相组分向液相扩散时，必须先到达气液相界面，并在相界面上达到气液平衡，即服从亨利定律：

$$p_{Ai} = H_A c_{Ai} \qquad (6\text{-}14)$$

式中　p_{Ai}——气相组分 A 在相界面上呈平衡的气相分压，Pa；

　　　c_{Ai}——气相组分 A 在相界面上呈平衡的液相浓度，kmol/m³；

　　　H_A——亨利常数，m³·Pa/kmol。

双膜模型又假设在气膜之外的气相主体和液膜之外的液相主体中达到完全的均匀混合，即全部传质阻力都集中在膜内。

如图6-9所示，在无反应的情况下，组分 A 由气相主体扩散进入液相主体需经历以下途径：气相主体→气膜→界面气液平衡→液膜→液相主体。

扩散达到定态后，气相中 A 组分通过双膜向液相扩散的物理吸收速率可用下式表示：

$$k_{LA}(c_{Ai} - c_{AL}) = K_{LA}(c_A^* - c_{AL}) \qquad (6\text{-}15)$$

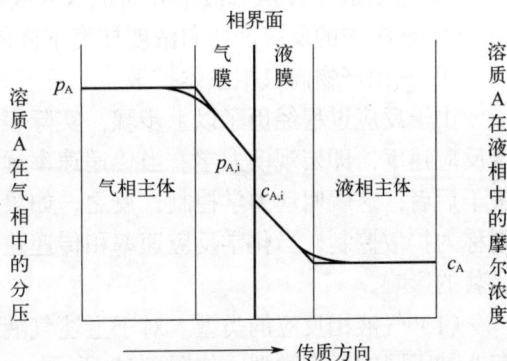

图6-9　气液相反应双模理论模型

式中　k_{LA}——组分 A 在气膜内的传质系数，m/s；

　　　K_{LA}——组分 A 以液相浓度表示的总传质系数，m/s；

　　　c_{Ai}——气相组分 A 在相界面上呈平衡的液相浓度，kmol/m³；

　　　c_{AL}——液相主体中组分 A 的浓度，kmol/m³；

　　　c_A^*——与气相主体中组分 A 分压 p_A 平衡的浓度 $\left(c_A^* = \dfrac{p_A}{H_A}, \ H_A \text{为亨利常数}\right)$，kmol/m³。

$$\frac{1}{K_{GA}} = \frac{1}{k_{GA}} + \frac{H_A}{k_{LA}} \qquad (6\text{-}16)$$

$$\frac{1}{K_{LA}} = \frac{1}{H_A k_{GA}} + \frac{1}{k_{LA}} \qquad (6\text{-}17)$$

$$p_{Ai} = H_A c_{Ai} = \frac{k_{GA} p_A + k_{LA} c_{AL}}{k_{GA} + \dfrac{k_{LA}}{H_A}}$$

(6-18)

式中　　p_{Ai}——气液相界面处气相组分 A 的分压，Pa；

H_A——亨利常数，$m^3 \cdot Pa/kmol$；

c_{Ai}——气相组分 A 在相界面上呈平衡的液相浓度，$kmol/m^3$；

k_{GA}——组分 A 在气膜内的传质系数，$kmol/(m^2 \cdot s \cdot Pa)$；

p_A——气相主体中组分 A 的分压，Pa；

k_{LA}——组分 A 在气膜内的传质系数，m/s；

c_{AL}——液相主体中组分 A 的浓度，$kmol/m^3$。

4. 气液相反应宏观动力学方程

设有二级不可逆气液相反应：

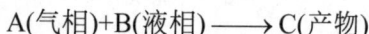

$$A(气相)+B(液相) \longrightarrow C(产物)$$

气相组分 A 与液相组分 B 之间的反应过程，需要经历以下步骤。

① 气相组分 A 从气相主体传递到气液相界面，在界面上假定达到气液相平衡。

② 气相组分 A 从气液相界面扩散入液相，并且在液相内进行化学反应。

③ 液相内的反应产物向浓度梯度下降的方向扩散，气相产物则向界面扩散。

④ 气相产物向气相主体扩散。

由于反应过程经历了以上步骤，实际表现出来的反应速率是包括这些传递过程在内的综合反应速率，即宏观动力学。当传递速率远大于化学反应速率时，实际的反应速率就完全取决于后者，这就叫动力学控制；反之，如果化学反应速率很快，而某一步的传递速率很慢，则称为扩散控制；当化学反应速率和传递速率具有相同的数量级时，则二者均对过程速率有显著的影响。

（1）气液相反应的类型　对于上述气液相反应，根据不同的传质速率和化学反应速率，有八种不同的反应类型，如图 6-10 所示。

① 瞬间反应。气相组分 A 与液相组分 B 之间的反应为瞬间完成，两者不能共存，反应发生于液膜内某一个面上，该面称为反应面。在反应面上 A、B 的浓度均为零。所以，A 和 B 扩散到此界面的速率决定了过程的总速率。

② 界面反应。反应的性质与瞬间反应相同，但因液相中组分 B 的浓度 c_B 高，气相组分 A 扩散到达界面即反应完毕，反应面移至相界面上。在界面上，A 组分浓度为零，而 B 组分浓度可大于零。此时，总反应速率取决于气膜内 A 的扩散速率。

③ 二级快速反应。当情况 a 的反应面扩展成为一个反应区，在反应区内 A、B 并存。但由于尚属于快反应，反应区仍在液膜内，并不进入液相主体。

④ 拟一级快速反应。与二级快速反应一样，反应发生于液膜内某一区域中。但组分 B 的浓度 c_B 高，以致与 A 发生反应后消耗的量可以忽略不计，故可视为拟一级反应，即液膜内 c_B 的变化可以忽略。

⑤ 二级中速反应。A 与 B 在液膜中发生反应，但因反应速率不是很快，故有部分 A 在液膜中无法反应完毕，因而进入液相主体，并在液相主体中继续与 B 组分反应。

⑥ 拟一级中速反应。与二级中速反应一样，反应同时发生于液膜与液相主体中。但因液

相中 B 组分浓度高，使得在整个液膜中 B 的浓度近似不变，成为 A 组分的拟一级反应。

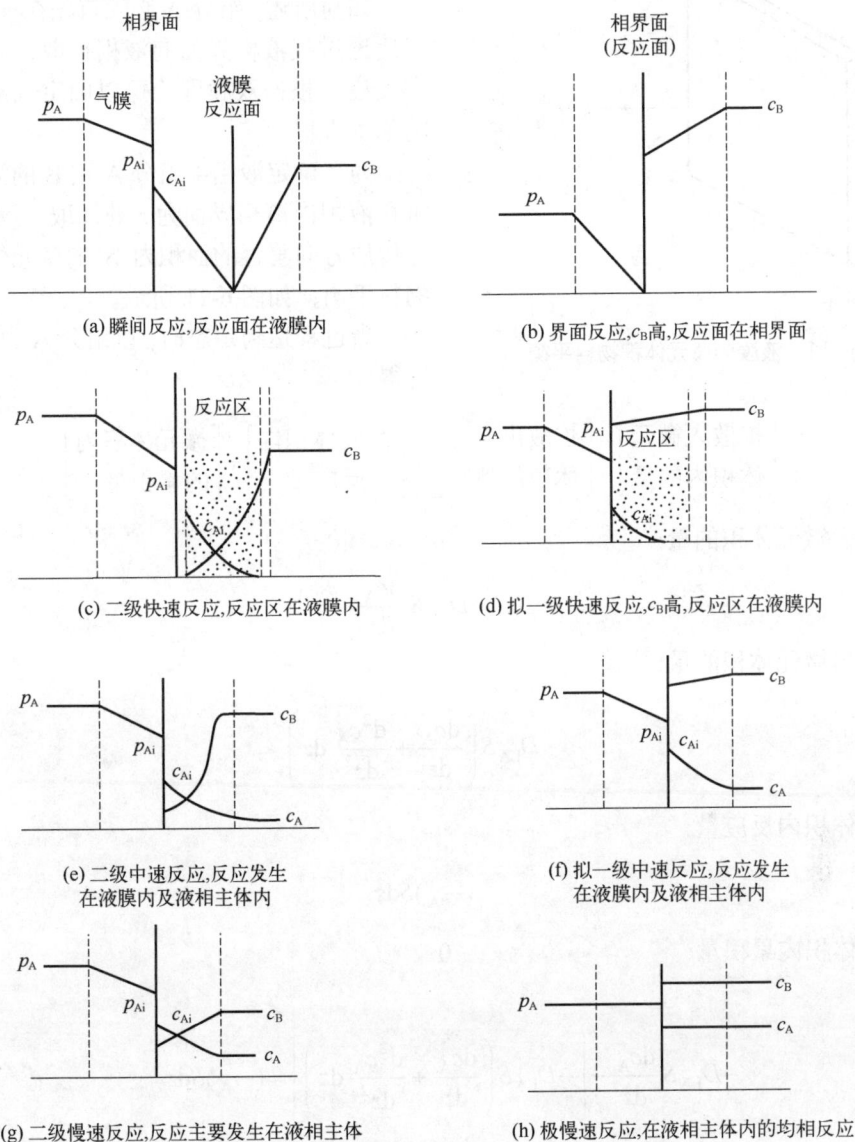

(a) 瞬间反应，反应面在液膜内

(b) 界面反应，c_B 高，反应面在相界面

(c) 二级快速反应，反应区在液膜内

(d) 拟一级快速反应，c_B 高，反应区在液膜内

(e) 二级中速反应，反应发生在液膜内及液相主体内

(f) 拟一级中速反应，反应发生在液膜内及液相主体内

(g) 二级慢速反应，反应主要发生在液相主体

(h) 极慢速反应，在液相主体内的均相反应

图 6-10 气液相反应速率与浓度分布关系图

⑦ 二级慢速反应。与传质速率相比，A 与 B 的反应很慢，扩散通过相界面的气相组分 A 在液膜中与液相组分 B 发生反应，但大部分 A 反应不完而扩散进入液相主体，并在液相主体中与 B 发生反应。由于液膜在整个液相中所占体积分数很小，故反应主要在液相主体中进行。

⑧ 极慢速反应。A 与 B 的反应极其缓慢，传质阻力可以忽略，在液相中组分 A 和 B 是均匀的，反应速率完全取决于化学反应动力学。

不同的反应类型，其传质速率与本征反应速率的相对大小不同，宏观速率的表达形式相差很大，适宜的气液反应设备也不相同。

（2）气液相反应的基础方程　对于典型的二级不可逆气液相反应：

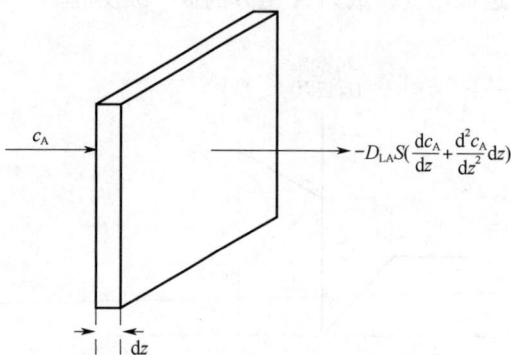

图 6-11 液膜内微元体积物料平衡

$$A(g) + B(l) \longrightarrow C$$

如前所述，组分 A 必须首先在气相中扩散，然后透过气液相界面向液相扩散，同时进行化学反应。根据双膜理论可以确定气液反应过程的基本方程。

为了确定液相中组分 A 和 B 的浓度分布，可在液相内离相界面为 z 处，取一厚度为 dz、与传质方向垂直的面积为 S 的微元体积，进行物料平衡，如图 6-11 所示。

当过程达到定态时，以组分 A 为研究对象，可得：

$$\begin{bmatrix} 扩散入微元 \\ 体积内的量 \end{bmatrix} - \begin{bmatrix} 扩散出微元 \\ 体积的量 \end{bmatrix} = \begin{bmatrix} 微元体积内 \\ 的反应量 \end{bmatrix} + \begin{bmatrix} 微元体积内 \\ 的累积量 \end{bmatrix}$$

扩散入微元体积的量：

$$-D_{LA}S\frac{dc_A}{dz}$$

扩散出微元体积的量：

$$-D_{LA}S\left(\frac{dc_A}{dz} + \frac{d^2c_A}{dz^2}dz\right)$$

微元体积内反应量：

$$(-r_A)Sdz$$

微元体积内累积量： 0

即：

$$-D_{LA}S\frac{dc_A}{dz} - \left[-D_{LA}S\left(\frac{dc_A}{dz} + \frac{d^2c_A}{dz^2}dz\right)\right] = (-r_A)Sdz \qquad （6-19）$$

式中 S——气液相界面积，m^2；

$(-r_A)$——以液相体积为基准的反应速率，$kmol/(m^3 \cdot h)$。

设 D_{LA} 为常数，化简式（6-19），则有

$$D_{LA}\frac{d^2c_A}{dz^2} = (-r_A) = kc_Ac_B \qquad （6-20）$$

同理，对微元体积作组分 B 的物料衡算可得

$$D_{LB}\frac{d^2c_B}{dz^2} = b(-r_A) = bkc_Ac_B \qquad （6-21）$$

式（6-20）与式（6-21）是二级不可逆气液相反应的基础方程式。各种不同类型的气液相反应有不同的边界条件，因而可得到不同的解。一般情况下，其解的表达式均比较复杂，

详见相关资料手册。

五、鼓泡塔反应器设计实例

鼓泡塔反应器计算的主要任务是计算完成一定的生产任务时所需要的鼓泡床层的体积。一般情况下，可采用数学模型法计算，但更常用的是经验法计算。

鼓泡塔反应器的体积主要包括充气液层的体积、分离空间体积及反应器顶盖死区体积三部分。

（1）充气液层的体积 V_R　充气液层的体积是指反应器床层内静止液层体积和充气液层中气体所占的体积。它是反应器在操作中所必须保证的气泡和液体混合物的体积。在计算时将纯液体以静态计的体积(简称液相体积)和纯气体所占体积分别考虑比较方便。可表示为

$$V_R = V_G + V_L = \frac{V_L}{1-\varepsilon_G} \tag{6-22}$$

式中　V_R——充气液层体积，m³；

$\quad\quad V_L$——液相体积，m³；

$\quad\quad V_G$——充气液层中的气体所占体积，m³。

满足一定生产能力所需要的液相体积可用下式计算：

$$V_L = V_{OL}\tau \tag{6-23}$$

式中　V_{OL}——原料的体积流量；

$\quad\quad \tau$——停留时间（间歇操作时，为生产时间+非生产时间），可由经验数据计算。充气液层中气体所占的体积为：

$$V_G = V_L \frac{\varepsilon_G}{1-\varepsilon_G} \tag{6-24}$$

（2）分离空间体积 V_E　分离空间是在充气液层上方所留有的一定空间高度，它的主要作用是利用自然沉降的作用除去上升气体中所夹带的液滴。

分离空间体积为：

$$V_E = 0.785 D^2 H_E$$

式中，H_E 为分离空间高度。它是由液滴的移动速度决定的。一般液滴的移动速度小于0.001m/s，此时，分离空间高度可用下式计算

$$H_E = \alpha_E D \tag{6-25}$$

当塔径 $D \geqslant 1.2$m 时，$\alpha_E = 0.75$；当 $D < 1.2$m 时，H_E 不应小于 1m。

（3）反应器顶盖死区体积 V_C

反应器顶盖部位一般起不到除去上升气体中所夹带的液滴的作用，因而常把该部分称为死区体积或无效体积。通常可用下式计算

$$V_C = \frac{\pi D^3}{12\varphi} \tag{6-26}$$

式中，φ 为形状系数。若采用球形封头，$\varphi = 1.0$；采用 2：1 的椭圆形封头，$\varphi = 2.0$。

鼓泡塔反应器的总体积为 $V = V_R + V_E + V_C$。

【例 6-1】年产 3000t 乙苯的乙烯和苯烷基化反应生产乙苯的鼓泡塔反应器中，已知反应器的直径为 1.5m，产品乙苯的空时收率为 180kg/(m³·h)，年生产时间为 8000h，床层气含率

为 0.34。试计算该反应器的体积。

解：（1）液相体积 $V_L = \dfrac{3000 \times 1000}{180 \times 8000} = 2.08(\text{m}^3)$

充气液层中的气体所占体积 $V_G = V_L \dfrac{\varepsilon_G}{1-\varepsilon_G} = 2.08 \times \dfrac{0.34}{1-0.34} = 1.07(\text{m}^3)$

充气液层体积 $V_R = V_G + V_L = 1.07 + 2.08 = 3.15(\text{m}^3)$

因为反应器的直径为 1.5m＞1.2m，所以 $\alpha_E = 0.75$

分离空间高度：$H_E = \alpha_E D = 0.75 \times 1.5 = 1.13(\text{m})$

分离空间体积为：$V_E = 0.785 D^2 H_E = 0.785 \times 1.5^2 \times 1.13 = 2.00(\text{m}^3)$

采用 2:1 的椭圆形封头，则 $\varphi = 2.0$

反应器顶盖死区体积 $V_C = \dfrac{\pi D^3}{12\varphi} = \dfrac{3.14 \times 1.5^3}{12 \times 2.0} = 0.44(\text{m}^3)$

反应器的体积 $V = V_R + V_E + V_C = 3.15 + 2.00 + 0.44 = 5.59(\text{m}^3)$

（2）反应器的直径的计算

反应器的直径可以根据空塔气速的定义计算。

按气体空塔速度的定义式：$u_{OG} = \dfrac{V_{OG}}{3600 A_t} = \dfrac{V_{OG}}{3600 \times \dfrac{\pi}{4} D^2}$

式中　V_{OG}——气体体积流量，m³/h；

　　　A_t——反应器横截面积，m²；

　　　u_{OG}——气体空塔速度，m/s。

得反应器直径的计算式为：

$$D = \left(\frac{4 V_{OG}}{3600 \pi u_{OG}} \right)^{\frac{1}{2}} = 0.019 \sqrt{\frac{V_{OG}}{u_{OG}}} \tag{6-27}$$

气体的空塔速度由实验或工厂提供的经验数据确定。当空塔气速很小时，计算所得塔径 D 必然较大，此时在确定 D 值时，主要应考虑保证气体在塔截面均匀分布，同时有利于气体在液体中的搅拌作用，从而加强混合和传质；当空塔气速很大时，计算所得的 D 值必然较小，液面高度将相应增大，此时应考虑气体在入口处随压强增高可能引起操作费用提高及由于液体体积膨胀可能出现不正常的腾涌现象等。所以应选择适当空塔气速，一般情况，取 $u_{OG} = 0.0028 \sim 0.0085\text{cm/s}$ 的范围比较适宜，而塔高和塔径之比一般取 $3 < H/D < 120$。

反应器高度的确定，应全面考虑床层气含率、雾沫夹带、床层上部气相的允许空间(有时为了防止气相爆炸，要求空间尽量小些)、床层出口位置和床层液面波动范围等多种因素的影响而后确定。

【例6-2】 某乙醛氧化生产乙酸的反应在一鼓泡塔反应器中进行，已知原料气的平均体积流量为 4746m³/h，并以 0.715m/s 的空塔气速通过床层。床层气含率为 0.26，乙酸的生产能力为 200kg/[m³(催化剂)·h]，年生产时间为 8000h。试计算年产 1 万 t 乙酸的反应器的结构尺寸。

解：反应器的直径为：$D = 0.019\sqrt{\dfrac{V_{OG}}{u_{OG}}} = 0.019 \times \sqrt{\dfrac{4746}{0.715}} = 1.55\text{(m)}$

反应液的体积：$V_L = \dfrac{1 \times 10^7}{200 \times 8000} = 6.25\text{(m}^3)$

充气液层的体积：$V_R = V_G + V_L = \dfrac{V_L}{1 - \varepsilon_G} = \dfrac{6.25}{1 - 0.26} = 8.45\text{(m}^3)$

因为反应器的直径为 1.46m>1.2m，所以 $\alpha_E = 0.75$，分离空间高度

$$H_E = \alpha_E D = 0.75 \times 1.46 = 1.10\text{(m)}$$

分离空间体积为 $V_E = 0.785D^2 H_E = 0.785 \times 1.46^2 \times 1.10 = 1.84\text{(m}^3)$

采用球形封头，则 $\varphi = 1.0$

反应器顶盖死区体积 $V_C = \dfrac{\pi D^3}{12\varphi} = \dfrac{3.14 \times 1.46^3}{12 \times 1} = 0.81\text{(m}^3)$

反应器的体积 $V = V_R + V_E + V_C = 8.45 + 1.84 + 0.81 = 11.10\text{(m}^3)$

反应器的高度为：$H = \dfrac{V}{0.785D^2} = \dfrac{11.10}{0.785 \times 1.46^2} = 6.63\text{(m)}$

任务拓展

≫ 新设备

实用新型专利：叠加式鼓泡、喷淋塔

专利摘要：在工业生产中，经常有各类气体通过与液体反应、洗涤，让液体吸收气体中所含成分，达到净化气体的目的。气体与液体接触的方式一般有两种，分别是鼓泡吸收和喷淋式吸收。鼓泡式吸收即在液体容器内，有一定压力的气体从容器底部进入，经过容器底部气体分布器后，气体均匀鼓泡穿过容器内液体，从而达到净化气体的目的。喷淋式吸收即气体从吸收塔底部进入，经过吸收塔填料层，气体自下而上与吸收塔顶部自上而下的吸收液逆向接触，吸收塔底部液体在循环泵作用下，返回吸收塔顶部，液体循环吸收气体内成分，从而达到净化气体的目的。液体吸收到一定程度，形成产品，为了保证气体得到完全净化，一般采用两次鼓泡、两次喷淋或鼓泡与喷淋相结合的方式，在化工行业有很广泛的应用。本实用新型专利针对上述存在的技术不足，提供了一种叠加式鼓泡、喷淋塔，在一台吸收塔内，自下而上实现 4 次吸收，类似把 2 台鼓泡设备和 2 台喷淋吸收设备叠加在一起，结构如图 6-12 所示。

专利创新：该装置精简了设备与管线，减少了泄漏点，减小了占地面积，优化了气体吸收流程，减少了气体吸收阻力与故障率；末次吸收液向首次吸收液转移，靠位差重力实现，无须循环泵或专用液体输送泵，而且转移过程中可进一步实现吸收功能；叠加式鼓泡、喷淋吸收塔最多可实现 4 级气体吸收，用户使用时，可根据气体量变化，任意选择吸收级数，每一级吸收可通过阀门控制随时启用或停用；叠加式鼓泡、喷淋吸收塔多级吸收在一台设备内完成，而且第一鼓泡区和第二鼓泡区附盘管，用于控制吸收温度。

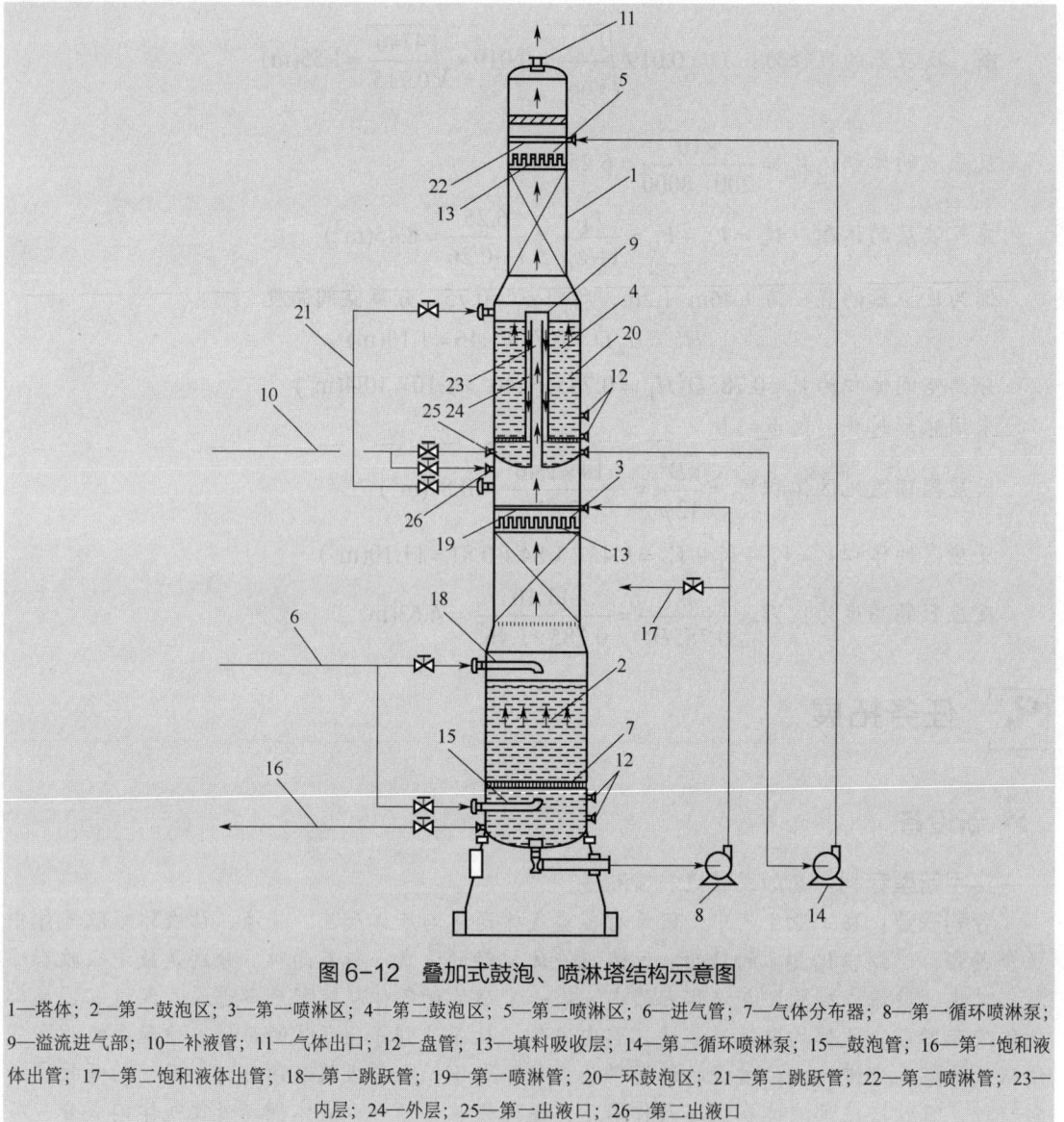

图 6-12 叠加式鼓泡、喷淋塔结构示意图

1—塔体；2—第一鼓泡区；3—第一喷淋区；4—第二鼓泡区；5—第二喷淋区；6—进气管；7—气体分布器；8—第一循环喷淋泵；9—溢流进气部；10—补液管；11—气体出口；12—盘管；13—填料吸收层；14—第二循环喷淋泵；15—鼓泡层；16—第一饱和液体出管；17—第二饱和液体出管；18—第一跳跃管；19—第一喷淋管；20—环鼓泡区；21—第二跳跃管；22—第二喷淋管；23—内层；24—外层；25—第一出液口；26—第二出液口

？ 任务检测

一、填空题

1. 双膜模型假设在气-液两相的相界面处存在着_____流动的气膜和液膜，而假定气相主体和液相主体内组成_____，不存在着传质阻力。

2. 当气液相反应用于化学吸收时，主要是为了提高_____因而应选择_____反应器。

3. 在鼓泡塔内的流体流动中，一般认为_____为连续相，_____为分散相。

4. 鼓泡塔反应器分离空间的作用是_____，它是靠_____实现分离的。

5. 鼓泡塔中当空塔气速较低时，气泡是通过_____方式形成的，空塔气速较高时，气泡是通过_____方式形成的。

6. 鼓泡塔传质过程中，_____传质阻力较小，_____传质阻力的大小决定了传质速率的快慢。

二、选择题

1. 当鼓泡塔在安静区操作时，影响液相传质系数的因素主要是（　　　）。

A. 气泡大小　　　　　　　　　　　　　B. 空塔气速

C. 液体性质　　　　　　　　　　　　　D. 扩散系数

2. 描述通过气液相界面物质传递的模型有多个，应用最广的是路易斯-卫特曼（Lewis-Whitman）于 1923 年提出的（　　　）。

A. 渗透理论　　　　　　　　　　　　　B. 表面更新理论

C. 双膜理论　　　　　　　　　　　　　D. 扩散理论

3. 鼓泡塔内的气体阻力 Δp 由哪两部分组成？（　　）

A. 气体分布器阻力　　　　　　　　　　B. 填料层阻力

C. 床层静压头阻力　　　　　　　　　　D. 气液分离器阻力

4. 在气体流量较小时，气泡大小比较均匀，规则地浮升，液体搅拌并不显著，塔内能达到一定的气体流量，又可避免气体的轴向返混，这种情况称为（　　　）。

A. 层流区　　　　　　B. 安静区　　　　　　C. 湍动区　　　　　　D. 扩散区

三、判断题

1. 鼓泡塔反应器内的气含率大小与塔径的大小有关。塔径越大，气含率越小；塔径越小，气含率越大。（　　　）

2. 在气液相反应过程中，化学反应既可以在气相中进行,也可在液相中进行。（　　　）

3. 中速反应是指反应不仅发生在液膜区，在主体相中也存在化学反应的反应过程。

（　　　）

四、简答题

1. 何谓气含率?它的影响因素有哪些?

2. 鼓泡塔内的气体阻力 Δp 由哪几部分组成?

3. 根据双膜理论简述气液相反应的宏观过程。

4. 在鼓泡塔内采取什么措施可增大气液相的接触表面积?

5. 鼓泡塔的传热方式有哪些?

五、计算题

1. 乙烯和苯烷基化生产乙苯采用鼓泡塔反应器，每小时通入乙烯 1232kg，塔内苯液层高度为 10m，其空间速度为 $62.9h^{-1}$，试计算该鼓泡塔直径。

2. 烃化反应在一鼓泡塔中进行，该塔直径为 1.2m，静液层高度为 12m,若气含率为 0.34，试计算该塔的高度。

任务 3

鼓泡塔反应器运行及事故处理

任务描述

采用乙酸锰作为催化剂，乙醛在加压下与氧气或空气进行液相氧化反应生产乙酸。以乙醛氧化生产乙酸的氧化工段仿真操作为例，进行气液相鼓泡塔式反应器装置的仿真操作。

任务驱动

1. 化工生产中反应器类型较多，乙醛氧化生产乙酸时选用鼓泡塔式反应器的理由是什么？
2. 乙醛氧化生产乙酸时，采用两个氧化塔的原因是什么？
3. 现阶段化学工业中所采用的鼓泡塔反应器有哪些类型？

任务内容

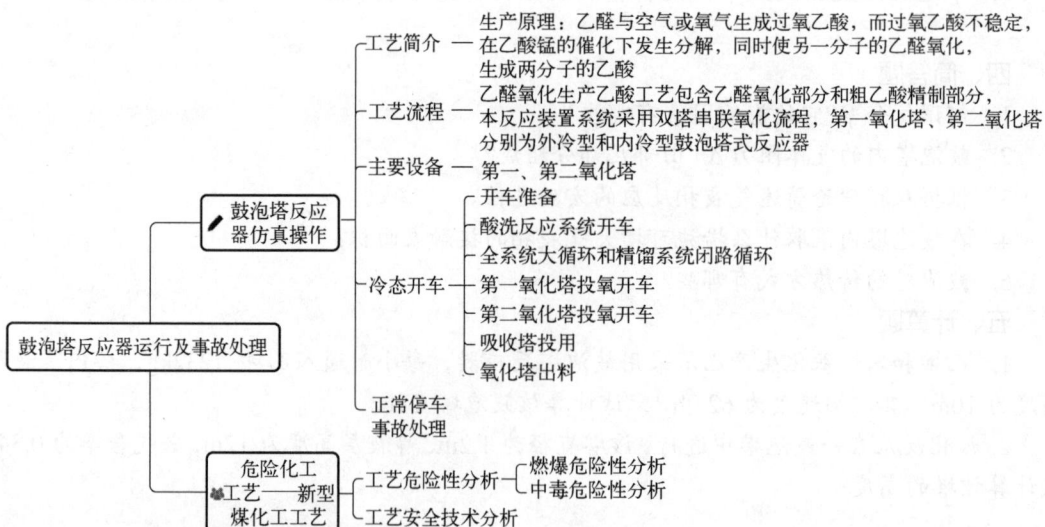

一、鼓泡塔反应器仿真操作

1. 工艺简介

（1）生产原理　乙酸又名醋酸，俗称冰醋酸，是典型的脂肪酸。生产制造乙酸的方法比较多，有淀粉发酵法、木材干馏法、乙醛氧化法、甲醇碳基合成法、长链碳架氧化降解法等。

乙醛氧化法是生产乙酸采用的主要方法之一。乙醛与空气或氧气生成过氧乙酸，而过氧乙酸不稳定，在乙酸锰的催化下发生分解，同时使另一分子的乙醛氧化，生成两分子的乙酸。反应式如下：

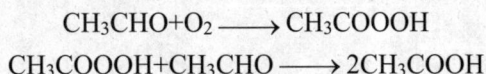

$$CH_3CHO+O_2 \longrightarrow CH_3COOOH$$

$$CH_3COOOH+CH_3CHO \longrightarrow 2CH_3COOH$$

在氧化塔内，还有一系列的氧化反应，主要副产物有甲酸甲酯、二氧化碳、水、乙酸甲酯等，后续经过乙酸精制得到合格产品乙酸。

（2）氧化部分工艺说明　乙醛氧化生产乙酸工艺包含乙醛氧化部分和粗乙酸精制部分，本反应装置系统采用双塔串联氧化流程，第一氧化塔、第二氧化塔分别为外冷型和内冷型鼓泡塔式反应器。

乙醛和氧气按配比流量进入第一氧化塔（T101，全返混型的反应器），氧气分两个入口入塔，上口和下口通氧量比约为 1：2。催化剂溶液直接进入 T101 内。氮气通入塔顶气相部分，以稀释气相中氧（减低危险）和乙醛。

乙醛与催化剂全部进入第一氧化塔，第二氧化塔不再补充。氧化反应的反应热由氧化液冷却器（E102A/B）移去。氧化液从塔下部用循环泵（P101A/B）抽出，反应热经过外冷却器（E102A/B）循环回塔中，循环比（循环量：出料量）为（110~140）：1。冷却器出口氧化液温度为 60℃，塔中最高温度为 75~78℃，塔顶气相压力为 0.2MPa（表），出第一氧化塔的氧化液中乙酸浓度在 92%~95%，从塔上部溢流去第二氧化塔（T102）。

来自第一氧化塔 T101 塔顶的氧化液，从第二氧化塔 T102 底部进入 T102，于第二氧化塔塔底补充氧气，进一步进行氧化反应，塔顶也加入氮气，塔顶压力为 0.1MPa（表），塔中最高温度约 85℃。第二氧化塔 T102 的反应热由塔内冷却器（盘管式）移除，反应系统生成的粗乙酸由第二氧化塔塔顶出料，送入氧化液中间储罐暂存，再送往蒸发精制系统（去精制工段的蒸发器 E201），制取乙酸成品。

第一氧化塔和第二氧化塔的液位显示设在塔上部，显示塔上部的部分液位（全塔高 90%以上的液位）。两台氧化塔的尾气分别经塔顶循环水冷却器（E101A/B）冷却。冷凝液主要是乙酸，带少量乙醛，从塔上部流回到塔内继续反应。尾气经过尾气洗涤塔（T103）吸收残余乙醛和乙酸后放空。洗涤塔下部为新鲜工艺水，上部为碱液，分别用泵（P103、P104）循环。洗涤液温度为常温，含乙酸浓度达到 70%~80%后，送往精馏系统回收乙酸，碱洗段定期排放至中和池。工艺流程见图 6-13。

（3）工艺技术指标　该工艺控制指标及分析项目见表 6-1、表 6-2。

2. 冷态开车

（1）开工应具备的条件

① 修过的设备和新增的管线，必须经过吹扫、气密、试压、置换合格（若是氧气系统，还要脱脂处理）；

② 电气、仪表、计算机、联锁、报警系统全部调试完毕；

③ 机电、仪表、计算机、化验分析具备开工条件，值班人员在岗；

④ 备有足够的开工用原料和催化剂；

⑤ 引入公用工程；

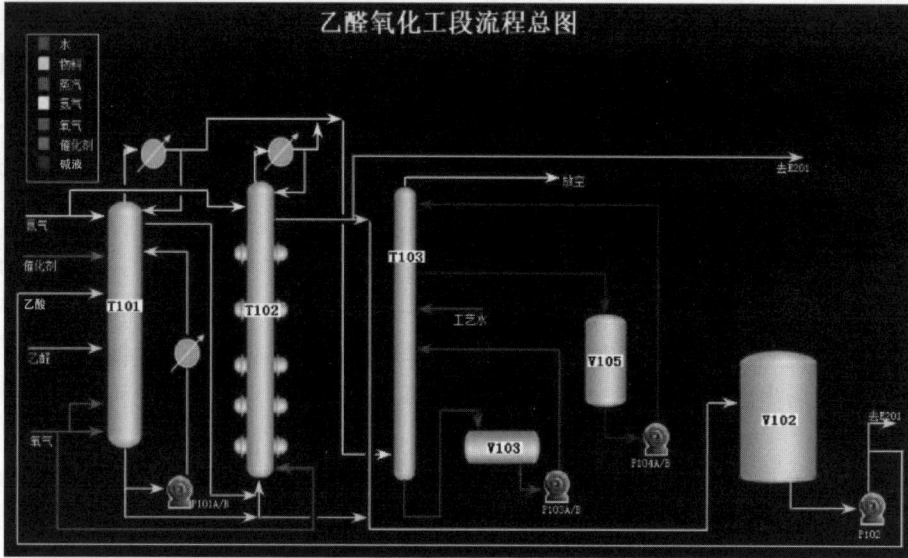

图 6-13　乙醛氧化工段流程总图

表 6-1　控制指标

序号	名称	仪表位号	单位	控制指标
1	T101 压力	PIC109A/B	MPa	0.19±0.01
2	T102 压力	PIC112A/B	MPa	0.1±0.02
3	T101 底温度	TR103-1	℃	77±1
4	T101 中温度	TR103-2	℃	73±2
5	T101 上部液相温度	TR103-3	℃	68±3
6	T101 气相温度	TR103-5	℃	与上部液相温差大于 13℃
7	E102 出口温度	TIC104A/B	℃	60±2
8	T102 底温度	TR106-1	℃	83±2
9	T102 各点温度	TR106-1-7	℃	85～70
10	T102 气相温度	TR106-8	℃	与上部液相温差大于 15℃
11	T101 液位	LIC101	%	40±10
12	T102 液位	LIC102	%	35±15
13	T101 加氮量	FIC101	m³/h	150±50
14	T102 加氮量	FIC105	m³/h	75±25

表 6-2　分析项目

序号	名称	位号	单位	控制指标
1	T101 出料含乙酸	AIAS102	%	92～95
2	T101 出料含乙酸	AIAS103	%	<4
3	T102 出料含乙酸	AIAS104	%	>97
4	T102 出料含乙酸	AIAS107	%	<0.3
5	T101 尾气含氧	AIAS101A/B/C	%	<5
6	T102 尾气含氧	AIAS105	%	<5

⑥ N_2 吹扫、置换气密;

⑦ 系统水运试车。

（2）酸洗反应系统

① 首先将尾气吸收塔 T103 的放空阀 V45 打开;从罐区 V402（开阀 V57）将酸送入 V102 中,而后由泵 P102 向第一氧化塔 T101 进酸,T101 见液位（约为 2%）后停泵 P102,停止进酸。

"快速灌液"说明,向 T101 灌乙酸时,选择"快速灌液"按钮,在 LIC101 有液位显示之前,灌液速度加速 10 倍,有液位显示之后,速度变为正常;对 T102 灌酸时类似。使用"快速灌液"只是为了节省操作时间,但并不符合工艺操作原则,由于是局部加速,有可能会造成液体总量不守恒,为保证正常操作,将"快速灌液"按钮设为一次有效性,即:只能对该按钮进行一次操作,操作后,按钮消失;如果一直不对该按钮操作,则在循环建立后,该按钮也消失。该加速过程只对"酸洗"和"建立循环"有效。

② 开氧化液循环泵 P101,循环清洗 T101。

③ 用 N_2 将 T101 中的酸经塔底压送至第二氧化塔 T102,T102 见液位后关来料阀停止进酸。

④ 将 T101 和 T102 中的酸全部退料到 V102 中,供精馏开车。

⑤ 重新由 V102 向 T101 进酸,T101 液位达 30% 后向 T102 进料,精馏系统正常出料,建立全系统酸运大循环。

（3）全系统大循环和精馏系统闭路循环

① 氧化系统酸洗合格后,要进行全系统大循环。

② 在氧化塔配制氧化液和开车时,精馏系统需闭路循环。脱水塔 T203 全回流操作,成品乙酸泵 P204 向成品乙酸储罐 V402 出料,P402 将 V402 中的酸送到氧化液中间罐 V102,由氧化液输送泵 P102 送往氧化液蒸发器 E201 构成循环。

（4）第一氧化塔投氧开车

① 开车前联锁投入自动;

② 投氧前氧化液温度保持在 70～76℃,氧化液循环量 FIC104 控制在 700000kg/h;

③ 控制 FIC101N_2 流量为 120m³/h（标准状况）;

④ 通氧;

⑤ 调节第一氧化塔。

（5）第二氧化塔投氧

① 待 T102 塔见液位后,向塔底冷却器内通蒸汽保持氧化液温度在 80℃,控制液位 35.5%,并向蒸馏系统出料。取 T102 塔氧化液分析。

② T102 塔顶压力 PIC112 控制在 0.1MPa,塔顶氮气 FIC105 保持在 90m³/h（标准状况）。由 T102 塔底部进氧口,以最小的通氧量投氧,注意尾气含氧量。在各项指标不超标的情况下,通氧量逐渐加大到正常值。当氧化液温度升高时,表示反应在进行。停蒸汽开冷却水 TIC105、TIC106、TIC108、TIC109 使操作逐步稳定。

（6）吸收塔投用

① 打开 V49,向塔中加工艺水湿塔;

② 开阀 V50,向 V105 中备工艺水;

③ 开阀 V48,向 V103 中备料（碱液）;

④ 在氧化塔投氧前开 P103A/B 向 T103 中投用工艺水；

⑤ 投氧后开 P104A/B 向 T103 中投用吸收碱液；

⑥ 如工艺水中乙酸含量达到 80%时，开阀 V51 向精馏系统排放工艺水。

（7）氧化塔出料　当氧化液符合要求时，开 LIC102 和阀 V44 向氧化液蒸发器 E201 出料。用 LIC102 控制出料量。

3. 正常停车

（1）将 FIC102 切至手动，关闭 FIC102，停醛。

（2）用 FIC114 逐步将进氧量下调至 1000m³/h（标准状况）。注意观察反应状况，当第一氧化塔 T101 中醛的含量降至 0.1 以下时，立即关闭 FIC114、FICSQ106，关闭 T101、T102 进氧阀。

（3）开启 T101、T102 塔底排，逐步退料到 V102 罐中，送精馏处理。停 P101 泵，将氧化系统退空。

（4）INTERLOCK 打向 BP，停联锁。

鼓泡塔反应器及
异常处理

4. 事故处理

鼓泡塔反应器常见事故及事故处理方法见表 6-3 所示。

表 6-3　鼓泡塔式反应器常见故障及事故处理

序号	故障现象	故障原因	处理方法
1	T101 塔顶压力突然上升，尾气流量增加，进醛流量大幅波动	①球罐 R50 乙醛用完 ②N_2 进入 T101 内	关小氧气及冷却水，保持塔中温度及时切换球罐，补加乙醛以至恢复正常温度和组分
2	T101 反应液颜色由暗红色变成淡黄色并出现塔顶含氧上升，塔内温度下降	①Mn(Ac)₂ 含量少 ②规划及管线流量计不畅通，堵塞 ③乙醛含量高	①分析乙醛、Mn(Ac)₂ 含量，补加催化剂 ②检查循环锰流量计，并使其畅通 ③检查氧醛配比
3	T101、T102 液面波动大，无法自控	①循环泵引起 ②N_2 压力波动 ③仪表本身振动	①检查 B101 前后压力 ②检查 N_2 总管压力 ③仪表工检查仪表
4	T101 或 T102 顶压逐步上升出现报警，氧化液出料和温度正常	①尾气排放不畅通，局部冻堵 ②尾气调节阀有问题	①手动放空降压，用蒸汽加温解冻 ②临时开副线，联系仪表工及时修复调节阀
5	塔顶含氧量超限报警	①氧醛配比不当 ②催化剂少或失活 ③塔内含水高	①调节氧醛配比 ②分析塔中催化剂含量，补加新鲜催化剂 ③分析塔中及乙醛含水量
6	T101 出料不畅塔中液位高，T102 液面降低	①两塔压差小 ②管线阀有问题 ③仪表失灵 ④T102 顶压高	①调整两塔压差为 0.1MPa ②调换阀门，检查管线 ③调试仪表 ④查出 T102 压力升高的原因，降低塔压
7	氧化塔顶气相温度高于液相温度	①氧气量大，反应剧烈 ②乙醛加入量少 ③N_2 通入量少 ④氧化液水分多，吸收率低 ⑤氧气分布不当，上部多	①减少氧气加入量 ②调整乙醛出口压力及流量 ③提高 N_2 通入量 ④置换氧化液，提高氧气吸收率 ⑤调整各节分氧比例

续表

序号	故障现象	故障原因	处理方法
8	氧化塔液相温度过高	①氧气与乙醛加入量过大（负荷太大） ②冷却水量少或循环量少 ③冷却水管堵塞	①减少 O_2 与乙醛加入量（降低负荷） ②增加冷却水循环量 ③清洗或疏通管道
9	尾气中含氧量大于规定值	①氧气量过剩 ②N_2 量少 ③催化剂量少或活性小	①调节醛氧比例 ②加大 N_2 加入量 ③调节催化剂加入量
10	氧化液甲酸高于规定值	①氧醛配比不当 ②加料不稳，反应温度过高 ③催化剂含量少或活性低	①调节氧醛配比 ②稳定工艺，适当降低温度 ③增加催化剂含量，提高活性

二、危险化工工艺——新型煤化工工艺

1. 工艺危险性分析

（1）煤制甲醇的工艺流程　煤制甲醇的工艺流程主要是包括以下几个方面：气化、净化、甲醇合成和硫回收等。

第一个步骤是气化，在气化炉中使煤原料中的各种有机物质得到充分的燃烧并产生可燃气体，如一氧化碳和氢气、甲烷、硫化氢等，一些不可燃气体，如二氧化碳、氮气等。之后燃烧产生的气体和剩余物进入冷化的环节，经过降温、水浴，使各种气体得到全面的洗涤，最终冷却至所需要的原料气程度。第二个环节是净化，在催化剂的作用下造出高浓度的氢气和匹配适度的一氧化碳，获得所需要的气体组分。之后用低温甲醇洗使得到的气体实现净化，最终达到一种脱碳脱硫的效果，为下游提供所需的合格气体组分。第三个步骤是甲醇的合成，也就是将富含氢气和一些循环气的混合气体导入循环压缩机加压，使加压的气体再经过合成塔、制冷器和预热器以及分离器，最终实现甲醇和其他杂质气体的分离，从而形成甲醇。第四个步骤是硫回收，即将高浓度的硫化氢送到硫回收装置产出硫黄产品。

（2）煤制甲醇主要危害物质以及分布的位置　煤制甲醇工艺的一些原材料、产品和副产品在生产过程中可能存在潜在危险分布，主要是有以下几个方面：

① 氢气，主要分布于气化装置和净化装置以及合成装置，极易被点燃和发生爆炸，属于甲级危险品。

② 一氧化碳，主要分布于气化、净化及合成装置，也是一种极易燃的气体，遇到明火和静电会发生火灾和爆炸，属于甲级危险品。

③ 甲烷，主要分布于气化、净化及合成装置，非常容易被点燃，同时也非常容易爆炸，属于甲级危险品。

④ 硫化氢，主要分布于净化和硫回收装置，也非常易燃，容易发生火灾和爆炸，易中毒，属于甲级危险品。

⑤ 二硫化碳，主要分布于硫回收装置，呈气态，也非常容易被点燃。

⑥ 甲醇，在生产过程中主要集中分布在甲醇的罐区和甲醇装置设备当中以及一些管道内，此外还分布在净化低温甲醇洗工段，是一种极易燃的液体，同时也非常容易发生爆炸和使人员中毒，所以该项产品或者是原料属于甲级危险产品。

⑦ 硫黄，主要分布于硫回收装置，是固体状态，但是也很容易发生火灾爆炸，属于甲级危险品，如不科学接触易中毒。

除此之外，在生产过程中还会遇到一些其他的原料物质，比如说盐酸、氢氧化钠以及液化氧、氮气等等，它们也都存在着不同程度的危险性。

（3）煤制甲醇存在的主要危险因素

① 中毒。前面已经分析了在制作甲醇的过程中存在着一些危险物质以及诸多危险物质的分布情况。比如说像甲醇、氢气、一氧化碳、甲烷、硫化氢以及二硫化碳等都是极易燃，同时也很容易让人中毒的原料。因此在生产过程中需要格外地注意这些气体可能会存在的一些设备及生产环节，并定期对相关环节及设备进行及时的检查和监控，否则一旦出现操作性的失误或者是设备故障的情况，就很容易使生产作业人员中毒。例如，在遇到阀门或者是管道的仪表接头的地方出现松动以及损坏的情况下，一定要及时上报并整改。

② 火灾爆炸。在生产甲醇的过程中，前面已经描述了有很多气体带有一定的剧毒性质，当然这些气体除了具备该项性质以外还极易燃烧，极易爆炸，比如说氢气、一氧化碳和甲烷等，它们都是属于易燃易爆的物质。因此在生产的过程中，高温高压的环节一定要格外重视设备的完善和设备的正常运转。此外，一些易燃易爆的原料在储存、运输的过程中，要坚决避免明火和高温，否则很容易会造成严重的安全事故以及大量的人员伤亡和财产损失。

③ 烫伤和冻伤。有些中间气体和原料，除了有剧毒性和易燃易爆等性质以外，还具有极强的腐蚀性，会对人体的皮肤造成严重的烧伤和烫伤，当然也会不同程度地腐蚀生产设备和工具。因此在甲醇生产的过程中，如果遇到一些设备存在残留的低温物料时一定要及时清理或者是佩戴好防护用品。工作人员在进行检验和操作的过程中也一定要做好防护措施，避免接触到这些物料而导致低温冻伤。除此之外，还有一些生产设备在运行的过程中，外部的温度比较高，如果操作不当的话，可能会被烫伤。

④ 其他。此外还有一些常见的机械伤害、触电、高处坠落等危险因素，要重视其潜在的安全隐患并及时做好防范，以免带来一些不可挽回的损失。

2. 工艺安全技术分析

（1）建立健全的安全风险防控体系　因为煤制甲醇的许多流程当中会存在大量的易燃易爆而且有毒性的气体和物质，所以要树立牢固的安全风险防范意识，并定期组织培训，提升工作人员的安全隐患意识，及时地做好危险隐患的排查，严格监控，尽可能杜绝一些危险事故的发生。

（2）加强危险品的监督和管理　因为煤制甲醇涉及很多危险的化学原料，所以一定要严格监控，并积极地组织安全生产作业相关培训，熟悉应急预案的实施及启动程序，提升操作人员的危险安全防范意识，提高危险处置水平和能力。

（3）提升生产工艺的自动化水平　要想保证煤制甲醇工艺效率的提升，那就一定要优先选用一些优质的生产设备，尤其是选择一些安全性能保障比较大的设备，采取智能化高的应急设备及处理系统，同时切忌盲目地追求经济效益而放低对安全生产相关的要求，一定要积极推广自动化生产工艺，尽可能避免生产环节出现事故。

？ 任务检测

一、填空题

1. 乙醛氧化制乙酸使用的催化剂是＿＿＿＿＿＿。

2. 粗乙酸进入脱高沸物塔进行精制时，塔顶蒸出的馏分有＿＿＿＿、＿＿＿＿、＿＿＿＿。

3. 第二氧化塔塔中最高温度约＿＿＿＿＿＿＿。

4. 乙醛和氧气按配比流量进入第一氧化塔（T101，全返混型的反应器），氧气分两个入口入塔，上口和下口通氧量比约为＿＿＿＿＿＿＿＿。

5. 适宜作为乙醛液相氧化制乙酸的反应器是＿＿＿＿＿＿＿＿＿＿＿＿。

二、选择题

1. 乙醛氧化制取乙酸中催化剂的作用是什么？（　　　）

A. 加速过氧乙酸生成　　　　　　　　B. 减缓过氧乙酸生成

C. 加速过氧乙酸分解　　　　　　　　D. 减缓过氧乙酸分解

2. 目前乙酸生产中，应用比较广泛的反应器类型是（　　　）。

A. 鼓泡搅拌釜式反应器　　　　　　　B. 连续多釜串联鼓泡反应器

C. 内冷式塔式反应器　　　　　　　　D. 外冷式塔式反应器

3. 第二氧化塔塔顶压力为（　　　）MPa。

A. 0.1　　　　　　B. 0.2　　　　　　C. 0.3　　　　　　D. 0.4

4. 乙醛氧化生产乙酸中脱低沸物塔塔顶有哪些低沸物？（　　　）

A. 乙烯　　　　　　B. 乙酸乙酯　　　　C. 乙酸　　　　　　D. 水

5. 氧化塔塔顶尾气中氧气浓度不能超过8%的主要原因是（　　　）。

A. 减少原料浪费　　　　　　　　　　B. 氧气浓度过高会带走更多的反应液雾沫

C. 防止可燃物料和氧气达到爆炸极限　D. 防止产生更多的副反应

三、判断题

1. 乙烯可以氧化成乙醛，乙醛继续氧化可得乙酸。　　　　　　　　　　（　　　）

2. 乙醛氧化生产乙酸中第二氧化塔设置的目的是让乙醛氧化得更加充分。（　　　）

3. 乙醛氧化制乙酸，反应压力愈高愈好，因此宜采用很高的压力条件。　（　　　）

4. 氧化塔中，如果氧气进入量大，氧在反应器内吸收不完全，使得尾气中氧含量增高，达到爆炸极限浓度范围，遇火花或受到冲击就会引起爆炸。　　　　　　　　（　　　）

5. 氧化系统的尾气，从氧化塔上节气液分离段分离出，可直接进行放空操作。

（　　　）

6. 氧化反应是放热反应，要严格控制氧化塔的温度，塔内酸碱度无须控制。（　　　）

四、简答题

1. 导致T101塔顶压力突然上升，尾气流量增加，进醛流量大幅波动的原因是什么？

2. 氧化塔液相温度过高的原因可能是什么？

3. 乙醛氧化生产乙酸时尾气中含氧量大于规定值可能的原因是什么？

参考文献

[1] 陈炳和, 许宁. 化学反应过程与设备[M]. 4 版. 北京: 化学工业出版社, 2020.

[2] 左丹. 反应器操作与控制[M]. 2 版. 北京: 化学工业出版社, 2023.

[3] 张猛. 一种气液固三相搅拌釜式反应器. CN112915953[P]. 2023. 5. 30.

[4] 王爱发. 一种利用串联动态釜式反应器制备硫代二丙酸的方法. CN202311479492. 2[P]. 2024. 2. 9.

[5] 安青松. 一种带孔的螺旋导流板蒸汽加热反应釜换置. CN201810099504.1[P]. 2018. 7. 13.

[6] 熊俊文. 一种 EVA 生产用高压釜式反应器. CN202322500569. 1[P]. 2024. 4. 12.

[7] 刘顺江. 一种制备聚合级乙二醇用光催化螺旋盘管式反器. CN202022144892.6[P]. 2021. 6. 15.

[8] 李俊平. 一种 U 型管式超声波微管气液反应器. CN202022042684. 5[P]. 2021. 7. 20.

[9] 石利平. 一种采用管式反应器制备依鲁替尼手性中间体的方法. CN202410215031. 2[P]. 2024. 2. 27.

[10] 孙仿建. 一种高剪切混合的管式反应器. CN202311377607. 7[P]. 2024. 3. 8.

[11] 宁小钢. 多模式无汞催化合成氯乙烯的工艺装置. CN201921911274. 0[P]. 2020. 8. 11.

[12] 张吉松. 一种基于固定床微反应器连续高效合成间苯二胺的方法. CN202110783371. 1[P]. 2023. 05. 26.

[13] 王刚. 一种低碳烷烃脱氢立式轴径向换热式固定床反应器. CN202320277078. 2[P]. 2023. 7. 11.

[14] 杨勇. 一种生产氟化氢的多层膨胀流化床反应器系统及工艺. CN202211502940. 1[P]. 2023. 3. 3.

[15] 卓润生. 一种流化床甲醇制烯烃的方法、反应器和工艺系统. CN202310230240. X[P]. 2023. 6. 6.

[16] 陈辉, 陈其国, 兰天石, 等. 一种粒状多晶硅的生产方法. CN202311621267. 8[P]. 2024.02.09.

[17] 王云晴. 一种利用鼓泡塔式反应器生产 2,3,5-三甲基氢醌二酯的方法. CN202210784566. 2[P]. 2024. 4. 9.

[18] 颜江. 鼓泡塔反应装置及苯乙酸生产系统. CN202222713360. 9[P]. 2023. 02. 10.

[19] 崔俊良. 叠加式鼓泡、喷淋塔. CN202020250416. X[P]. 2020. 12. 29.